高职高专「十三五」精品规划教材

预拌混凝土生产及仿真操作

——「互联网+」新形态一体化教材

纪明香　初景峰／主　编
冯伟东　隋良志／主　审

YUBAN HUNNINGTU
SHENGCHAN JI
FANGZHEN CAOZUO

U0218294

天津大学出版社

内 容 提 要

本书主要是按照预拌混凝土生产、检测全过程进行编写的。全书共分九个任务：预拌混凝土生产及仿真操作简介、预拌混凝土原材料、预拌混凝土性能、预拌混凝土生产、预拌混凝土生产设备、预拌混凝土试验室、预拌混凝土季节性生产措施、2HZS180 预拌混凝土站仿真系统操作和预拌混凝土常见质量问题及其防治。通过上述九个任务主要介绍了预拌混凝土生产、检测各岗位技术人员的职责、任务、所用设备、操作过程及仿真软件的使用，为预拌混凝土企业的中控操作、试验检测、生产调度和现场管理等岗位培养技术人才。

本书可作为高职院校相关专业在校学生的教学用书，也可为中职学校在校学生及预拌混凝土企业技术人员岗位培训提供参考。

图书在版编目（CIP）数据

预拌混凝土生产及仿真操作/纪明香，初景峰主编．—天津：天津大学出版社，2018.6
（2024.8 重印）

高职高专"十三五"精品规划教材 "互联网+"新形态一体化教材

ISBN 978-7-5618-6096-0

Ⅰ．①预… Ⅱ．①纪… ②初… Ⅲ．①预搅拌混凝土—生产工艺—计算机仿真—高等职业教育—教材 Ⅳ．①TU528.52-39

中国版本图书馆 CIP 数据核字（2018）第 050521 号

出版发行	天津大学出版社	
地　　址	天津市卫津路 92 号天津大学内（邮编：300072）	
电　　话	发行部：022-27403647	
网　　址	publish.tju.edu.cn	
印　　刷	北京虎彩文化传播有限公司	
经　　销	全国各地新华书店	
开　　本	185mm×260mm	
印　　张	19.25	
字　　数	460 千	
版　　次	2018 年 6 月第 1 版	
印　　次	2024 年 8 月第 3 次	
定　　价	68.00 元	

凡购本书，如有缺页、倒页、脱页等质量问题，请向我社发行部联系调换

编写委员会

主　编　纪明香　初景峰
主　审　冯伟东　隋良志
副主编　张慧爱　汪发红　张红丽
参　编　宁长城　许加达　杨　彬

前　言

随着我国开启全面建设社会主义现代化国家新征程以及中国特色社会主义新时代的不断推进，在职业教育领域深化产教融合，推动教育与社会经济协调发展已成为国家制度性安排。为此，根据国家新一轮高等职业学校专业教学标准修订稿的"建筑材料工程技术（混凝土方向）"专业标准中的核心课程设置要求，由黑龙江建筑职业技术学院联合山西职业技术学院、青海建筑职业技术学院等院校及黑龙江中兴华运商品混凝土有限公司、博努力（北京）仿真技术有限公司、中建西部建设北方有限公司等企业联合编写了本书。

本书的编写是在行业企业调研基础上，按照预拌混凝土（也称为商品混凝土）生产流程为主线进行内容设计，遵循高等职业教育教学规律，面向预拌混凝土搅拌站中控操作、试验检测和现场管理等岗位，突出实践动手能力，并将生产仿真技术与二维码扫描技术结合，充分体现立体化新型教材的时代特色。

本书依据我国国家标准《预拌混凝土》（GB/T 14902—2012）、《混凝土质量控制标准》（GB 50164—2011）、《混凝土结构工程施工质量验收规范》（GB 50204—2015）、《普通混凝土拌合物性能试验方法标准》（GB/T 50080—2016）等编写而成，属于高职院校建筑材料工程技术（混凝土方向）专业的核心课教材。主要内容包括：预拌混凝土生产及仿真操作简介、预拌混凝土原材料、预拌混凝土性能、预拌混凝土生产、预拌混凝土生产设备、预拌混凝土生产试验室、预拌混凝土季节性生产措施、2HZS180 预拌混凝土站仿真系统操作、预拌混凝土常见质量问题及其防治等 9 个任务。

本书由纪明香、初景峰任主编，张慧爱、汪发红、张红丽任副主编，宁长城、许加达、杨彬参编。具体编写分工为：黑龙江建筑职业技术学院纪明香编写任务 1、任务 5，黑龙江中兴华运商品混凝土有限公司初景峰编写任务 7，山西职业技术学院张慧爱编写任务 6，青海建筑职业技术学院汪发红编写任务 3，黑龙江建筑职业技术学院张红丽编写任务 2，中建西部建设北方有限公司宁长城编写任务 9，博努力（北京）仿真技术有限公司许加达编写任务 8，青海建筑职业技术学院杨彬编写任务 4。全书由哈尔滨市建筑工程质量监督站冯伟东和黑龙江建筑职业技术学院隋良志主审。

本书可作为高职院校建筑材料工程技术（混凝土方向）专业的教材，也可供有关企业进行岗前、岗中培训及中职教育使用。

由于编者本身业务能力和水平所限，书中会存在许多不足和错误，敬请广大读者批评指正。

（书中二维码图书资源的使用方法详见本书最后一页"图书资源使用说明"）

编　者

2018 年 1 月

目　录

预拌混凝土生产及仿真操作简介

任务 1

1.1 预拌混凝土发展历程及趋势

预拌混凝土（Ready Mix Concrete，RMC），又称商品混凝土，最早出现于欧洲。预拌混凝土行业已历经百余年的发展，产品类型逐渐丰富，从传统的普通混凝土向高性能混凝土、绿色环保混凝土方向转化。

国内于 20 世纪 80 年代开始发展预拌混凝土，一开始只是在北京、上海等经济发达地区发展，目前在全国范围内逐步普及开来。

预拌混凝土对于保证建设工程的质量，加快工程进度，减少环境污染，解决施工扰民和施工现场脏、乱、差问题，减缓城市道路的交通压力等方面，都能起到积极有效的作用。因此，预拌混凝土在城市建设中被广泛使用，有着非常广阔的市场。

1.1.1 预拌混凝土相关概念

（1）胶凝材料。在工程材料中，经过一系列物理化学作用，能从浆体变成坚固的石状体，并能将散粒材料胶结成具有一定强度的整体的材料，称为胶凝材料。

胶凝材料按化学组成分为无机胶凝材料和有机胶凝材料。

（2）混凝土。凡是用胶凝材料和其他固体材料加水拌和后形成的具有一定强度的人造石材均称为混凝土。我国建筑界把"人""工""石"三个字组合成"砼"字（读 tóng），意为"混凝土"。

（3）预拌混凝土。预拌混凝土又称商品混凝土，简称为"商砼"，俗称灰或料，是由水泥、骨料、水及根据需要掺入的外加剂、矿物掺合料等组分按照一定比例，在搅拌站经计量、拌制后出售并采用运输车，在规定时间内运送到使用地点的混凝土拌合物，再进行施工浇筑的混凝土。预拌混凝土搅拌站如图 1-1 所示，预拌混凝土骨料上料仓如图 1-2 所示，预拌混凝土专门的运输车（简称"罐车"）如图 1-3 所示，预拌混凝土施工泵车如图 1-4 所示。

图 1-1　预拌混凝土搅拌站

图 1-2　预拌混凝土骨料上料仓

图 1-3 预拌混凝土运输车

图 1-4 预拌混凝土施工泵车

1.1.2 预拌混凝土特点

预拌混凝土采用集中搅拌的工厂化生产，可减少环境污染，使生产社会化、专业化，具有降低能源消耗、节约原材料、提高设备利用率、改善质量等优点。其主要特点如下。

（1）环保。由于采用了工厂化生产，生产场所固定，便于管理和采取措施，如现代化混凝土搅拌站，采取封闭式原料管理，封闭式搅拌楼，减少了粉尘、噪声、污水等污染。随着预拌混凝土技术的不断发展，越来越多的工业废渣被用在生产混凝土中，减少了污染，保护了环境。

（2）质量稳定。由于预拌混凝土搅拌站是一个专业性的混凝土生产企业，具有管理科学，设备配置先进，产量大、生产周期短，计量准确，搅拌均匀，生产工艺相对稳定，生产人员有比较丰富的经验等优点，使混凝土的质量稳定，提高了工程质量。

（3）技术先进。随着混凝土工程的大型化、多功能化、施工与应用环境的复杂化、应用领域的扩大化以及资源与环境的优化，人们对传统的混凝土材料提出了更高的要求。由于施工现场搅拌一般都是临时性设施，条件差，原材料质量难以控制，制备混凝土的搅拌机容量小且计量精度低，也没有严格的质量保证体系，因此，质量很难满足现在混凝土具有的高性能化和多功能化需要。而预拌混凝土的生产集中、规模大，便于管理，能实现建设工程结构设计的各种要求，有利于新技术、新材料的推广应用，这是保证混凝土具有高性能化和多功能化的必要条件，同时能够有效节约资源。

（4）高工效。相比传统意义上的混凝土，预拌混凝土大规模的商业化生产和罐装运送，并采用泵送工艺浇筑，不仅提高了生产效率，施工进程也得到很大的提高，明显缩短了工程建造周期。

（5）半成品。预拌混凝土是一种特殊的建筑材料。交货时是塑性、流态状的半成品。在所有权转让以后，还需要生产方继续尽一定的质量义务，才能达到最终的设计要求。因此，其质量是供需双方共同的责任。

（6）文明。应用预拌混凝土后，减少了施工现场建筑材料的堆放，明显改变了施工现场脏、乱、差等现象，提高了施工现场的安全性，当施工现场较为狭窄时，更显示出其优越性。

1.1.3　预拌混凝土发展历程

　　预拌混凝土的发源地是欧洲,一百多年前英国就产生将新拌混凝土以商品的形式提供给用户的想法,1872 年英国设计建造了世界上第一座商品混凝土工厂,德国于 1903年、美国于 1913 年、法国于 1933 年、日本于 1954 年相继建造了本国的第一座商品混凝土站。二战后,20 世纪五六十年代由于战后经济技术的恢复和发展,欧美日等国商品混凝土进入快速发展阶段,到 20 世纪 80 年代经济发达国家商品混凝土用量已占总量的60%～80%,目前稳定在 90%以上。随着商品混凝土的发展,很多大型建设单位自己建立混凝土搅拌站,生产的混凝土供本单位施工使用,所以,商品混凝土与这部分混凝土统称为预拌混凝土。

　　我国预拌混凝土行业始于 1978 年,经历了一个从无到有的发展时期。1986 年发展到年产混凝土 360 万 m^3。2003 年,商务部、公安部、建设部、交通部联合发布了《关于限期禁止在城市城区现场搅拌混凝土的通知》,确定了 124 个禁止现场搅拌的城市,并且明确规定了城区禁止现场搅拌的时间表。2008 年全国预拌混凝土生产企业已达 3 600 家,年生产混凝土 6.9 亿 m^3。2009 年国家投资 4 万亿元拉动内需,此后几年预拌混凝土行业发展到顶峰,其后产量逐年下降,行业进入低谷。根据中国混凝土网的不完全统计,2014年我国预拌混凝土总产量为 23.71 亿 m^3,较上一年同比增长 7.94%;2015 年尽管预拌混凝土受益于混凝土下乡的快速发展,总产量继续保持稳步增长,但受到建筑业和房地产业大环境影响,预拌混凝土出现有史以来首次负增长,总产量为 22.23 亿 m^3,较上一年同比下滑 6.24%。2007—2015 年全国预拌混凝土产量情况如图 1-5 所示。

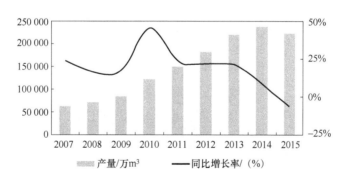

图 1-5　2007—2015 年全国预拌混凝土产量情况

　　行业竞争加剧、产能过剩、应收账款居高不下、环保压力逐步加大等一系列问题也让混凝土企业面临巨大的生存与发展压力。企业兼并重组,以开发、施工、水泥行业为背景的大型预拌混凝土企业逐渐占领市场,小企业渐无生存空间,逐步退出市场。

　　受可持续发展及环保政策影响,行业将进一步向工业化、专业化、产业化发展,全封闭绿色环保搅拌站将成为行业门槛。受国家住宅产业化政策影响,工地现浇预拌混凝土逐步向工厂预制混凝土转变。工作性、耐久性、稳定性好,水胶比小、掺合料掺量大的高性能混凝土将得到逐步推广。

1.2　预拌混凝土生产仿真系统简介

1.2.1　预拌混凝土生产过程

一般预拌混凝土的生产过程为原材料进厂、原材料堆存、电子秤计量、搅拌楼内搅拌、搅拌运输车运输，然后到现场经过混凝土泵送到施工相应的建筑部位浇筑成型。预拌混凝土企业通常由"一站三车"构成了预拌混凝土搅拌站从原料搅拌到运输浇筑的整个过程，也即是预拌混凝土搅拌站，混凝土搅拌输送车、混凝土浇筑泵车、散装水泥输送车。图1-6为预拌混凝土企业工作任务流程图，图1-7为预拌混凝土企业质量控制图。

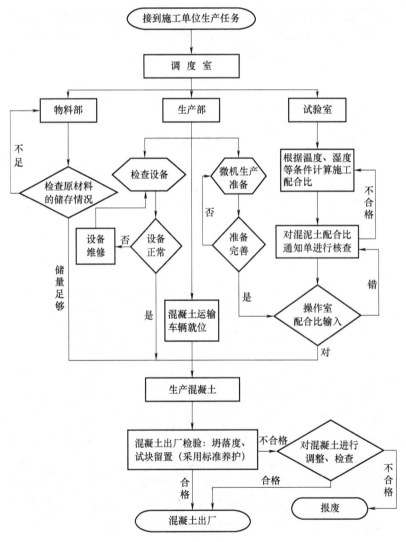

图1-6　预拌混凝土企业工作任务流程图

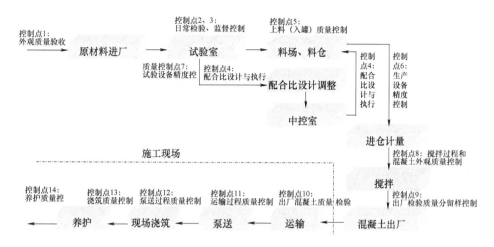

图 1-7　预拌混凝土企业质量控制图

1.2.2　预拌混凝土生产仿真系统

以国内先进的环保绿色型 2-180 m³/h 预拌混凝土生产线为依托,开发了 2D 和 3D 相互嵌入式生产仿真教学软件,该软件框架架构如图 1-8 所示。系统具有混凝土原材料运输控制、配料控制、搅拌控制等生产过程和虚拟现场漫游功能,同时具有订单管理、配比管理、运输管理等功能,利用 2D、3D 系统互相调用,实现项目综合化的教学技术。

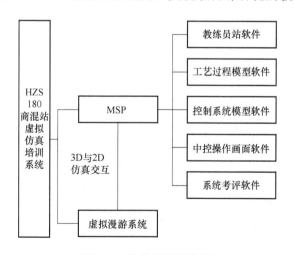

图 1-8　软件框架架构图

1.2.2.1　预拌混凝土仿真生产软件

预拌混凝土虚拟生产仿真软件功能如下。

（1）选择产量为 180 m³/h 的国内现有最先进的环保绿色型商品混凝土生产线作为仿真对象,仿真内容为预拌混凝土生产线全部生产流程。

（2）对现场集散控制系统（DCS）画面、控制逻辑进行 1:1 仿真,如图 1-9 所示。

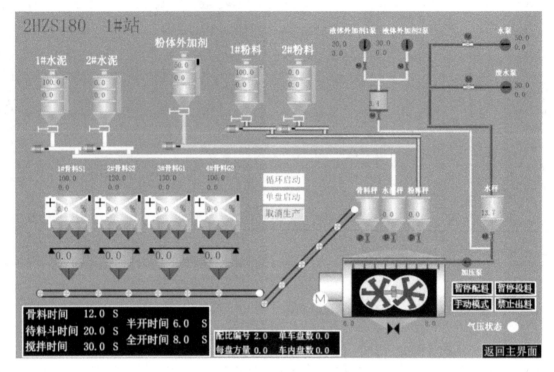

图 1-9　现场 DCS 操作控制界面

（3）包括从原材料进场与储存、运输控制、配料控制、搅拌控制、新拌混凝土下料与运输到订单管理、配比管理、运输管理等生产全过程。（图 1-10、图 1-11）

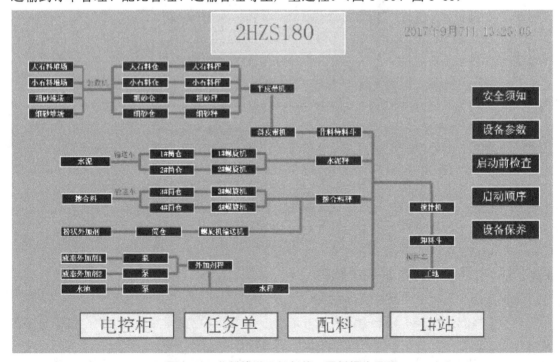

图 1-10　物料输送及任务单、配料操作界面

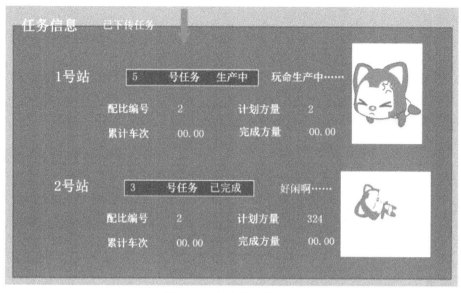

图 1-11　任务单下达界面

（4）测评系统应用 GConsole 测评系统软件，实现随机抽题考试，电脑自动打分，包括如下部分。

① 故障库：可以自由添加、删减故障，是触发故障现象的集合。

② 工况库：可以自由添加、删减工况，可以根据考试需要保存任意工况。

③ 考题库：可以根据工况库和故障库任意组合考题，教师可以自己出题，可以设置考题难度，编写考题评分标准和考试时间。

④ 试卷库：可以出必考题和随机题，题目可以任意组合，可以分难度等级出题。

⑤ 培训终端：可以显示学生机与教师机的连接状态，教师机可通过培训终端控制任意学生机的考试、练习状态。考试结束后，考生成绩自动发送到培训终端。

⑥ 现有题库可以根据教师需求自由扩展。GConsole 测评标准可以由教师自行修改。GConsole 测评系统科学可靠（测评系统有隐藏功能，对考题库、试卷库要求操作员看不到，仅教师机可见）。试题具有提示功能，教师可以输入文体提示，或设置图片提示。

（5）可实时反映机组设备故障、装置损坏和自动控制功能失灵等异常工况。

（6）仿真机房的所有计算机均能单机运行预拌混凝土仿真系统，可以任意分组、多人协同操作一套仿真系统。

1.2.2.2　预拌混凝土 3D 生产教学软件开发

（1）可以自由进入 2-180 m^3/h 生产线环保绿色型预拌混凝土生产线 3D 虚拟仿真生产线，以任意角度和路线参观生产流程和主要设备，展示设备工作原理，界面如图 1-12 所示。

（2）鼠标移到的位置可以指示出设施或者设备的名称、主要工作内容、主要岗位的岗位职责。

（3）通过鼠标点击能够将设备主要部件分解，展示内部结构，并能够还原为整机。

（4）要求 3D 画面清晰、流畅。设备按照现实搅拌站尺寸比例绘制，设备结构清晰、

翔实，能够真实反应其结构和工作原理。

（5）要求可拆分、组装的设备有：配料站、混凝土搅拌机、配料控制器、分离机、螺旋输送设备、计量设备、混凝土搅拌运输车、混凝土泵送车。

（6）3D虚拟软件可以从远景整体观看生产流程，也可以近景观看设备结构和工作原理，并能够进入设备内部观看其详细结构；并且操作简单，对计算机配置要求不高，市场一般配置的计算机即可运行3D虚拟预拌混凝土站系统。

图 1-12　3D 虚拟仿真生产线

| 3D 虚拟仿真生产 | 3D 虚拟仿真骨料
堆场及上料 | 3D 虚拟仿真原料
到搅拌机 |

预拌混凝土原材料

在混凝土中，水泥与水形成水泥浆包裹砂、石颗粒，并填充砂石的空隙。水泥浆在硬化前主要起润滑作用，使混凝土拌合物具有良好的工作性；在硬化后，水泥浆主要起胶结作用，将砂、石黏结成一个整体，使其具有良好的强度及耐久性。砂、石在混凝土中起骨架作用，并可抑制混凝土的收缩。

混凝土的技术性质在很大程度上是由原材料的性质及其相对含量决定的，同时也与施工工艺（搅拌、浇筑、养护）有关。因此，必须了解原材料的性质、作用及其质量要求，合理选用原材料，这样才能保证预拌混凝土的质量。

2.1 水泥

2.1.1 水泥的种类及技术要求

水泥是一种粉末状材料，当它与水混合后，在常温下经过一定物理、化学作用，从浆体变成石状体，产生一定强度，同时将砂、石等材料胶结在一起。它是一种水硬性无机胶凝材料。

建筑工程中应用的水泥品种众多，按其化学组成可分为硅酸盐系列水泥、铝酸盐系列水泥、硫铝酸盐系列水泥、铁铝酸盐系列水泥、氟铝酸盐系列水泥、磷酸盐系列水泥等。按性能与用途可分为三大类：①用于一般建筑工程的通用硅酸盐水泥，简称通用水泥，主要包括硅酸盐水泥、普通硅酸盐水泥、矿渣硅酸盐水泥、火山灰质硅酸盐水泥、粉煤灰硅酸盐水泥和复合硅酸盐水泥；②具有专门用途的水泥，如道路水泥、砌筑水泥、油井水泥等；③具有某种比较突出性能的特性水泥，如快硬硅酸盐水泥、白色硅酸盐水泥、抗硫酸盐硅酸盐水泥、中热硅酸盐水泥及低热矿渣水泥、膨胀水泥等。工程中常用的为通用硅酸盐水泥。

按照国家标准《通用硅酸盐水泥》（GB 175—2007）规定，凡由硅酸盐水泥熟料和适量石膏及规定的混合材料磨细制成的水硬性胶凝材料，称为通用硅酸盐水泥（即国外通称的波特兰水泥，Portland Cement）。

2.1.1.1 通用硅酸盐水泥的种类与组分

1. 种类

通用硅酸盐水泥，按混合材料的品种和掺量分为硅酸盐水泥、普通硅酸盐水泥、矿渣硅酸盐水泥、粉煤灰硅酸盐水泥、火山灰质硅酸盐水泥和复合硅酸盐水泥。

2. 组分

通用硅酸盐水泥组分见表 2-1。

表 2-1　通用硅酸盐水泥组分

品种	代号	组分				
		熟料+石膏	粒化高炉矿渣	火山灰质混合材料	粉煤灰	石灰石
硅酸盐水泥	P·Ⅰ	100	—	—	—	—
	P·Ⅱ	≥95	≤5	—	—	—
		≥95	—	—	—	≤5
普通硅酸盐水泥	P·O	≥80且<95	>5且≤20①			—
矿渣硅酸盐水泥	P·S·A	≥50且<80	>20且≤50②	—	—	—
	P·S·B	≥30且<50	>50且≤70②	—	—	—
火山灰质硅酸盐水泥	P·P	≥60且<80	—	>20且≤40③	—	—
粉煤灰硅酸盐水泥	P·F	≥60且<80	—	—	>20且≤40④	—
复合硅酸盐水泥	P·C	≥50且<80	>20且≤50⑤			

　　注：① 本组分材料为活性混合材料，允许用不超过水泥质量 8%或不超过水泥质量 5%的窑灰代替。

　　② 本组分材料为符合《用于水泥中的粒化高炉矿渣》（GB/T 203—2008）或《用于水泥和混凝土中的粒化高炉矿渣粉》（GB/T 18046—2008）的活性混合材料，其中允许用不超过水泥质量 8%且符合《用于水泥中的粒化高炉矿渣》（GB/T 203—2008）第 5.2.3 条的活性混合材料或符合《用于水泥中的粒化高炉矿渣》（GB/T 203—2008）第 5.2.4 条的非活性混合材料或符合《用于水泥中的粒化高炉矿渣》（GB/T 203—2008）第 5.2.5 条的窑灰中的任一种材料代替。

　　③ 本组分材料为符合《用于水泥中的火山灰质混合材料》（GB/T 2847—2005）的活性混合材料。

　　④ 本组分材料为符合《用于水泥和混凝土的粉煤灰》（GB/T 1596—2005）的活性混合材料。

　　⑤ 本组分材料为由两种（含）以上符合《用于水泥中的粒化高炉矿渣》（GB/T 203—2008）第 5.2.3 条的活性混合材料或/和符合《用于水泥中的粒化高炉矿渣》（GB/T 203—2008）第 5.2.4 条的非活性混合材料组成，其中允许用不超过水泥质量 8%且符合《用于水泥中的粒化高炉矿渣》（GB/T 203—2008）第 5.2.5 条的窑灰代替。掺矿渣时混合材料掺量不得与矿渣硅酸盐水泥重复。

2.1.1.2　通用硅酸盐水泥的技术要求

1. 强度等级

（1）硅酸盐水泥的强度等级分为 42.5、42.5R、52.5、52.5R、62.5、62.5R 六个等级（R 表示早强型水泥）。

（2）普通硅酸盐水泥的强度等级分为 42.5、42.5R、52.5、52.5R 四个等级。

（3）矿渣硅酸盐水泥、火山灰质硅酸盐水泥、粉煤灰硅酸盐水泥和复合硅酸盐水泥的强度等级分为 32.5、32.5R、42.5、42.5R、52.5、52.5R 六个等级。

2. 技术要求

1）物理指标

（1）凝结时间。凝结时间可分为初凝和终凝两个阶段。所谓初凝即是从水泥加水拌和起，到水泥浆开始失去可塑性的时间。所谓终凝即是从水泥加水拌和起，到水泥浆完全失去可塑性并开始产生强度的时间。

标准规定：硅酸盐水泥初凝时间不小于 45 min，终凝时间不大于 390 min。其他品种通用硅酸盐水泥初凝时间不小于 45 min，终凝时间不大于 600 min。

（2）安定性。水泥浆体硬化后体积变化的均匀性称为水泥的体积安定性。即水泥硬化后浆体能保持一定形状，不开裂，不变形，不溃散的性质。安定性不良的水泥会使混凝土构件膨胀开裂，使建筑物强度降低。

（3）强度。不同品种不同强度等级的通用硅酸盐水泥，其不同龄期的强度应符合表 2-2 的规定。

表 2-2　通用硅酸盐水泥强度指标

品种	强度等级	抗压强度/MPa		抗折强度/MPa	
		3 d	28 d	3 d	28 d
硅酸盐水泥	42.5	≥17.0	≥42.5	≥3.5	≥6.5
	42.5R	≥22.0		≥4.0	
	52.5	≥23.0	≥52.5	≥4.0	≥7.0
	52.5R	≥27.0		≥5.0	
	62.5	≥28.0	≥62.5	≥5.0	≥8.0
	62.5R	≥32.0		≥5.5	
普通硅酸盐水泥	42.5	≥17.0	≥42.5	≥3.5	≥6.5
	42.5R	≥22.0		≥4.0	
	52.5	≥23.0	≥52.5	≥4.0	≥7.0
	52.5R	≥27.0		≥5.0	
矿渣硅酸盐水泥 火山灰质硅酸盐水泥 粉煤灰硅酸盐水泥 复合硅酸盐水泥	32.5	≥10.0	≥32.5	≥2.5	≥5.5
	32.5R	≥15.0		≥3.5	
	42.5	≥15.0	≥42.5	≥3.5	≥6.5
	42.5R	≥19.0		≥4.0	
	52.5	≥21.0	≥52.5	≥4.0	≥7.0
	52.5R	≥23.0		≥4.5	

（4）细度。硅酸盐水泥和普通硅酸盐水泥的细度以比表面积表示，其比表面积不小于 300 m²/kg；矿渣硅酸盐水泥、火山灰质硅酸盐水泥、粉煤灰硅酸盐水泥和复合硅酸盐水泥的细度以筛余表示，其 80 μm 方孔筛筛余不大于 10%或 45 μm 方孔筛筛余不大于 30%。

2）化学指标

通用硅酸盐水泥的化学指标应符合表 2-3 的规定。

表 2-3　通用硅酸盐水泥化学指标

品种	代号	不溶物/（%）	烧失量/（%）	三氧化硫/（%）	氧化镁/（%）	氯离子/（%）
硅酸盐水泥	P·Ⅰ	≤0.75	≤3.0	≤3.5	≤5.0[①]	≤0.06[③]
	P·Ⅱ	≤1.50	≤3.5			
普通硅酸盐水泥	P·O	—	≤5.0			
矿渣硅酸盐水泥	P·S·A	—	—	≤4.0	≤6.0[②]	
	P·S·B	—	—			
火山灰质硅酸盐水泥	P·P	—	—	≤3.5		
粉煤灰硅酸盐水泥	P·F	—	—			
复合硅酸盐水泥	P·C	—	—			

注：① 如果水泥压蒸试验合格，允许放宽到 6.0%。
　　② 如果水泥中的氧化镁含量大于 6.0%，需进行水泥压蒸安定性试验并合格。
　　③ 当有更低要求时，该指标由买卖双方确定。

3）碱含量（选择性指标）

水泥中碱含量按 $Na_2O+0.658K_2O$ 计算值表示。若使用活性骨料，用户要求提供低碱水泥时，水泥中碱含量应不大于 0.6%或由买卖双方协商确定。

2.1.2　水泥的检测方法

2.1.2.1　检验要求

1. 编号及取样

水泥出厂前按同品种、同强度等级编号及取样。袋装水泥和散装水泥应分别进行编号及取样。每一编号为一取样单位。水泥出厂编号按年生产能力规定为：

（1）$200×10^4$ t 以上，不超过 4 000 t 为一编号；

（2）$120×10^4$～$200×10^4$ t，不超过 2 400 t 为一编号；

（3）$60×10^4$～$120×10^4$ t，不超过 1 000 t 为一编号；

（4）$30×10^4$～$60×10^4$ t，不超过 600 t 为一编号；

（5）$10×10^4$～$30×10^4$ t，不超过 400 t 为一编号；

（6）$10×10^4$ t 以下，不超过 200 t 为一编号。

取样方法按《水泥取样方法》（GB/T 12573—2008）进行。可连续取，也可从 20 个以上不同部位取等量样品，总量至少 12 kg。当散装水泥运输工具的容量超过该厂规定出厂编号吨数时，允许该编号的数量超过取样规定吨数。

2. 检验报告

检验报告内容应包括出厂检验项目、细度、混合材料品种和掺加量、石膏助磨剂的品种和掺加量及合同约定的其他技术要求。当用户需要时，生产者应在水泥发出之日起 7 d 内寄发除 28 d 强度以外的各项检查结果，32 d 内补报 28 d 强度检验结果。

3. 交货与验收

交货时水泥的质量验收可抽取实物试样以其检验结果为依据，也可以生产者同编号水泥的检验报告为依据。采取何种方法验收，由买卖双方商定，并在合同或协议中注明。卖方有告知买方验收方法的责任，当无书面合同或协议，或未在合同、协议中注明验收方法的，卖方应在发货票上注明"以本厂同编号水泥的检验报告为验收依据"字样。

（1）以抽取实物试样的检验结果为验收依据时，买卖双方应在发货前或交货地共同取样和签封。取样方法按《水泥取样方法》（GB/T 12573—2008）进行，取样数量为 20 kg，缩分为二等份。一份由卖方保存 40 d，一份由买方按相关标准规定的项目和方法进行检验。

在 40 d 以内，买方检验认为产品质量不符合标准要求，而卖方又有异议时，则双方应将卖方保存的另一份试样送省级或省级以上国家认可的水泥质量监督检验机构进行仲裁检验。水泥进行安定性仲裁检验时，应在取样之日起 10 d 以内完成。

（2）以生产者同编号水泥的检验报告为验收依据时，应在发货前或交货时由买方在同编号水泥中取样，双方共同签封后由卖方保存 90 d，或认可卖方自行取样、签封并保存 90 d 同编号水泥的封存样。

在 90 d 内，买方对水泥质量有疑问时，买卖双方应将共同认可的试样送省级或省级以上国家认可的水泥质量监督检验机构进行仲裁检验。

2.1.2.2　水泥的检验方法

水泥检验前应通过 0.9 mm 方孔筛。

1．水泥标准稠度用水量、凝结时间、安定性检验方法

摘自《水泥标准稠度用水量、凝结时间、安定性检验方法》（GB/T 1346—2011）。

1）范围

本标准适用于通用硅酸盐水泥以及指定采用本方法的其他品种水泥。

2）原理

Ⅰ．水泥标准稠度

水泥标准稠度净浆对标准试杆（或试锥）的沉入具有一定阻力。通过试验不同含水量水泥净浆的穿透性，以确定水泥标准稠度净浆中所需加入的水量。

Ⅱ．凝结时间

试针沉入水泥标准稠度净浆至一定深度所需的时间。

Ⅲ．安定性

（1）雷氏法是通过测定水泥标准稠度净浆在雷氏夹中沸煮后试针的相对位移表征其体积膨胀的程度。

（2）试饼法是通过观测水泥标准稠度净浆试饼沸煮后的外形变化情况表征其体积安定性。

3）仪器设备

Ⅰ．水泥净浆搅拌机

符合《水泥净浆搅拌机》（JC/T 729—2005）的要求。

注：通过减小搅拌翅和搅拌锅之间间隙，可以制备更加均匀的净浆。

Ⅱ．标准法维卡仪

图 2-1 为测定水泥标准稠度和凝结时间用维卡仪及配件示意图。

标准稠度试杆由有效长度为（50±1）mm、直径为 ϕ（10+0.05）mm 的圆柱形耐腐蚀金属制成。初凝用试针由钢制成，其有效长度初凝针为（50±1）mm，终凝针为（30±1）mm，直径为 ϕ（1.13±0.05）mm。滑动部分的总质量为（300±1）g。与试杆、试针连接的滑动杆表面应光滑，能靠重力自由下落，不得有紧涩和旷动现象。

盛装水泥净浆的试模由耐腐蚀的、有足够硬度的金属制成。试模为深（40±0.2）mm、顶内径 ϕ（65±0.5）mm、底内径 ϕ（75±0.5）mm 的截顶圆锥体。每个试模应配备一个边长或直径约 100 mm、厚度 4～5 mm 的平板玻璃底板或金属底板。

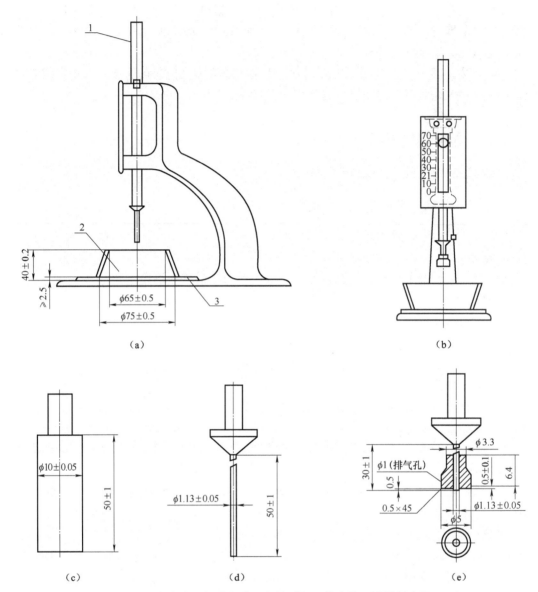

图 2-1　测定水泥标准稠度和凝结时间用维卡仪及配件示意图
（a）初凝时间测定用立式试模的侧视图　（b）终凝时间测定用反转试模的前视图
（c）标准稠度试杆　（d）初凝用试针　（e）终凝用试针
1—滑动杆；2—试模；3—玻璃板

Ⅲ．代用法维卡仪

符合《水泥净浆标准稠度与凝结时间测定仪》（JC/T 727—2005）要求。

Ⅳ．雷氏夹

由铜质材料制成，其结构如图 2-2 所示。当一根指针的根部先悬挂在一根金属丝或尼龙丝上，另一根指针的根部再挂上质量为 300 g 的砝码时，两根指针针尖的距离增加应在（17.5±2.5）mm 范围内，即 $2x$=（17.5±2.5）mm（图 2-3），去掉砝码后针尖的距离能恢复至挂砝码前的状态。

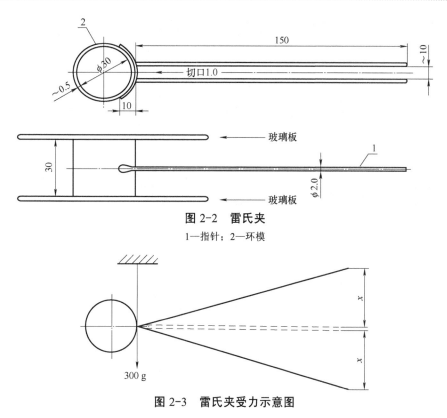

图 2-2　雷氏夹

1—指针；2—环模

图 2-3　雷氏夹受力示意图

Ⅴ．沸煮箱

符合《水泥安定性试验用沸煮箱》（JC/T 955—2005）的要求。

Ⅵ．雷氏夹膨胀测定仪

如图 2-4 所示，标尺最小刻度为 0.5 mm。

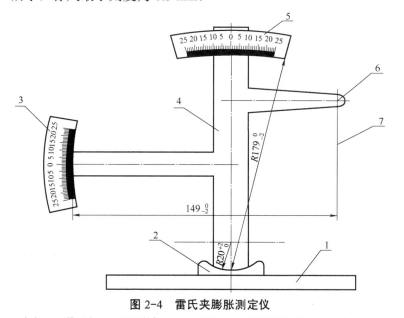

图 2-4　雷氏夹膨胀测定仪

1—底座；2—模子座；3—测弹性标尺；4—立柱；5—测膨胀值标尺；6—悬臂；7—悬丝

Ⅶ．量筒或滴定管

精度±0.5 mL。

Ⅷ．天平

最大称量不小于 1 000 g，分度值不大于 1 g。

4）材料

试验用水应是洁净的饮用水，如有争议时应以蒸馏水为准。

5）试验条件

（1）试验室温度为（20±2）℃，相对湿度应不低于 50%；水泥试样、拌合水、仪器和用具的温度应与试验室一致。

（2）湿气养护箱的温度为（20±1）℃，相对湿度不低于 90%。

6）标准稠度用水量测定方法（标准法）

Ⅰ．试验前准备工作

（1）维卡仪的滑动杆能自由滑动。试模和玻璃底板用湿布擦拭，将试模放在底板上。

（2）调整至试杆接触玻璃板时指针对准零点。

（3）搅拌机运行正常。

Ⅱ．水泥净浆的拌制

用水泥净浆搅拌机搅拌，搅拌锅和搅拌叶片先用湿布擦过，将拌和水倒入搅拌锅内，然后在 5～10 s 小心将称好的 500 g 水泥加入水中，防止水和水泥溅出；拌和时，先将锅放在搅拌机的锅座上，升至搅拌位置，启动搅拌机，低速搅拌 120 s，停 15 s，同时将叶片和锅壁上的水泥浆刮入锅中间，接着高速搅拌 120 s 停机。

Ⅲ．标准稠度用水量的测定步骤

拌和结束后，立即取适量水泥净浆一次性将其装入已置于玻璃底板上的试模中，浆体超过试模上端，用宽约 25 mm 的直边刀轻轻拍打超出试模部分的浆体 5 次以排除浆体中的孔隙，然后在试模上表面约 1/3 处，略倾斜于试模分别向外轻轻锯掉多余净浆，再从试模边沿轻抹顶部一次，使净浆表面光滑。在锯掉多余净浆和抹平的操作过程中，注意不要压实净浆；抹平后迅速将试模和底板移到维卡仪上，并将其中心定在试杆下，降低试杆直至与水泥净浆表面接触，拧紧螺丝 1～2 s 后，突然放松，使试杆垂直自由地沉入水泥净浆中。在试杆停止沉入或释放试杆 30 s 时记录试杆距底板之间的距离，升起试杆后，立即擦净；整个操作应在搅拌后 1.5 min 内完成。以试杆沉入净浆并距底板（6±1）mm 的水泥净浆为标准稠度净浆。其拌和水量为该水泥的标准稠度用水量（P），按水泥质量的百分比计。

7）凝结时间测定方法

Ⅰ．试验前准备工作

调整凝结时间测定仪的试针接触玻璃板时指针对准零点。

Ⅱ．试件的制备

以标准稠度用水量制成标准稠度净浆，一次装满并抹平，立即放入湿气养护箱中。记录水泥全部加入水中的时间作为凝结时间的起始时间。

Ⅲ．初凝时间的测定

试件在湿气养护箱中养护至加水后 30 min 时进行第一次测定。测定时，从湿气养护箱中取出试模放到试针下，降低试针与水泥净浆表面接触。拧紧螺丝 1～2 s 后，突然放松，试针垂直自由地沉入水泥净浆。观察试针停止下沉或释放试针 30 s 时指针的读数。临近初凝时间时每隔 5 min（或更短时间）测定一次，当试针沉至距底板（4±1）mm 时，为水泥达到初凝状态；由水泥全部加入水中至初凝状态的时间为水泥的初凝时间，用 min 来表示。

Ⅳ．终凝时间的测定

为了准确观测试针沉入的状况，在终凝针上安装了一个环形附件（图 2-1（e））。在完成初凝时间的测定后，立即将试模连同浆体以平移的方式从玻璃板取下，翻转 180°，试模大端向上，小端向下放在玻璃板上，再放入湿气养护箱中继续养护。临近终凝时间时每隔 15 min（或更短时间）测定一次，当试针沉入试体 0.5 mm 时，即环形附件开始不能在试体上留下痕迹时，为水泥达到终凝状态。由水泥全部加入水中至终凝状态的时间为水泥的终凝时间，用 min 来表示。

Ⅴ．测定注意事项

测定时应注意，在最初测时应轻轻扶持金属柱，使其徐徐下降，以防试针撞弯，但结果以自由下落为准；在整个测试过程中试针沉入的位置至少要距试模内壁 10 mm。临近初凝时，每隔 5 min（或更短时间）测定一次，临近终凝时每隔 15 min（或更短时间）测定一次。到达初凝时应立即重复测一次，当两次结论相同时才能确定到达初凝状态；到达终凝时，需要在试体另外两个不同点测试，确认结论相同才能确定到达终凝状态。每次测定不能让试针落入原针孔，每次测试完毕须将试针擦净并将试模放回湿气养护箱内，整个测试过程要防止试模受振。

注：可以使用能得出与标准中规定方法相同结果的凝结时间自动测定仪，有矛盾时以标准规定方法为准。

8）安定性测定方法（标准法）

Ⅰ．试验前准备工作

每个试样需成型两个试件，每个雷氏夹需配备两个边长或直径约 80 mm、厚度 4～5 mm 的玻璃板，凡与水泥净浆接触的玻璃板和雷氏夹内表面都要稍稍涂上一层油。

注：有些油会影响凝结时间，矿物油比较合适。

Ⅱ．雷氏夹试件的成型

将预先准备好的雷氏夹放在已稍擦油的玻璃板上，并立即将已制好的标准稠度净浆一次装满雷氏夹，装浆时一只手轻轻扶持雷氏夹，另一只手用宽约 25 mm 的直边刀在浆体表面轻轻插捣 3 次，然后抹平，盖上稍涂油的玻璃板，接着立即将试件移至湿气养护箱内养护（24±2）h。

Ⅲ．沸煮

（1）调整好沸煮箱内的水位，保证其在整个沸煮过程中都超过试件，无须中途添补试验用水，同时又能保证在（30±5）min 内升至沸腾。

（2）脱去玻璃板取下试件，先测量雷氏夹指针尖端间的距离（A），精确到 0.5 mm；接着将试件放入沸煮箱水中的试件架上，指针朝上，然后在（30±5）min 内加热至沸并恒沸（180±5）min。

（3）结果判别。沸煮结束后，立即放掉沸煮箱中的热水，打开箱盖，待箱体冷却至室温，取出试件进行判别。测量雷氏夹指针尖端的距离（C），准确至 0.5 mm。当两个试件煮后增加距离（$C–A$）的平均值不大于 5.0 mm 时，即认为该水泥安定性合格；当两个试件煮后增加距离（$C–A$）的平均值大于 5.0 mm 时，应用同一样品立即重做一次试验。以复检结果为准。

9）试验报告

试验报告应包括标准稠度用水量、初凝时间、终凝时间、雷氏夹膨胀值或试饼的裂缝、弯曲形态等所有的试验结果。（详见"水泥物理力学性能试验原始记录"和"水泥物理力学性能试验报告"）

2. 水泥胶砂强度检验方法（ISO 法）

摘自《水泥胶砂强度检验方法（ISO 法）》（GB/T 17671—1999）。

1）范围

本标准规定了水泥胶砂强度检验基准方法的仪器、材料、胶砂组成、试验条件、操作步骤和结果计算等。其抗压强度测定结果与《水泥试验方法—— 强度测定》（ISO 679—1989）结果等同。同时也列入可代用的标准砂和振实台，当代用后结果有异议时以基准方法为准。

注：本标准适用于硅酸盐水泥、普通硅酸盐水泥、矿渣硅酸盐水泥、粉煤灰硅酸盐水泥、复合硅酸盐水泥、石灰石硅酸盐水泥的抗折与抗压强度的检验。其他水泥采用本标准时必须研究本标准规定的适用性。

2）方法概要

本方法为 40 mm×40 mm×160 mm 棱柱试体的水泥抗压强度和抗折强度测定。

试体是由按质量计的一份水泥、三份中国 ISO 标准砂，用 0.5 的水灰比拌制的一组塑性胶砂制成。中国 ISO 标准砂的水泥抗压强度结果必须与 ISO 基准砂的相一致。

胶砂用行星搅拌机搅拌，在振实台上成型。也可使用频率 2 800～3 000 次/min，振幅 0.75 mm 振动台成型。

试体连模一起在湿气中养护 24 h，然后脱模在水中养护至强度试验。到试验龄期时将试体从水中取出，先进行抗折强度试验，折断后每截再进行抗压强度试验。

3）试验室和设备

Ⅰ．试验室

试体成型试验室的温度应保持在（20±2）℃，相对湿度应不低于 50%。

试体带模养护的养护箱或雾室温度保持在（20±1）℃，相对湿度不低于 90%。

试体养护池水温度应在（20±1）℃范围内。

试验室空气温度和相对湿度及养护池水温在工作期间每天至少记录一次。

养护箱或雾室的温度与相对湿度至少每 4 h 记录一次，在自动控制的情况下记录次数可以酌减至一天记录二次。在温度给定范围内，控制所设定的温度应为此范围中值。

Ⅱ．设备

（1）总则。

设备中规定的公差，试验时对设备的正确操作很重要。当定期控制检测发现公差不符时，该设备应替换，或及时进行调整和修理。控制检测记录应予保存。对新设备的接收检测应包括本标准规定的质量、体积和尺寸范围，对于公差规定的临界尺寸要特别注意。

有的设备材质会影响试验结果，这些材质也必须符合要求。

（2）试验筛。

金属丝网试验筛应符合《试验筛　技术要求和检验　第1部分：金属丝编织网试验筛》（GB/T 6003.1—2012）要求，其筛网孔尺寸（R20系列）为2.0 mm、1.6 mm、1.0 mm、0.5 mm、0.16 mm、0.080 mm。

（3）搅拌机。

搅拌机（图2-5）属行星式，应符合《行星式水泥胶砂搅拌机》（JC/T 681—2005）要求。用多台搅拌机工作时，搅拌锅和搅拌叶片应保持配对使用。叶片与锅之间的间隙，是指叶片与锅壁最近的距离，应每月检查一次。

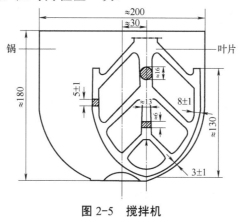

图 2-5　搅拌机

（4）试模。

试模由三个水平的模槽组成（图2-6），可同时成型三条截面为40 mm×40 mm，长160 mm的试体，其材质和制造尺寸应符合《水泥胶砂试模》（JC/T 726—2005）要求。

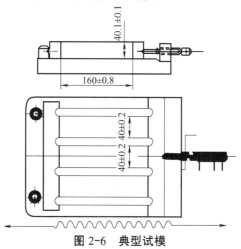

图 2-6　典型试模

当试模的任何一个公差超过规定的要求时，就应更换。在组装备用的干净模型时，应用黄干油等密封材料涂覆模型的外接缝。试模的内表面应涂上一薄层模型油或机油。成型操作时，应在试模上面加有一个壁高20 mm的金属模套，当从上往下看时，模套壁与模型内壁应该重叠，超出内壁不应大于1 mm。

为了控制料层厚度和刮平胶砂，应备有图 2-7 所示的两个播料器和一个金属刮平直尺。

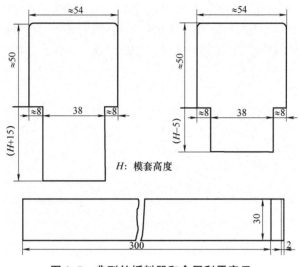

H：模套高度

图 2-7　典型的播料器和金属刮平直尺

（5）振实台。

振实台（图 2-8）应符合《水泥胶砂试体成型振实台》（JC/T 682—2005）要求。振实台应安装在高度约 400 mm 的混凝土基座上。混凝土体积约为 0.25 m³，重约 600 kg。需防外部振动影响振实效果时，可在整个混凝土基座下放一层厚约 5 mm 天然橡胶弹性衬垫。

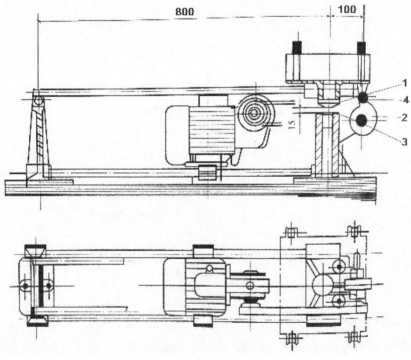

图 2-8　典型的振实台

1—突头；2—凸轮；3—止动器；4—随动轮

将仪器用地脚螺丝固定在基座上，安装后设备成水平状态，仪器底座与基座之间要铺一层砂浆以保证它们完全接触。

（6）抗折强度试验机。

抗折强度试验机应符合《水泥胶砂电动抗折试验机》（JC/T 724—2005）的要求。试件在夹具中受力位置如图 2-9 所示。

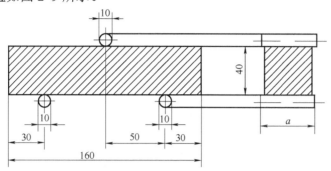

图 2-9　试件在夹具中受力位置

通过三根圆柱轴的三个竖向平面应该平行，并在试验时继续保持平行和等距离垂直试体的方向，其中一根支撑圆柱和加荷圆柱能轻微地倾斜使圆柱与试体完全接触，以便荷载沿试体宽度方向均匀分布，同时不产生任何扭转应力。

抗折强度也可用抗压强度试验机来测定，此时应使用符合上述规定的夹具。

（7）抗压强度试验机。

抗压强度试验机，在较大的五分之四量程范围内使用时记录的荷载应有±1%精度，并具有按（2 400±200）N/s 速率的加荷能力，应有一个能指示试件破坏时的荷载并把它保持到试验机卸荷以后的指示器，可以用表盘里的峰值指针或显示器来达到。人工操纵的试验机应配有一个速度动态装置以便于控制荷载增加。

压力机的活塞竖向轴应与压力机的竖向轴重合，在加荷时也不例外，而且活塞作用的合力要通过试件中心。压力机的下压板表面应与该机的轴线垂直并在加荷过程中一直保持不变。

压力机上压板球座中心应在该机竖向轴线与上压板下表面相交点上，其公差±1 mm。上压板在与试体接触时能自动调整，但在加荷期间上下压板的位置应固定不变。

试验机压板应由维氏硬度不低于 HV600 硬质钢制成，最好为碳化钨，厚度不小于 10 mm，宽为（40±1）mm，长不小于 40 mm。压板和试件接触的表面平面度公差应为 0.01 mm，表面粗糙度（Ra）应在 0.1～0.8。

当试验机没有球座，或球座已不灵活或直径大于 120 mm 时，应采用规定的抗压强度试验夹具。

（8）抗压强度试验机用夹具。

当需要使用夹具时，应把它放在压力机的上下压板之间并与压力机处于同一轴线，以便将压力机的荷载传递至胶砂试件表面。夹具应符合《40 mm×40 mm 水泥抗压夹具》（JC/T 683—2005）的要求，受压面积为 40 mm×40 mm。夹具在压力机上位置如图 2-10 所示，夹具要保持清洁，球座应能转动以使其上压板能从一开始就适应试体的形状并在试验中保持不变。

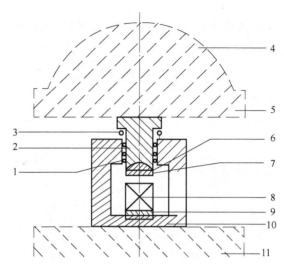

图 2-10　典型的抗压强度试验夹具

1—滚珠轴承；2—滑块；3—复位弹簧；4—压力机球座；

5—压力机上压板；6—夹具球座；7—夹具上压板；8—试体；

9—底板；10—夹具下垫板；11—压力机下压板

（9）其他用具：天平、量水器、模套、插刀、料铲等。

4）试验步骤

Ⅰ．原料的称取

对于《水泥胶砂强度检验方法（ISO 法）》（GB/T 17671—1999）限定的通用水泥，按水泥试样、标准砂（ISO）、水，以质量计的配合比为 1:3:0.5，每一锅胶砂成型三条试件，需水泥试样（450±2）g，ISO 标准砂（1 350±5）g，水（225±1）g。

Ⅱ．搅拌

把水加入锅内，再加入水泥，把锅放在固定架上，上升至固定位置后开动搅拌机，低速搅拌 30 s 后，在第二个 30 s 开始搅拌的同时均匀加入砂子（当各级砂是分装时，从最大粒级开始，依次将所需的各级砂量加完）；然后把机器转至高速，再拌 30 s，停拌 90 s。在 15 s 内，用胶皮刮具将叶片和锅壁上的胶砂刮入锅中间，在高速下继续搅拌 60 s。各个搅拌阶段，时间误差应在 1 s 以内。

Ⅲ．成型

胶砂制备后应立即成型。将空模套固定于振实台上，将胶砂分两层装入试模。装第一层时每模槽内约放 300 g 胶砂，并将料层插平振实 60 次后，再装入第二层胶砂，插平后再振实 60 次，然后从振实台上取下试模，用金属直尺以 90°的角度架在试模模顶一端，沿试模长度方向从横向以锯割动作慢慢向另一端移动，将超出试模部分的胶砂刮去并抹平，然后做好试件编号标记。

Ⅳ．养护

将做好标记的试模放入养护箱内至规定时间拆模。对于 24 h 龄期的试件，应在试验前 20 min 内脱模，并用湿布覆盖直至试验开始。对于 24 h 以上龄期的试件，应在成型后 20～24 h 脱模，并放入相对湿度大于 90%的标准养护室或水中养护（温度（20±1）℃）。

Ⅴ．试验

养护到期的试件，应在试验前 15 min 从水中取出，擦去表面沉积物，并用湿布覆盖直至试验开始。先进行抗折试验，后做抗压试验。

抗折试验：将试件长向侧面放于抗折试件机的两个支撑圆柱上，通过加荷圆柱，以（50±10）N/s 速率均匀将荷载加在试件侧面至折断，记录破坏荷载（F_f）。

抗压试验：以折断后保持潮湿状态的两个半截棱柱体的侧面为受压面，分别放入抗压夹具内，并要求试件中心、夹具中心、压力机压板中心，三者合一，偏差为±0.5 mm，以（2.4±0.2）kN/s 的速率均匀加荷至破坏，记录破坏荷载（F_c）。

5）数据处理及结果评定

一组试件三个，分别进行三折六压试验，测试其破坏荷载。

（1）抗折强度按下式计算：

$$R_f = \frac{1.5 F_f L}{b^3} \tag{2-1}$$

式中　R_f——试件的抗折强度（MPa），精确至 0.1 MPa；

　　　F_f——试件体折断时的荷载（N）；

　　　L——夹具支撑圆柱之间的距离（mm）；

　　　b——棱柱体边长，$b=40$ mm。

以一组三个棱柱体抗折强度的平均值为试验结果，当三个强度值中有超出平均值±10%时，应剔除后再取平均值作为抗折强度试验结果。

（2）抗压强度按下式计算：

$$R_c = \frac{F_c}{A} \tag{2-2}$$

式中　R_c——试件的抗压强度（MPa），精确至 0.1 MPa；

　　　F_c——试件破坏时的最大荷载（N）；

　　　A——受压面积 40 mm×40 mm。

以一组六个棱柱体得到的六个抗压强度的平均值为试验结果。当六个测定值中有一个超出六个平均值的±10%时，应剔除这个试件的测定值，以剩余五个抗压强度的平均值为结果；若五个测定值中再有超出平均值±10%时，则此组试验作废。

当强度值低于标准要求的最低值时，则此材料应视为不合格或降低等级使用。

6）注意事项

（1）试模内壁应在成型前涂一薄层的隔离剂。

（2）脱模时应小心操作，防止试件受到损伤。

（3）养护时不应将试模叠放。

7）试验记录

将试验数据记录于"水泥物理力学性能试验原始记录"和"水泥物理力学性能试验报告"中。

3．水泥胶砂流动度测定方法

摘自《水泥胶砂流动度测定方法》（GB/T 2419—2005）。

1）范围

本标准规定了水泥胶砂流动度测定方法的原理、仪器和设备、试验条件及材料、试验方法、结果与计算。

本标准适用于水泥胶砂流动度的测定。

2）方法原理

通过测量一定配比的水泥胶砂在规定振动状态下的扩展范围来衡量其流动性。

3）仪器和设备

Ⅰ．水泥胶砂流动度测定仪（简称跳桌）

技术要求及其安装方法见附录 A。

Ⅱ．水泥胶砂搅拌机

符合《行星式水泥胶砂搅拌机》（JC/T 681—2005）的要求。

Ⅲ．试模

由截锥圆模和模套组成。金属材料制成，内表面加工光滑。圆模尺寸为：高度（60±0.5）mm；上口内径（70±0.5）mm；下口内径（100±0.5）mm；下口外径 120 mm；模壁厚大于 5 mm。

Ⅳ．捣棒

金属材料制成，直径为（20±0.5）mm，长度约 200 mm。捣棒底面与侧面成直角，其下部光滑，上部手柄滚花。

Ⅴ．卡尺

量程不小于 300 mm，分度值不大于 0.5 mm。

Ⅵ．小刀

刀口平直，长度大于 80 mm。

Ⅶ．天平

量程不小于 1 000 g，分度值不大于 1 g。

4）试验条件及材料

Ⅰ．试验室、设备、拌和水、样品

应符合《水泥胶砂强度检验方法（ISO 法）》（GB/T 17671—1999）中第 4 条试验室和设备的有关规定。

Ⅱ．胶砂组成

胶砂材料用量按相应标准要求或试验设计确定。

5）试验方法

（1）如跳桌在 24 h 内未被使用，先空跳一个周期 25 次。

（2）胶砂制备按《水泥胶砂强度检验方法（ISO 法）》（GB/T 17671—1999）有关规定进行。在制备胶砂的同时，用潮湿棉布擦拭跳桌台面、试模内壁、捣棒及与胶砂接触的用具，将试模放在跳桌台面中央并用潮湿棉布覆盖。

（3）将拌好的胶砂分两层迅速装入试模，第一层装至截锥圆模高度约三分之二处，用小刀在相互垂直两个方向各划 5 次，用捣棒由边缘至中心均匀捣压 15 次（图 2-11）；随后，装第二层胶砂，装至高出截锥圆模约 20 mm，用小刀在相互垂直两个方向各划 5 次，再用捣棒由边缘至中心均匀捣压 10 次（图 2-12）。捣压后胶砂应略高于试模。捣压深度，第一层捣至胶砂高度的二分之一，第二层捣实不超过已捣实底层表面。装胶砂和捣压时，用手扶稳试模，不要使其移动。

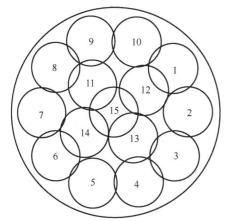

图 2-11　第一层装料后捣压示意图　　　　图 2-12　第二层装料后捣压示意图

（4）捣压完毕，取下模套，将小刀倾斜，从中间向边缘分两次以近水平的角度抹去高出截锥圆模的胶砂，并擦去落在桌面上的胶砂。将截锥圆模垂直向上轻轻提起。立刻开动跳桌，以每秒钟一次的频率，在（25±1）s 内完成 25 次跳动。

（5）流动度试验，从胶砂加水开始到测量扩散直径结束，应在 6 min 内完成。

6）结果与计算

跳动完毕，用卡尺测量胶砂底面互相垂直的两个方向直径，计算平均值，取整数，单位为 mm。该平均值即为该水量的水泥胶砂流动度。

附录 A　（跳桌及其安装）

1）技术要求

（1）跳桌主要由铸铁机架和跳动部分组成（图 2-13）。

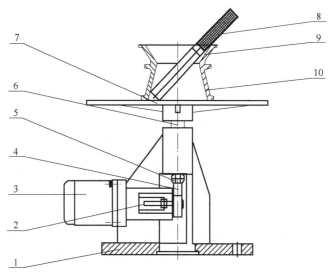

图 2-13　跳桌结构示意图

1—机架；2—接近开关；3—电机；4—凸轮；5—滑轮；6—推杆；
7—圆盘桌面；8—捣棒；9—模套；10—截锥圆模

（2）机架是铸铁铸造的坚固整体，有三根相隔 120° 分布的增强筋延伸整个机架高度。机架孔周围环状精磨。机架孔的轴线与圆盘上表面垂直。当圆盘下落和机架接触时，接触面保持光滑，并与圆盘上表面成平行状态，同时在 360° 范围内完全接触。

（3）跳动部分主要由圆盘桌面和推杆组成，总质量为（4.35±0.15）kg，且以推杆为中心均匀分布。圆盘桌面为布氏硬度不低于 200HB 的铸钢，直径为（300±1）mm，边缘约厚 5 mm。其上表面应光滑平整，并镀硬铬。表面粗糙度 Ra 为 0.8～1.6。桌面中心有直径为 125 mm 的刻圆，用以确定锥形试模的位置。从圆盘外缘指向中心有 8 条线，相隔 45° 分布。桌面下有 6 根辐射状筋，相隔 60° 均匀分布。圆盘表面的平面度不超过 0.10 mm。跳动部分下落瞬间，托轮不应与凸轮接触。跳桌落距为（10.0±0.2）mm。推杆与机架孔的公差间隙为 0.05～0.10 mm。

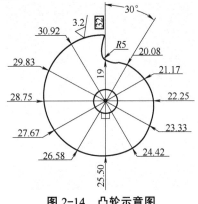

图 2-14 凸轮示意图

（4）凸轮（图 2-14）由钢制成，其外表面轮廓符合等速螺旋线，表面硬度不低于洛氏 55HRC。当推杆和凸轮接触时不应察觉出有跳动，上升过程中保持圆盘桌面平稳，不抖动。

（5）转动轴与转速为 60 r/min 的同步电机，其转动机构能保证胶砂流动度测定仪在（25±1）s 内完成 25 次跳动。

（6）跳桌底座有 3 个直径为 12 mm 的孔，以便与混凝土基座连接，三个孔均匀分布在直径 200 mm 的圆上。

2）安装和润滑

（1）跳桌宜通过膨胀螺栓安装在已硬化的水平混凝土基座上。基座由容重至少为 2 240 kg/m³ 的重混凝土浇筑而成，基部约为 400 mm×400 mm 见方，高约 690 mm。

（2）跳桌推杆应保持清洁，并稍涂润滑油。圆盘与机架接触面不应该有油。凸轮表面上涂油可减少操作的摩擦。

3）检定

跳桌安装好后，采用流动度标准样（JB W01-1-1）进行检定，测得标样的流动度值如与给定的流动度值相差在规定范围内，则该跳桌的使用性能合格。

4. 水泥细度检验方法（筛析法）

摘自《水泥细度检验方法 筛析法》（GB/T 1345—2005）。

水泥细度测定方法有：筛分法、透气法和颗粒级配测定方法。筛分法就是测定水泥筛余百分数。根据测定方式不同又分为水筛法和干筛法。干筛法又分为手工干筛法和负压筛法。透气法是测定水泥的比表面积。国内现在常用勃氏透气法测定水泥的比表面积。颗粒级配的测定方法有沉降分析法、空气离析法、库尔特计数法和激光衍射法。

《通用硅酸盐水泥》（GB175—2007）标准中规定矿渣硅酸盐水泥、火山灰质硅酸盐水泥、粉煤灰硅酸盐水泥和复合硅酸盐水泥的细度以筛余表示，80 μm 方孔筛筛余不大于 10% 或 45 μm 方孔筛筛余不大于 30%。

1）范围

本方法适用于通用硅酸盐水泥及其他粉状物料 45 μm 方孔筛筛余和 80 μm 方孔筛筛余的检验。

2）检验原理

检验的原理是通过 80 μm 方孔筛或 45 μm 方孔筛筛析，测得筛网上所得筛余量（即大于 80 μm 或 45 μm 的颗粒含量）占试样总质量的百分数来表示水泥试样的细度。

3）主要仪器

（1）负压筛析仪，由筛座、干筛、负压源及收尘器组成。筛座如图 2-15 所示。

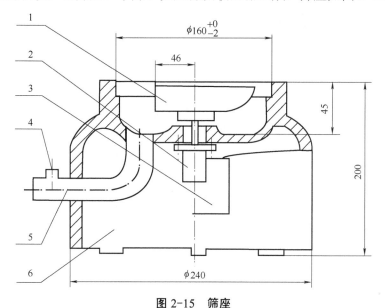

图 2-15　筛座

1—喷气嘴；2—微电机；3—控制板开口；4—负压表接口；
5—负压源及收尘器接口；6—壳体

（2）试验筛，由圆形筛框和筛网组成，筛框和筛网接触处应用防水胶密封。负压筛如图 2-16 所示，水筛如图 2-17 所示。

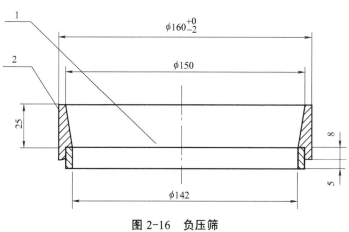

图 2-16　负压筛

1—筛网；2—筛框

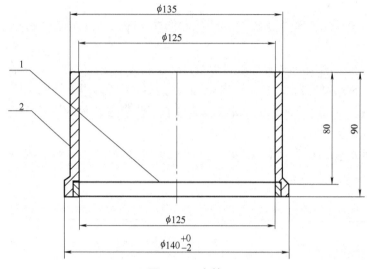

图 2-17　水筛

1—筛网；2—筛框

（3）水筛架：用于支撑筛子，并能带动筛子转动，转速约 50 r/min。

（4）喷头：直径 55 mm，面上均匀分布 90 个孔，孔径 0.5～0.7 mm。安装高度以离筛布 50 mm 为宜。

（5）天平：最大量程为 100 g，分度值不大于 0.05 g。

4）试验步骤

Ⅰ．负压筛法

（1）将水泥试样充分拌匀，通过 0.9 mm 方孔筛，并记录筛余物情况。

（2）称取被测试样（W）25 g 置于洁净的干筛内并盖上筛盖，再将筛子放在干筛座上，启动筛析仪 2 min，此间若有试样黏附在筛盖上可用手轻轻拍击，使试样落下。筛毕，用天平称量，筛余物（P）准确至 0.1 g。

Ⅱ．水筛法

（1）水泥试样应充分拌匀，通过 0.9 mm 方孔筛，并记录筛余物情况。

（2）称取被测试样（W）50 g，倒入筛内立即用洁净水冲洗至大部分细粉通过，再将筛子置于筛座上，用水压为（0.05±0.02）MPa 的喷头连续冲洗 3 min。筛毕，用少量水把筛余物冲至蒸发皿中，等水泥颗粒全部冲出后，小心倒出清水，烘干并用天平称量筛余物（P），准确至 0.1 g。

Ⅲ．干筛法

当无负压筛析仪和水筛的情况下，允许用手工干筛法。

（1）经烘干至恒量后，冷却至室温，称取试样（W）50 g。

（2）将试样倒入干筛中，盖上筛盖。

（3）用一只手执筛往复摇动，另一只手轻轻拍打，拍打速度每分钟约 120 次，每 40 次向同一方向转 60°，使试样均匀分布在筛网上，直至每分钟通过的试样量不超过 0.05 g 为止，称量筛余物（P）。

5）结果计算

水泥试样筛余百分数按下式计算：

$$F = \frac{P}{W} \times 100\%\qquad(2-3)$$

式中　F——水泥试样的筛余百分数（%）；

　　　P——水泥筛余物质量（g）；

　　　W——水泥试样质量（g）。

结果计算至 0.1%。

6）注意事项

（1）负压筛析仪使用一段时间后，当负压小于 4 000 Pa 时，应清理吸尘器内的水泥，使负压恢复正常。

（2）标准筛须定期用标准粉进行检验，当测定值与标准粉细度给定值相差±15%以内时方可使用。

（3）标准筛必须保持洁净，水筛法的喷头应防止孔眼堵塞。

7）试验记录

将试验数据记录于"水泥物理力学性能试验原始记录"和"水泥物理力学性能试验报告"中。

5. 水泥比表面积测定方法（勃氏法）

摘自《水泥比表面积测定方法　勃氏法》（GB/T 8074—2008）。

1）范围

本方法适用于测定水泥比表面积及比表面积在 2 000 cm²/g 到 6 000 cm²/g 范围的其他粉状物料。

2）试验原理

(1)试验训练的目的为通过对水泥比表面积的测定，学会评定水泥细度是否达到标准要求。

（2）本方法主要是根据一定量的空气通过具有一定空隙率和固定厚度的水泥层时，所受阻力不同而引起流速的变化来测定水泥的比表面积。在一定空隙率的水泥层中，空隙的大小和数量是颗粒尺寸的函数，同时也决定了通过料层的气流速度。

3）主要仪器

（1）透气仪：本方法采用的勃氏比表面积透气仪，分手动和自动两种，均应符合《勃氏透气仪》（JC/T 956—2014）的要求。水泥比表面积测定 U 型压力计、捣器及透气圆筒如图 2-18 所示。

（2）烘干箱：控制温度灵敏度±1℃。

（3）分析天平：分度值为 0.001 g。

（4）秒表：精确至 0.5 s。

（5）水泥样品：水泥样品按《水泥取样方法》（GB/T 12573—2008）进行取样，先通过 0.9 mm 方孔筛，再在（110±5）℃下烘干 1 h，并在干燥器中冷却至室温。

（6）基准材料：《水泥细度和比表面积标准样品》（GSB 14-1511—2014）或相同等级

的标准物质。有争议时以《水泥细度和比表面积标准样品》（GSB 14-1511—2014）为准。

（7）压力计液体：采用带颜色的蒸馏水或直接采用无色蒸馏水。

（8）滤纸：采用符合《化学分析滤纸》（GB/T 1914—2007）的中速定量滤纸。

（9）汞：分析纯汞。

（10）试验室条件：相对湿度不大于 50%。

单位为mm

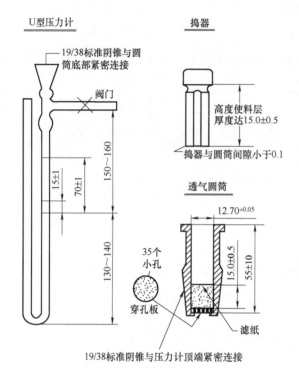

图 2-18　水泥比表面积测定 U 型压力计、捣器及透气圆筒

4）试验步骤

Ⅰ．仪器校准

（1）仪器的校准采用《水泥细度和比表面积标准样品》（GSB 14-1511—2014）或相同等级的其他标准物质。有争议时以前者为准。

（2）仪器校准按《勃氏透气仪》（JC/T 956—2014）进行。

（3）校准周期：至少每年进行一次。仪器设备使用频繁则应半年进行一次，仪器设备维修后也要重新标定。

Ⅱ．操作步骤

（1）测定水泥密度：按《水泥密度测定方法》（GB/T 208—2014）测定水泥密度。

（2）漏气检查：将透气圆筒上口用橡皮塞塞紧，接到压力计上。用抽气装置从压力计一臂中抽出部分气体，然后关闭阀门，观察是否漏气。如发现漏气，可用活塞油脂加以密封。

（3）空隙率（ε）的确定：P·Ⅰ、P·Ⅱ型水泥的空隙率采用 0.500±0.005，其他水泥或粉料的空隙率选用 0.530±0.005。

当按上述空隙率不能将试样压至下面（5）试料层制备规定的位置时，则允许改变空隙率。

空隙率的调整以 2 000 g 砝码（5 筹砝码）将试样压实至下面（5）试料层制备规定的

位置为准。

（4）确定试样量。试样量按下式计算：

$$m=\rho V（1-\varepsilon）\qquad（2-4）$$

式中　m——需要的试样量（g）；

　　　ρ——试样密度（g/cm³）；

　　　V——试料层体积（cm³），按《勃氏透气仪》（JC/T 956—2014）测定；

　　　ε——试料层空隙率。

（5）试料层制备。

① 将穿孔板放入透气圆筒的突缘上，用捣棒把一片滤纸放到穿孔板上，边缘放平并压紧。称取按式（2-4）计算确定的试样量，精确到 0.001 g，倒入圆筒。轻敲圆筒的边，使水泥层表面平坦。再放入一片滤纸，用捣器均匀捣实试料直至捣器的支持环与圆筒顶边接触，并旋转 1～2 圈，慢慢取出捣器。

② 穿孔板上的滤纸为 ϕ12.7 mm 边缘光滑的圆形滤纸片。每次测定需用新的滤纸片。

（6）透气试验。

① 把装有试料层的透气圆筒下锥面涂一薄层活塞油脂，然后把它插入压力计顶端锥型磨口处，旋转 1～2 圈。要保证紧密连接不致漏气，并不振动所制备的试料层。

② 打开微型电磁泵慢慢从压力计一臂中抽出空气，直到压力计内液面上升到扩大部下端时关闭阀门。当压力计内液体的凹月面下降到第一条刻度线到第二条刻度线时开始计时（图 2-18），当液体的凹月面下降到第二条刻度线时停止计时，记录液面从第一条刻度线到第二条刻度线所需的时间。以秒记录，并记录下试验时的温度（℃）。每次透气试验，应重新制备试料层。

5）数据处理及试验结果

（1）当被测试样的密度、试料层中空隙率与标准样品相同，试验时的温度与校准温度之差≤3 ℃时，可按下式计算：

$$S = \frac{S_{\mathrm{s}}\sqrt{T}}{\sqrt{T_{\mathrm{s}}}}\qquad（2-5）$$

式中　S——被测试样的比表面积（cm²/g）；

　　　S_{s}——标准样品的比表面积（cm²/g）；

　　　T——被测试样试验时，压力计中液面降落测得的时间（s）；

　　　T_{s}——标准样品试验时，压力计中液面降落测得的时间（s）；

　　　η——被测试样试验温度下的空气黏度（μPa·s）；

　　　η_{s}——标准样品试验温度下的空气黏度（μPa·s）。

如试验时的温度与校准温度之差>3 ℃时，则按下式计算：

$$S = \frac{S_{\mathrm{s}}\sqrt{\eta_{\mathrm{s}}}\sqrt{T}}{\sqrt{\eta}\sqrt{T_{\mathrm{s}}}}\qquad（2-6）$$

（2）当被测试样的试料层中空隙率与标准品试料层中空隙率不同，试验时的温度与校准温度之差≤3 ℃时，可按下式计算：

$$S = \frac{S_s \sqrt{T}(1-\varepsilon_s)\sqrt{\varepsilon^3}}{\sqrt{T_s}(1-\varepsilon)\sqrt{\varepsilon_s^3}}$$ （2-7）

如试验时的温度与校准温度之差>3 ℃时，则按下式计算：

$$S = \frac{S_s \sqrt{\eta_s}\sqrt{T}(1-\varepsilon_s)\sqrt{\varepsilon^3}}{\sqrt{\eta}\sqrt{T_s}(1-\varepsilon)\sqrt{\varepsilon_s^3}}$$ （2-8）

式中　ε——被测试样试料层中的空隙率；

　　　ε_s——标准样品试料层中的空隙率。

（3）当被测试样的密度和空隙率均与标准样品不同，试验时的温度与校准温度之差≤3 ℃时，可按下式计算：

$$S = \frac{S_s \rho_s \sqrt{T}(1-\varepsilon_s)\sqrt{\varepsilon^3}}{\rho \sqrt{T_s}(1-\varepsilon)\sqrt{\varepsilon_s^3}}$$ （2-9）

如试验时的温度与校准温度之差>3 ℃时，则按下式计算：

$$S = \frac{S_s \rho_s \sqrt{\eta_s}\sqrt{T}(1-\varepsilon_s)\sqrt{\varepsilon^3}}{\rho \sqrt{\eta}\sqrt{T_s}(1-\varepsilon)\sqrt{\varepsilon_s^3}}$$ （2-10）

式中　ρ——被测试样的密度（g/cm³）；

　　　ρ_s——标准样品的密度（g/cm³）。

（4）结果处理。

① 水泥比表面积应由二次透气试验结果的平均值确定。如二次试验结果相差 2%以上时，应重新试验。计算结果保留至 10 cm²/g。

② 当同一水泥用手动勃氏透气仪测定的结果与自动勃氏透气仪测定的结果有争议时，以手动勃氏透气仪测定结果为准。

6）过程记录及试验结论

详见"水泥物理力学性能试验原始记录"和"水泥物理力学性能试验报告"。

6. 水泥密度测定方法

摘自《水泥密度测定方法》（GB/T 208—2014）。

1）范围

测定水硬性水泥的密度，也适用于测定其他粉状物料的密度。

2）仪器设备

（1）密度瓶（又名李氏瓶）：容积为 220～250 cm³，并有长 18～20 cm、直径约为 1 cm 的细颈，细颈上有刻度读数，精确至 0.1 cm³，如图 2-19 所示。

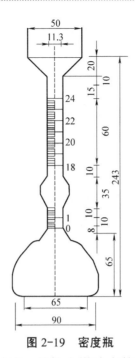

图 2-19 密度瓶

（2）煤油：无水，使用前须过滤，并抽去煤油中的空气。

（3）恒温水槽。

（4）天平：感量 0.01 g。

（5）烘箱：能使温度控制在（100±5）℃范围内。

（6）干燥器。

（7）筛子：孔径为 0.25 m。

（8）温度计。

（9）粉磨设备。

（10）其他：漏斗、滴管、牛角匙。

3）试验步骤

（1）将碎石试样粉碎、研磨、过筛（0.9 mm 方孔筛）后放入烘箱中，以（100±5）℃的温度烘干至恒重。烘干后的粉料储放在干燥器中冷却至室温，以待取用。

（2）在密度瓶中注入煤油或其他对试样不起反应的液体至突颈下部的零刻度线以上，将密度瓶放在温度为（$t\pm1$）℃的恒温水槽内（水温必须控制在密度瓶标定刻度时的温度），使刻度部分浸入水中，恒温 0.5 h。记下密度瓶第一次读数 V_1（准确到 0.05 mL，下同）。

（3）从恒温水槽中取出密度瓶，用滤纸将密度瓶内零点起始读数以上没有煤油的部分仔细擦净。

（4）取 100 g 左右试样，用感量为 0.01 g 的天平（下同）准确称取瓷皿和试样总质量 m_1。用牛角匙小心将试样通过漏斗渐渐送入密度瓶内（不能大量倾倒，因为这样会妨碍密度瓶中的空气排出，或在咽喉部分形成气泡，妨碍粉末的继续下落），使液面上升至 20 mL 刻度处（或略高于 20 mL 刻度处），注意勿使粉末浮于液面以上的瓶颈内壁上。摇动密度瓶，排出其中空气，至液体不再发生气泡为止。再放入恒温水槽，在相同温度下恒温 0.5 h，记下密度瓶第二次读数 V_2。

（5）准确称取瓷皿加剩下的试样总质量 m_2。

4）试验结果

（1）试样密度按下式计算：

$$\rho_t = \frac{m_1 - m_2}{V_2 - V_1}$$ （2-11）

式中　ρ_t——密度（g/cm³）；

m_1——试验前试样加瓷皿总质量（g）；

m_2——试验后剩余试样加瓷皿总质量（g）；

V_1——密度瓶第一次读数（mL 或 cm³）；

V_2——密度瓶第二次读数（mL 或 cm³）。

（2）以两次试验结果的算术平均值作为测定值，精确至 0.01 g/cm³。当两次试验结果相差大于 0.02 g/cm³ 时，应重新取样进行试验。

2.1.3　水泥的质量控制要点

1. 水泥胶砂强度

混凝土强度主要取决于水胶比及水泥强度，如水泥强度波动大或不合格必然导致混凝土强度波动大或不合格，进而导致混凝土结构工程发生质量事故或留下质量隐患。

2. 水泥标准稠度用水量

一般情况水泥的标准稠度用水量与混凝土工作性具有相关性，水泥标准稠度用水量波动必然导致混凝土工作性波动，对预拌混凝土生产造成不必要的影响。应对此项指标加以控制，如有波动应采取对应措施，并要求水泥企业确保稳定。

3. 水泥凝结时间

水泥凝结时间与混凝土凝结时间有极大相关性，如水泥凝结时间出现波动或异常必然导致混凝土凝结时间出现波动或异常，从而影响工地施工进度，造成施工单位投诉，严重时造成质量事故，甚至造成较大经济损失。

4. 水泥安定性

水泥水化硬化后体积变化的稳定性，与混凝土的体积变化的稳定性有相关性，如水泥安定性不合格，将导致混凝土结构强度大幅度降低，结构变形过大，一旦安定性不合格的水泥用于混凝土工程，后果极为严重，轻则结构拆除重建赔偿损失，重则企业倒闭，或全面退出某区域市场。

5. 水泥与外加剂（减水剂）的适应性

水泥与外加剂的适应性是决定预拌混凝土的工作性及工作稳定性的最主要因素。目前预拌混凝土企业日常工作中，检测频率最多的就是水泥与外加剂的适应性，其频率远高于前述四项。

2.2　掺合料

在拌制混凝土时，为了节约水泥、改善混凝土性能、调节混凝土强度等级而加入的天然的或人造的矿物材料，统称为混凝土掺合料。

用于混凝土中的掺合料可分为活性矿物掺合料和非活性矿物掺合料两大类。非活性矿物掺合料一般与水泥组分不起化学作用或化学作用很小，如磨细石英砂、石灰石、硬矿渣之类材料。活性矿物掺合料虽然本身不硬化或硬化速度很慢，但能与水泥水化生成 $Ca(OH)_2$，形成具有水硬性的胶凝材料，如粒化高炉矿渣、粉煤灰、火山灰质材料等。

活性矿物掺合料依其来源分为天然类、人工类和工业废料类。

天然类矿物主要有火山灰、凝灰岩、硅藻土、蛋白石质黏土、钙性黏土和黏土页岩等，人工类矿物主要有煅烧页岩和黏土，工业废料类主要有粉煤灰、硅灰、沸石粉、水淬高炉矿渣粉和煅烧煤矸石。

2.2.1　粉煤灰

粉煤灰是从燃烧煤粉的锅炉烟气中收集到的细粉末，其颗粒多呈球形，表面光滑。

2.2.1.1　粉煤灰的技术要求

1. 粉煤灰的化学组成

粉煤灰能够降低混凝土的需水量，并且有利于混凝土长期强度的发展。但是，由于煤品质的波动、煤粉燃烧条件和工艺的变动，粉煤灰的品质波动很大。根据煤种的不同，粉煤灰可分为如下两类。

（1）C 类粉煤灰：由褐煤燃烧形成的粉煤灰，其氧化钙含量较高（>10%），呈褐黄色，也称高钙灰。

（2）F 类粉煤灰：烟煤和无烟煤燃烧形成的粉煤灰，其氧化钙含量较低（<10%），呈灰色或深灰色，也称为低钙粉煤灰，一般具有火山灰活性。两种煤粉灰典型的化学组成见表 2-4。

表 2-4　粉煤灰化学组成

成分	低钙灰（F 类粉煤灰）/（%）	高钙灰（C 类粉煤灰）/（%）
CaO	0.5～10	10～38
SiO_2	34～60	25～40
Al_2O_3	17～31	8～17
Fe_2O_3	2～25	5～10
MgO	1～5	1～3
SO_3	0.5～1	0.2～8
K_2O	0.5～4	0.5～1.5
Na_2O	0.1～1	0.2～6
LOI	0.5～8	0.5～8
C	0.5～7	0.5～7

注：LOI——烧失量。

从矿物组成来看，粉煤灰含有玻璃体、晶体矿物（活性或惰性的），另外还有部分未燃尽的碳。

2. 技术要求

《用于水泥和混凝土中的粉煤灰》（GB/T 1596—2005）规定了粉煤灰的技术要求，见表2-5。

表2-5　粉煤灰技术要求

项目	粉煤灰类别	技术要求		
		Ⅰ级	Ⅱ级	Ⅲ级
细度（45 μm方孔筛筛余）/（%），≤	F类、C类	12.0	25.0	45.0
需水量比/（%），≤	F类、C类	95	105	115
烧失量/（%），≤	F类、C类	5.0	8.0	15.0
含水量/（%），≤	F类、C类	1.0		
三氧化硫/（%），≤	F类、C类	3.0		
游离氧化钙/（%），≤	F类	1.0		
	C类	4.0		
安定性（雷氏夹沸煮后增加距离，mm）≤	C类	5.0		
放射性	F类、C类	合格		
碱含量（$Na_2O+0.658K_2O$）	F类、C类	当粉煤灰用于活性骨料混凝土，要限制掺合料的碱含量时，由买卖双方协商确定		
均匀性	F类、C类	以细度（45 μm方孔筛筛余）为考核依据，单一样品的细度不应超过前10个样品细度平均值的最大偏差，最大偏差范围由买卖双方协商确定		

2.2.1.2　粉煤灰的检测方法

1. 需水量比检测

摘自《用于水泥和混凝土中的粉煤灰》（GB/T 1596—2005）附录A。

1）范围

本标准适用于粉煤灰需水量比的测定。

2）原理

按《水泥胶砂流动度测定方法》（GB/T 2419—2005）测定试验胶砂和对比胶砂的流动度，两者达到规定流动度范围时的加水量之比为粉煤灰的需水量比。

3）材料

（1）对比水泥：符合GSB14-1510强度检验用水泥标准样品或符合《通用硅酸盐水泥》（GB 175—2007）规定的强度等级42.5的硅酸盐水泥或普通硅酸盐水泥且按表2-6配制的对比胶砂流动度在145～155 mm。

（2）试验样品：对比水泥和被检验粉煤灰按质量比7:3混合。

（3）标准砂：符合《水泥胶砂强度检验方法（ISO 法）》（GB/T 17671—1999）规定的 0.5～1.0 mm 的中级砂。

（4）水：洁净的淡水。

4）仪器设备

（1）天平。量程不小于 1 000 g，最小分度值不大于 1 g。

（2）搅拌机。符合《水泥胶砂强度检验方法（ISO 法）》（GB/T 17671—1999）规定的行星式水泥胶砂搅拌机。

（3）流动度跳桌。符合《水泥胶砂流动度测定方法》（GB/T 2419—2005）规定。

5）试验步骤

（1）胶砂配比按表 2-6 进行。

表 2-6　粉煤灰需水量比试验胶砂配比

胶砂种类	对比水泥/g	试验样品		标准砂/g
		对比水泥/g	粉煤灰/g	
对比胶砂	250	—	—	750
试验胶砂	—	175	75	750

（2）对比胶砂和试验胶砂分别按《水泥胶砂强度检验方法（ISO 法）》（GB/T 17671—1999）规定进行搅拌。

（3）搅拌后的对比胶砂和试验胶砂分别按《水泥胶砂流动度测定方法》（GB/T 2419—2005）测定流动度，当试验胶砂流动度达到对比胶砂流动度（Lo）的±2 mm 时，记录此时的加水量（m）；当试验胶砂流动度超出对比胶砂流动度（Lo）的±2 mm 时，重新调整加水量，直至试验胶砂流动度达到对比胶砂流动度（Lo）的±2 mm 为止。

6）结果计算

（1）需水量比按下式计算，结果保留至 1%：

$$X = \frac{m}{125} \times 100 \tag{2-12}$$

式中　X——需水量比（%）；

　　　m——试验胶砂流动度达到对比胶砂流动度（Lo）的±2 mm 时的加水量（g）；

　　　125——对比胶砂的加水量（g）。

（2）试验结果有矛盾或需要仲裁检验时，对比水泥宜采用 GSB14-1510 强度检验用水泥标准样品。

2. 细度检测

粉煤灰的细度检测与水泥细度（筛析法）检测方法基本相同，不同的是：粉煤灰细度检测称取的试样为 10 g，准确至 0.01 g，并用 45 μm 方孔筛进行筛分。

3. 其他项目检测

粉煤灰除了上述两项指标需要检测，根据工程情况和要求，还可检测表 2-7 中各技术指标。

表2-7　粉煤灰各技术要求的检验方法

项目	测试标准	说明
烧失量	灼烧差减法，《水泥化学分析方法》（GB/T 176—2008）	试样在（950±25）℃的高温炉中灼烧，去除水分和二氧化碳，同时将存在的易氧化元素氧化
三氧化硫	基准法：硫酸钡重量法，《水泥化学分析方法》（GB/T 176—2008）	在酸性溶液中，用氯化钡溶液沉淀硫酸盐，经过滤、灼烧后，以硫酸钡形式称量，测定结果以三氧化硫计
游离钙	代用法：甘油酒精法，《水泥化学分析方法》（GB/T 176—2008）	在加热搅拌下，以硝酸锶为催化剂，使试样中的游离氧化钙与甘油作用生成弱碱性的甘油钙，以酚酞为指示剂，用苯甲酸-无水乙醇标准滴定溶液滴定
	代用法：乙二醇法，《水泥化学分析方法》（GB/T 176—2008）	在加热搅拌下，使试样中的游离氧化钙与乙二醇作用生成弱碱性的乙二醇钙，以酚酞为指示剂，用苯甲酸-无水乙醇标准滴定溶液滴定
碱含量	火焰光度法，《水泥化学分析方法》（GB/T 176—2008）	以氢氟酸-硫酸蒸发处理除去硅，用热水浸取残渣，以氨水和碳酸铵分离铁、铝、钙、镁，用火焰光度计测定滤液中的钾、钠，计算得出碱含量
含水量	《用于水泥和混凝土中的粉煤灰》（GB/T 1596—2005）附录C	将粉煤灰放入规定温度的烘干箱内烘至恒重，以烘干前和烘干后的质量之差与烘干前的质量之比确定粉煤灰的含水量
安定性	标准法：雷氏法，《水泥标准稠度用水量、凝结时间、安定性检验方法》（GB/T 1346—2011）	观测由两个试针的相对位移所指示的水泥标准稠度净浆的体积膨胀程度来判定安定性是否合格。试验样品由符合GSB 14-1510强度检验用水泥标准样品的对比样品和被检验的粉煤灰按7:3质量比混合而成
	代用法：试饼法，《水泥标准稠度用水量、凝结时间、安定性检验方法》（GB/T 1346—2011）	观测水泥标准稠度净浆试饼的外形变化程度来判断安定性是否合格。试验样品由符合GSB 14-1510强度检验用水泥标准样品的对比样品和被检验的粉煤灰按7:3质量比混合而成
活性指数	《用于水泥和混凝土中的粉煤灰》（GB/T 1596—2005）附录D	按照《水泥胶砂强度检验方法（ISO法）》（GB/T 17671—1999）测定试验胶砂和对比胶砂的抗压强度，以二者抗压强度之比评价粉煤灰活性指数
放射性	《建筑材料放射性核素限量》（GB 6566—2010）	—
均匀性	《用于水泥和混凝土中的粉煤灰》（GB/T 1596—2005）附录A	按照附录A的方法测细度，单一样品的细度不应超过前10个样品细度平均值的最大偏差

2.2.1.3　粉煤灰的质量控制要点

1. 粉煤灰对混凝土性能的影响

1）对混凝土工作性的影响

优质粉煤灰中含碳量低，玻璃体含量高，由于其玻璃微珠的"滚珠"效应，有利于混凝土和易性的改善。如果粉煤灰的含碳量增加，则会增加混凝土的需水量，并且加大对外加剂的吸附，对混凝土的工作性有不利影响。图2-20是含碳量不同的粉煤灰的微观照片，可见含碳量高的粉煤灰中有海绵状的未燃尽碳，其中还包裹一些玻璃微珠。因此，对含碳量高的粉煤灰要进行磨细处理，以有助于释放一部分玻璃微珠，从而提升粉煤灰的品质。

碳0.2%

碳3.5%　　　碳12%

图2-20　不同含碳量的粉煤灰的微观形貌

不同粉煤灰掺量，混凝土拌合物的状态，见下列视频。

| 180+200 时 | 220+160 时 | 300+80 时 | 340+40 时 | 380+0 时 |

2）对凝结时间的影响

粉煤灰中的游离钙有利于促进凝结，缩短凝结时间，但其中含有的五氧化二磷则延长凝结时间。

3）对混凝土力学性能的影响

粉煤灰对强度的贡献，一部分来源于其改善颗粒级配带来的混凝土密实度提高，另外，其火山灰反应产生的二次水化硅酸钙也对混凝土后期强度的发展有帮助。细的粉煤灰或者玻璃体含量高的粉煤灰，对强度的贡献大。但总的来说，粉煤灰对强度的贡献不如矿粉，其 28 d 强度活性指数多在 75%～80%，有些高钙灰其 28 d 强度活性指数达到 93 %。

如同水泥熟料中的可溶性碱一样，粉煤灰中含有的可溶性碱有利于提高混凝土早期强度，但对 28 d 强度不利。

粉煤灰中含有的 CaO、Al_2O_3、玻璃体以及小于 10 μm 的颗粒都有助于提高 28 d 及更长龄期的强度。

4）对混凝土耐久性的影响

高质量的粉煤灰，由于改善混凝土的和易性，从而有助于提高混凝土的均匀性和致密性，对耐久性有有利的影响。同时，粉煤灰的掺入，消耗了水泥熟料颗粒水化产生的羟钙石，也有利于改善混凝土的耐久性。粉煤灰的掺入，能减少水化热的集中释放，减少温度裂缝，有助于提高大体积工程混凝土的体积稳定性和耐久性。

2. 粉煤灰的质量控制要点

（1）外观：颜色变化表明粉煤灰质量发生变化，必须进行全面检测，确保混凝土质量不出现异常变化。

（2）细度：细度波动影响粉煤灰的需水量，影响混凝土工作性，应大频率检测。

（3）需水量比：试验误差较大，且需要使用基准水泥，除非必要一般质量控制不以此为依据，实际多以待检粉煤灰试拌混凝土，以对混凝土性能影响为判断依据。

（4）净浆流动度：试验简单，结果准确度高，应优先检测此项指标。

2.2.2　粒化高炉矿渣粉

粒化高炉矿渣粉是以粒化高炉矿渣为主要原料磨制而成的一定细度的粉体，简称矿渣粉。

2.2.2.1　矿渣粉的技术要求

高炉矿渣由以下主要元素构成：硅、钙、镁、铝的氧化物以及包括钠、钾、钛和锰等在内的微量元素。为了获得良好的水硬性能，必须把高炉矿渣从 1 400～1 500 ℃的高温快速冷却，以最大限度降低其结晶组分，获得更多的玻璃体。

1. 矿渣粉的化学组成

与其他掺合料相比，矿渣粉的化学成分与硅酸盐水泥熟料最接近，其典型化学成分为：CaO 30%～48%，SiO_2 31%～41%，Al_2O_3 7%～18%，MgO 4%～13%。

由于其与硅酸盐水泥熟料相似的化学组成和部分相似的矿物组分，矿渣粉具有潜在的水硬性，能发生与熟料矿物类似的水化反应。同时矿渣粉也具有一定的火山灰性，即能与水泥熟料水化产生的副产物羟钙石发生二次水化反应，生成水化硅酸钙等产物。合适的激发条件（比如温度，外掺石膏、碱等激发剂）能加速矿渣的反应。

由于矿渣粉的潜在水硬性及火山灰反应，消耗了副产物羟钙石，生成二次水化硅酸钙，填充了混凝土的空隙，增加了结构的致密程度，从而提高混凝土后期强度，改善了混凝土的耐久性。

2. 矿渣粉的技术要求

《用于水泥和混凝土中的粒化高炉矿渣粉》（GB/T 18046—2008）规定了矿渣粉的质量要求。合格的矿渣粉需满足表 2-8 中的技术要求。

表 2-8 　矿渣粉技术要求

项目		矿渣粉级别		
		S105	S95	S75
密度（g/cm³），≥		2.8		
比表面积（m²/kg），≥		500	400	300
活性指数/（%）	7 d，≥	95	75	55
	28 d，≥	105	95	75
流动度比/（%），≥		95		
含水量（质量分数，%），≤		1.0		
三氧化硫（质量分数，%），≤		4.0		
氯离子（质量分数，%），≤		0.06		
烧失量/（%），≤		3.0		
玻璃体含量（质量分数，%），≥		8.5		
放射性		合格		

2.2.2.2 粒化高炉矿渣粉的检测方法

1. 矿渣粉活性指数及流动度比的测定

摘自《用于水泥和混凝土中的粒化高炉矿渣粉》（GB/T 18046—2008）附录 A。

1）范围

本标准规定了粒化高炉矿渣粉的活性指数及流动度比的测定方法。

2）原理

（1）测定试验样品和对比样品的抗压强度，采用两种样品同龄期的抗压强度之比评价矿渣粉活性指数。

（2）测定试验样品和对比样品的流动度，两者流动度之比评价矿渣粉流动度比。

3）样品

（1）对比水泥。符合《通用硅酸盐水泥》（GB 175—2007）规定的强度等级为 42.5 的硅酸盐水泥或普通硅酸盐水泥，且 7 d 抗压强度 35～45 MPa，28 d 抗压强度 50～60 MPa，比表面积 300～400 m^2/kg，SO_3 含量（质量分数）2.3%～2.8%，碱含量（$Na_2O+0.658K_2O$）（质量分数）0.5%～0.9%。

（2）由对比水泥和矿渣粉按质量比 1:1 组成。

2. 试验方法及计算

1）砂浆配比

对比胶砂和试验胶砂配比见表 2-9。

表 2-9　胶砂配比

胶砂种类	对比水泥/g	矿渣粉/g	中国 ISO 标准砂/g	水/mL
对比胶砂	450	—	1 350	225
试验胶砂	225	225	1 350	225

2）砂浆搅拌程序

按《水泥胶砂强度检验方法（ISO 法）》（GB/T 17671—1999）进行。

3）矿渣粉活性指数试验及计算

分别测定对比胶砂和试验胶砂的 7 d、28 d 抗压强度。

（1）矿渣粉 7 d 活性指数按下式计算，计算结果保留至整数：

$$A_7 = \frac{R_7 \times 100}{R_{07}} \tag{2-13}$$

式中　A_7——矿渣粉 7 d 活性指数（%）；

　　　R_{07}——对比胶砂 7 d 抗压强度（MPa）；

　　　R_7——试验胶砂 7 d 抗压强度（MPa）。

（2）矿渣粉 28 d 活性指数按下式计算，计算结果保留至整数：

$$A_{28} = \frac{R_{28} \times 100}{R_{028}} \tag{2-14}$$

式中　A_{28}——矿渣粉 28 d 活性指数（%）；

　　　R_{028}——对比胶砂 28 d 抗压强度（MPa）；

　　　R_{28}——试验胶砂 28 d 抗压强度（MPa）。

4）矿渣粉的流动度比试验

按表 2-9 胶砂配比和《水泥胶砂流动度测定方法》（GB/T 2419—2005）进行试验，分别测定对比胶砂和试验胶砂的流动度，矿渣粉的流动度比按下式计算，计算结果保留至整数：

$$F = \frac{L \times 100}{L_0}$$ (2-15)

式中　F——矿渣粉流动度比（%）；

L_0——对比样品胶砂流动度（mm）；

L——试验样品胶砂流动度（mm）。

3. 矿粉的其他指标检测

矿粉的其他技术指标的测试方法列于表 2-10 中。

表 2-10　矿渣粉各技术指标的测试方法

项目	测试标准	说明
烧失量	灼烧差减法，《水泥化学分析方法》（GB/T 176—2008）	试样在（950±25）℃的高温炉中灼烧，去除水分和二氧化碳，同时将存在的易氧化元素氧化。灼烧时间 15～20 min。矿粉的烧失量应对由硫化物氧化引起的误差进行校正，即 $X_{校正}=X_{测}+\omega_{O_2}$，$\omega_{O_2}=0.8\times(\omega_{灼SO_3}-\omega_{未灼SO_3})$，其中 $X_{校正}$ 为矿渣粉校正后的烧失量质量分数；$X_{测}$ 为矿渣粉试验测得的烧失量质量分数；ω_{O_2} 为矿渣粉灼烧过程中吸收空气中氧气的质量分数；$\omega_{灼SO_3}$ 为矿粉灼烧后测得的 SO_3 质量分数；$\omega_{未灼SO_3}$ 为矿粉未经灼烧时测得的 SO_3 质量分数
三氧化硫	硫酸钡重量法，《水泥化学分析方法》（GB/T 176—2008）	在酸性溶液中，用氯化钡溶液沉淀硫酸盐，经过滤、灼烧后，以硫酸钡形式称量，测定结果以三氧化硫计
氯离子	《水泥原料中氯离子的化学分析方法》（JC/T 420—2006）	操作方法同《水泥化学分析方法》（GB/T 176—2008）的代用法，只是测定结果的允许偏差不同
密度	《水泥密度测定方法》（GB/T 208—2014）	将样品倒入装有一定量液体介质的密度瓶内，并使液体介质充分地浸透样品颗粒，根据阿基米德定律，样品的体积等于它所排开的液体体积，从而算出样品单位体积的质量，即为密度。为使测定的样品不产生水化反应，液体介质采用无水煤油
含水量	《用于水泥和混凝土中的粒化高炉矿渣粉》（GB/T 18046—2008）附录 B	将矿渣粉放入规定温度的烘干箱内至恒重，用烘干前和烘干后的质量之差与烘干前的质量之比确定矿渣粉的含水量
玻璃体	《用于水泥和混凝土中的粒化高炉矿渣粉》（GB/T 18046—2008）附录 C	粒化高炉矿渣粉 X 射线衍射图中玻璃体部分的面积与底线上面积之比为玻璃体含量
放射性	《建筑材料放射性核素限量》（GB 6566—2010）	放射性实验样品为矿渣粉和硅酸盐水泥按质量比 1:1 混合制成

2.2.2.3　粒化高炉矿渣粉的质量控制要点

1. 矿渣粉对混凝土性能的影响

1）对混凝土工作性的影响

矿渣粉作为掺合料添加到混凝土中有利于改善混凝土工作性（和易性），其主要机理有以下三个方面。

（1）矿渣粉一般比水泥颗粒更细，补充了混凝土中细粉料颗粒的不足，使混凝土的颗粒级配更加连续，从而改善了新拌混凝土的工作性。

（2）从矿渣粉的颗粒形状来看，矿渣粉颗粒属于多角型，其本身颗粒之间或者矿渣粉与水泥颗粒之间接触点面积小，同时，矿渣粉具有一定的斥水作用，对水和外加剂吸附作用小。所以，矿渣粉有利于改善新拌混凝土的流动性，并且减少流动性的经时损失。

（3）与水泥熟料相比，矿渣粉的水化反应比水泥熟料的反应慢，从而减慢了新拌混凝土对水的消耗，提高了保坍性。

不足的是，与其他几种掺合料相比，矿渣粉更容易导致泌水。另外，矿渣粉也存在老化问题，如果矿物存储时间长且储存条件不当，或者使用老化的矿渣磨制矿粉，则有可能导致混凝土工作性不好。

2）对混凝土凝结时间的影响

通常，添加矿渣粉的混凝土凝结时间会延长，特别是在冬季等环境温度较低的条件下。因此，矿渣粉掺量比较大的混凝土，要关注其凝结时间。

由于温度对矿渣粉的活性有激发作用，掺矿渣粉的混凝土，尤其是矿渣粉掺量大时，其凝结时间受温度的影响比较大。环境温度高时，掺矿渣粉混凝土与未掺矿渣粉混凝土的凝结时间差别缩小。

3）对水化热的影响

掺矿渣粉能减少水化热的集中释放，减小放热导致的温度梯度，适合在大体积混凝土和炎热季节施工的混凝土中使用。

4）对混凝土力学性能的影响

掺矿渣粉的混凝土，其早期强度发展比较缓慢，但后期强度较高，甚至超过不掺矿渣粉的混凝土。

矿渣粉对混凝土强度的贡献取决于矿渣的活性，一般用强度活性指数来衡量。在下列情况下，高炉矿渣的活性增加。

（1）质量系数 K 高：$K=m$（$CaO+Al_2O_3+MgO$）$/m$（$SiO_2+MnO+TiO_2$）。

（2）二氧化钛含量减少：二氧化钛是关系到矿渣活性的一个关键的负面指标，国标要求除了以钒钛磁铁矿为原料炼制生铁的矿渣以外，一般的矿渣要求二氧化钛含量不超过 2%。

（3）玻璃体含量增加：玻璃体是矿渣活性的主要来源，玻璃体含量高的矿渣活性高，对混凝土的强度贡献大。

另外，矿渣粉细度、环境温度、合适的激发剂和激发剂用量等都影响到矿渣粉的强度活性，从而影响到混凝土的强度。

5）对混凝土耐久性的影响

通常情况下，矿渣粉的掺加有利于提高混凝土的耐久性，其主要改善如下。

（1）提高混凝土的抗渗性：矿渣的火山灰效应消耗氢氧钙石晶体，形成更多的 C-S-H 凝胶，增加了结构的致密性。

（2）提高混凝土抗硫酸盐侵蚀能力，其主要机理为：

① 如上条所述，混凝土抗渗性提高；

② C_3A 更低；

③ 氢氧钙石更低。

（3）提高对酸侵蚀的抵抗力。

（4）由于以下因素，矿渣的掺入降低了碱集料反应（ASR）的风险：

① 与水泥的碱结合从而使其不参与 ASR；

② 限制混凝土中的湿气（或水分）渗透，水分对于 ASR 是必需的；

③ 在有些情况下降低总碱含量。

2. 矿渣粉的质量控制要点

比表面积：影响活性、影响混凝土强度、影响工作性及外加剂适应性。

活性：影响强度。

外观：颜色一旦变化应查明原因，谨防厂家掺假，并做全面检测后方可大量使用。

净浆流动度：试验简单结果准确，应加大检测频率，用于监控矿粉的稳定性。

2.2.3 硅灰

硅灰，又叫硅粉或微硅粉，是在冶炼硅铁合金或工业硅时，通过烟道排出的硅蒸气氧化后，经收尘器收集得到的以无定形二氧化硅为主要成分的工业副产品。

硅灰在形成过程中，因相变的过程中受表面张力的作用，形成了非结晶相无定形圆球状颗粒，且表面较为光滑，有些则是多个圆球颗粒粘在一起的团聚体。它是一种比表面积很大，活性很高的火山灰物质。表 2-11 显示了几种混凝土原材料的细度，其中硅灰的比表面积在 20 000 m^2/kg 以上，是水泥的 50～80 倍。表 2-12 列出了硅灰的典型化学组成，其主要成分为二氧化硅。从矿物组成来看，硅灰中的二氧化硅为无定形状态，是一种活性很高的火山灰物质。

表 2-11   几种材料的比表面积

材料	比表面积/（m^2/kg）
硅灰	20 000～28 000（BET）
矿渣粉	450～600（布莱恩）
粉煤灰	400～700（布莱恩）
通用水泥	350～450（布莱恩）

表 2-12   硅灰的化学成分

成分	SiO_2	Al_2O_3	Fe_2O_3	MgO	CaO	Na_2O	pH
平均值	75%～96%	（1.0±0.2）%	（0.9±0.3）%	（0.7±0.1）%	（0.3±0.1）%	（1.3±0.2）%	中性

1. 硅灰对混凝土性能的影响

由于硅灰是一种极细的高活性的矿物掺合料，能够填充水泥颗粒间的孔隙，改善界面区的结构，同时与水化产物生成凝胶体，与碱性材料氧化镁反应生成凝胶体，使混凝土结构更致密，从而提高强度和耐久性，主要表现为：

（1）具有保水，防止离析、泌水，能大幅降低混凝土泵送阻力；

（2）显著提高混凝土抗压、抗折强度，是高强混凝土的必要成分；

（3）提高抗渗、防腐、抗冲击及耐磨性能；

（4）提高混凝土抗侵蚀能力，特别是在氯盐污染侵蚀、硫酸盐侵蚀，高湿度等恶劣环境下，可提高混凝土的耐久性，延长其使用寿命。

不足的是，由于硅灰细，其需水量大，在混凝土中使用时要作相应的减水剂调整，同时，要保证其在混凝土中有效分散。

2. 质量控制

关于硅灰的质量控制，目前尚无专用的国家标准，《高强高性能混凝土用矿物外加剂》（GB/T 18736—2017）中对硅灰的技术要求和测试方法要求见表 2-13。

表 2-13　硅灰技术要求和测试方法

项目	技术指标	测试方法
比表面积/（m^2/kg），$\geqslant$	15 000	BET 氮吸附法
含水量（质量分数，%），$\leqslant$	3.0	《水泥化学分析方法》（GB/T 176—2008）
需水量比/（%），$\leqslant$	125	《高强高性能混凝土用矿物外加剂》（GB/T 18736—2017）附录 C
烧失量/（%），$\leqslant$	6.0	《水泥化学分析方法》（GB/T 176—2008）
二氧化硅/（%），$\geqslant$	85.0	《高强高性能混凝土用矿物外加剂》（GB/T 18736—2017）附录 A
氯离子/（%），$\leqslant$	0.02	《水泥原料中氯离子的化学分析方法》（JC/T 420—2006）
28 d 活性指数/（%），$\geqslant$	85	《高强高性能混凝土用矿物外加剂》（GB/T 18736—2017）附录 C
放射性	合格	《建筑材料放射性核素限量》（GB 6566—2010）

2.2.4　沸石粉

沸石粉是用天然斜发沸石岩或丝光沸石岩磨细制成的粉体材料。

《混凝土和砂浆用天然沸石粉》（JG/T 3048—1998）对沸石粉的技术要求及各指标的测试方法规定见表 2-14。

表 2-14　沸石粉的技术要求及各指标的测试方法

项目	技术指标			测试方法
	I 级	II 级	III 级	
吸铵值/（mmol/100 g），$\geqslant$	130	100	90	《混凝土和砂浆用天然沸石粉》（JG/T3048—1998）附录 A
细度（80 μm 方孔筛筛余%），$\leqslant$	4	10	15	《水泥细度检验方法筛析法》（GB/T 1345—2005）
沸石粉水泥胶砂需水量比/（%），$\leqslant$	125.0	120.0	120.0	《混凝土和砂浆用天然沸石粉》（JG/T 3048—1998）附录 B
沸石粉水泥胶砂 28 d 抗压强度比/（%），$\geqslant$	75.0	70.0	62.0	《混凝土和砂浆用天然沸石粉》（JG/T 3048—1998）附录 C

2.3 骨料

普通混凝土中，骨料的体积占到 60% 以上。骨料是混凝土中承受荷载、抵抗侵蚀和增强混凝土体积稳定性的重要组成材料，也是价格最低廉的填充组分。普通混凝土中的骨料分为粗骨料和细骨料。

2.3.1 粗骨料

粗骨料是公称粒径大于 5 mm 的骨料。从来源看，粗骨料有天然骨料（卵石、碎石），也有人工骨料（比如利用旧混凝土生产的循环骨料）；按密度分，粗骨料又可分为普通骨料、重骨料（重晶石、磁铁矿、钢段）、轻骨料（陶粒、浮石）。

2.3.1.1 粗骨料的技术要求

1. 石的公称粒径、石筛筛孔的公称直径与方孔筛筛孔边长

石筛应采用方孔筛。石的公称粒径、石筛筛孔的公称直径与方孔筛筛孔边长应符合表 2-15 的规定。

表 2-15　石的公称粒径、石筛筛孔的公称直径与方孔筛筛孔边长

石的公称粒径/mm	石筛筛孔的公称直径/mm	方孔筛筛孔边长/mm
2.50	2.50	2.36
5.00	5.00	4.75
10.0	10.0	9.5
16.0	16.0	16.0
20.0	20.0	19.0
25.0	25.0	26.5
31.5	31.5	31.5
40.0	40.0	37.5
50.0	50.0	53.0
63.0	63.0	63.0
80.0	80.0	75.0
100.0	100.0	90.0

2. 颗粒级配

碎石或卵石的颗粒级配，应符合表 2-16 的要求。混凝土用石应采用连续粒级。单粒级宜用于组合成满足要求的连续粒级；也可与连续粒级混合使用，以改善其级配或配成较大粒度的连续粒级。当卵石的颗粒级配不符合表 2-16 要求时，应采取措施并经试验证实能确保工程质量后，方允许使用。

表 2-16　碎石或卵石的颗粒级配范围

级配情况	公称粒级/mm	累计筛余，按质量/（%）											
		方孔筛筛孔边长尺寸/mm											
		2.36	4.75	9.5	16.0	19.0	26.5	31.5	37.5	53	63	75	90
连续粒级	5～10	95～100	80～100	0～15	0	—	—	—	—	—	—	—	—
	5～16	95～100	85～100	30～60	0～10	0	—	—	—	—	—	—	—
	5～20	95～100	90～100	40～80	—	0～10	0	—	—	—	—	—	—
	5～25	95～100	90～100	—	30～70	—	0～5	0	—	—	—	—	—
	5～31.5	95～100	90～100	70～90	—	15～45	—	0～5	0	—	—	—	—
	5～40	—	95～100	70～90	—	30～65	—	—	0～5	0	—	—	—

级配情况	公称粒级/mm	累计筛余，按质量/（%）											
		方孔筛筛孔边长尺寸/mm											
		2.36	4.75	9.5	16.0	19.0	26.5	31.5	37.5	53	63	75	90
单粒级	10～20	—	95～100	85～100	—	0～15	0	—	—	—	—	—	—
	16～31.5	—	95～100	—	85～100	—	—	0～10	0	—	—	—	—
	20～40	—	—	95～100	—	80～100	—	—	0～10	0	—	—	—
	31.5～63	—	—	—	95～100	—	—	75～100	45～75	—	0～10	0	—
	40～80	—	—	—	—	95～100	—	—	70～100	—	30～60	0～10	0

3. 针、片状颗粒含量

碎石或卵石中针、片状颗粒含量应符合表 2-17 的规定。

表 2-17　针、片状颗粒含量

混凝土强度等级	≥C60	C50～C30	≤C25
针、片状颗粒含量（按质量计，%）	≤8	≤15	≤25

4. 含泥量

碎石或卵石中含泥量应符合表 2-18 的规定。

表 2-18　碎石或卵石中含泥量

混凝土强度等级	≥C60	C55～C30	≤C25
含泥量（按质量计，%）	≤0.5	≤1.0	≤2.0

对于有抗冻、抗渗或其他特殊要求的混凝土，其所用碎石或卵石中含泥量不应大于 1.0%。当碎石或卵石的含泥是非黏土质的石粉时，其含泥量可由表 2-18 的 0.5%、1.0%、2.0%分别提高到 1.0%、1.5%、3.0%。

5. 泥块含量

碎石或卵石中泥块含量应符合表 2-19 的规定。

表 2-19　碎石或卵石中泥块含量

混凝土强度等级	≥C60	C55～C30	≤C25
泥块含量（按质量计，%）	≤0.2	≤0.5	≤0.7

对于有抗冻、抗渗或其他特殊要求的强度等级小于 C30 的混凝土，其所用碎石或卵石中泥块含量不应大于 0.5%。

6. 抗压强度和压碎值指标

碎石的强度可用岩石的抗压强度和压碎值指标表示。岩石的抗压强度应比所配制的混凝土强度至少高 20%。当混凝土强度等级大于或等于 C60 时，应进行岩石抗压强度检验。岩石强度首先应由生产单位提供，工程中可采用压碎值指标进行质量控制。碎石的压碎值指标宜符合表 2-20 的规定。

表 2-20　碎石的压碎值指标

岩石品种	混凝土强度等级	碎石压碎值指标/（%）
沉积岩	C60～C40	≤10
	≤C35	≤16
变质岩或深成的火成岩	C60～C40	≤12
	≤C35	≤20
喷出的火成岩	C60～C40	≤13
	≤C35	≤30

注：沉积岩包括石灰岩、砂岩等；变质岩包括片麻岩、石英岩等；深成的火成岩包括花岗岩、正长岩、闪长岩和橄榄岩等；喷出的火成岩包括玄武岩和辉绿岩等。

卵石的强度可用压碎值指标表示。其压碎值指标宜符合表 2-21 的规定。

表 2-21　卵石的压碎值指标

混凝土强度等级	C60～C40	≤C35
压碎值指标/（%）	≤12	≤16

7. 坚固性

碎石或卵石的坚固性应用硫酸钠溶液法检验，试样经 5 次循环后，其质量损失应符合表 2-22 的规定。

表 2-22　碎石或卵石的坚固性指标

混凝土所处的环境条件及其性能要求	5次循环后的质量损失/（%）
在严寒及寒冷地区室外使用，并经常处于潮湿或干湿交替状态下的混凝土；有腐蚀性介质作用或经常处于水位变化区的地下结构或有抗疲劳、耐磨、抗冲击等要求的混凝土	≤8
在其他条件下使用的混凝土	≤12

8. 有害物质

碎石或卵石中的硫化物和硫酸盐含量以及卵石中有机物等有害物质含量，应符合表 2-23 的规定。

表 2-23　碎石或卵石中的有害物质含量

项目	质量要求
硫化物及硫酸盐含量（折算成SO_3，按质量计，%）	≤1.0
卵石中有机物含量（用比色法试验）	颜色应不深于标准色。当颜色深于标准色时，应配制成混凝土进行强度对比试验，抗压强度比应不低于0.95

当碎石或卵石中含有颗粒状硫酸盐或硫化物杂质时，应进行专门检验，确认能满足混凝土耐久性要求后，方可采用。

9. 碎石或卵石的碱活性

对于长期处于潮湿环境的重要结构混凝土，其所使用的碎石或卵石应进行碱活性检验。

进行碱活性检验时，首先应采用岩相法检验碱活性骨料的品种、类型和数量。当检验出骨料中含有活性二氧化硅时，应采用快速砂浆棒法或砂浆长度法进行骨料的碱活性检验；当检验出骨料中含有活性碳酸盐时，应采用岩石柱法进行碱活性检验。

经上述检验，当判定骨料存在潜在碱-碳酸盐反应危害时，不宜用作混凝土骨料；否则，应通过专门的混凝土试验，做最后评定。

当判定骨料存在潜在碱-硅反应危害时，应控制混凝土中的碱含量不超过 3 kg/m³，或采用能抑制碱-骨料反应的有效措施。

2.3.1.2　粗骨料的检测方法

摘自《普通混凝土用砂、石质量及检验方法标准》JGJ 52—2006。

1. 碎石或卵石的筛分析试验

1）范围

本方法适用于测定碎石或卵石的颗粒级配。

2）仪器设备

（1）试验筛，筛孔公称直径为 100.0 mm、80.0 mm、63.0 mm、50.0 mm、40.0 mm、31.5 mm、25.0 mm、20.0 mm、16.0 mm、10.0 mm、5.00 mm 和 2.50 mm 的方孔筛以及筛的底盘和盖各一只，其规格和质量要求应符合现行国家标准《试验筛 技术要求和检验 第 2 部分：金属穿孔板试验筛》（GB/T 6003.2—2012）的要求，筛框直径为 300 mm。

（2）天平和秤，天平的称量 5 kg，感量 5 g；秤的称量 20 kg，感量 20 g。

（3）烘箱，温度控制范围为（105±5）℃。

（4）浅盘。

3）试样制备

试验用试样应符合下列规定：试验前，应将样品缩分至表 2-24 所规定的试样最少质量，并烘干或风干后备用。

表 2-24　筛分析所需试样的最少质量

公称粒径/mm	10.0	16.0	20.0	25.0	31.5	40.0	63.0	80.0
试样最少质量/kg	2.0	3.2	4.0	5.0	6.3	8.0	12.6	16.0

4）试验步骤

（1）按表 2-24 的规定称取试样。

（2）将试样按筛孔大小顺序过筛，当每只筛上的筛余层厚度大于试样的最大粒径值时，应将该筛上的筛余试样分成两份，再次进行筛分，直至各筛每分钟的通过量不超过试样总量的 0.1%。

　　注：当筛余试样的颗粒粒径比公称粒径大 20 mm 以上时，在筛分过程中，允许用手拨动颗粒。

　　（3）称取各筛筛余的质量，精确至试样总质量的 0.1%。各筛的分计筛余量和筛底剩余量的总和与筛分前测定的试样总量相比，其相差不得超过 1%。

　　5）结果计算

　　（1）计算分计筛余（各筛上筛余量除以试样的百分率），精确至 0.1%。

　　（2）计算累计筛余（该筛的分计筛余与筛孔大于该筛的各筛的分计筛余百分率之总和），精确至 1%。

　　（3）根据各筛的累计筛余，评定该试样的颗粒级配。

2. 碎石或卵石的表观密度试验（标准法）

　　1）范围

　　本方法适用于测定碎石或卵石的表观密度。

　　2）仪器设备

　　（1）液体天平，称量 5 kg，感量 5 g，其型号及尺寸应能允许在臂上悬挂盛试样的吊篮，并在水中称重（图 2-21）。

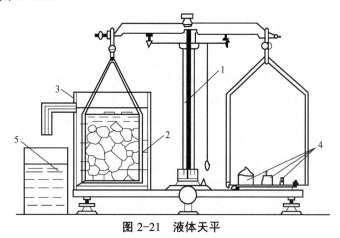

图 2-21　液体天平

1—5 kg 天平；2—吊篮；3—带有溢流孔的金属容器；4—砝码；5—容器

　　（2）吊篮，直径和高度均为 150 mm，由孔径为 1～2 mm 的筛网或钻有孔径为 2～3 mm 孔洞的耐锈蚀金属板制成。

　　（3）盛水容器，有溢流孔。

　　（4）烘箱，温度控制范围为（105±5）℃。

　　（5）试验筛，筛孔公称直径为 5.00 mm 的方孔筛一只。

　　（6）温度计，0～100 ℃。

　　（7）带盖容器、浅盘、刷子和毛巾等。

　　3）试样制备

　　试验前，将样品筛除公称粒径 5.00 mm 以下的颗粒，并缩分至略大于两倍于表 2-25

所规定的最少质量，冲洗干净后分成两份备用。

表 2-25　表观密度试验所需的试样最少质量

最大公称粒径/mm	10.0	16.0	20.0	25.0	31.5	40.0	63.0	80.0
试样最少质量/kg	2.0	2.0	2.0	2.0	3.0	4.0	6.0	6.0

4）试验步骤

（1）按表 2-25 的规定称取试样。

（2）取试样一份装入吊篮，并浸入盛水的容器中，水面至少高出试样 50 mm。

（3）浸水 24 h 后，移放到称量用的盛水容器中，并用上下升降吊篮的方法排除气泡（试样不得露出水面）。吊篮每升降一次约为 1 s，升降高度为 30～50 mm。

（4）测定水温（此时吊篮应全浸在水中），用天平称取吊篮及试样在水中的质量（m_2）。称量时盛水容器中水面的高度由容器的溢流孔控制。

（5）提起吊篮，将试样置于浅盘中，放入（105±5）℃的烘箱中烘干至恒重；取出来放在带盖的容器中冷却至室温后，称重（m_0）。

注：恒重是指相邻两次称量间隔时间不小于 3 h 的情况下，其前后两次称量之差小于该项试验所要求的称量精度。（下同）

（6）称取吊篮在同样温度的水中质量（m_1），称量时盛水容器的水面高度仍应由溢流口控制。

注：试验的各项称重可以在 15～25 ℃ 的温度范围内进行，但从试样加水静置的最后 2 h 起直至试验结束，其温度相差不应超过 2 ℃。

5）结果计算（精确至 10 kg/m³）

$$\rho = \left(\frac{m_0}{m_0 + m_1 - m_2} - \alpha_t \right) \times 100 \qquad (2\text{-}16)$$

式中　ρ——表观密度（kg/m³）；

　　　m_0——试样的烘干质量（g）；

　　　m_1——吊篮在水中的质量（g）；

　　　m_2——吊篮及试样在水中的质量（g）；

　　　α_t——水温对表观密度影响的修正系数，见表 2-26。

表 2-26　不同水温对碎石或卵石的表现密度影响的修正系数

水温/℃	15	16	17	18	19	20	21	22	23	24	25
α_t	0.002	0.003	0.003	0.004	0.004	0.005	0.005	0.006	0.006	0.007	0.008

以两次试验结果的算术平均值作为测定值。当两次结果之差大于 20 kg/m³ 时，应重新取样进行试验。对颗粒材质不均匀的试样，当两次试验结果之差大于 20 kg/m³ 时，可取四次测定结果的算术平均值作为测定值。

52

3. 碎石或卵石的表观密度试验（简易法）

1）范围

本方法适用于测定碎石或卵石的表观密度，不宜用于测定最大公称粒径超过 40 mm 的碎石或卵石的表观密度。

2）仪器设备

（1）烘箱，温度控制范围为（105±5）℃。

（2）秤，称量 20 kg，感量 20 g。

（3）广口瓶，容量 1 000 mL，磨口，并带玻璃片。

（4）试验筛，筛孔公称直径为 5.00 mm 的方孔筛一只。

（5）毛巾、刷子等。

3）试样制备

试验前，筛除样品中公称粒径 5.00 mm 以下的颗粒，缩分至略大于表 2-27 所规定的量的两倍。洗刷干净后，分成两份备用。

4）试验步骤

（1）按表 2-25 规定的数量称取试样。

（2）将试样浸水饱和，然后装入广口瓶中。装试样时，广口瓶应倾斜放置，注入饮用水，用玻璃片覆盖瓶口，以上下左右摇晃的方法排除气泡。

（3）气泡排尽后，向瓶中添加饮用水直至水面凸出瓶口边缘。然后用玻璃片沿瓶口迅速滑动，使其紧贴瓶口水面。擦干瓶外水分后，称取试样、水、瓶和玻璃片总质量（m_1）。

（4）将瓶中的试样倒入浅盘中，放在（105±5）℃的烘箱中烘干至恒重；取出，放在带盖的容器中冷却至室温后称取质量（m_0）。

（5）将瓶洗净，重新注入饮用水，用玻璃片紧贴瓶口水面，擦干瓶外水分后称取质量（m_2）。

注： 试验时各项称重可以在 15～25 ℃的温度范围内进行，但从试样加水静置的最后 2 h 起直至试验结束，其温度相差不应超过 2 ℃。

5）结果计算（精确至 10 kg/m³）

$$\rho = \left(\frac{m_0}{m_0 + m_2 - m_1} - \alpha_t \right) \times 1\,000 \qquad (2\text{-}17)$$

式中　ρ——表观密度（kg/m³）；

　　　m_0——烘干后试样质量（g）；

　　　m_1——试样、水、瓶和玻璃片的总质量（g）；

　　　m_2——水、瓶和玻璃片总质量（g）；

　　　α_t——水温对表观密度影响的修正系数，见表 2-26。

以两次试验结果的算术平均值作为测定值。当两次结果之差大于 20 kg/m³ 时，应重新取样进行试验。对颗粒材质不均匀的试样，当两次试验结果之差大于 20 kg/m³ 时，可取四次测定结果的算术平均值作为测定值。

4. 碎石或卵石的含水率试验

1）范围

本方法适用于测定碎石或卵石的含水率。

2）仪器设备

（1）烘箱，温度控制范围为（105±5）℃。

（2）秤，称量 20 kg，感量 20 g。

（3）容器，如浅盘等。

3）试验步骤

（1）按表 2-27 的要求称取试样，分成两份备用。

（2）将试样置于干净的容器中，称取试样和容器的总质量（m_1），并在（105±5）℃的烘箱中烘干至恒重。

（3）取出试样，冷却后称取试样与容器的总质量（m_2），并称取容器的质量（m_3）。

表 2-27　含水率试验所需的试样最少质量

最大公称粒径/mm	10.0	16.0	20.0	25.0	31.5	40.0	63.0	80.0
试样最少质量/kg	2	2	2	2	3	3	4	6

4）结果计算（精确至 0.1%）

$$\omega_{wc} = \frac{m_1 - m_2}{m_2 - m_3} \times 100\% \qquad (2\text{-}18)$$

式中　ω_{wc}——含水率（%）；

m_1——烘干前试样与容器总质量（g）；

m_2——烘干后试样与容器总质量（g）；

m_3——容器质量（g）。

以两次试验结果的算术平均值作为测定值。

注：碎石或卵石含水率简易测定法可采用"烘干法"。

5. 碎石或卵石的吸水率试验

1）范围

本方法适用于测定碎石或卵石的吸水率，即测定以烘干质量为基准的饱和面干吸水率。

2）仪器设备

（1）烘箱，温度控制范围为（105±5）℃。

（2）秤，称量 20 kg，感量 20 g。

（3）试验筛，筛孔公称直径为 5.00 mm 的方孔筛一只。

（4）容器、浅盘、金属丝刷和毛巾等。

3）试样制备

试验前，筛除样品中公称粒径 5.00 mm 以下的颗粒，然后缩分至两倍于表 2-28 所规定的质量，分成两份，用金属丝刷刷净后备用。

表 2-28   吸水率试验所需的试样最少质量

最大公称粒径/mm	10.0	16.0	20.0	25.0	31.5	40.0	63.0	80.0
试样最少质量/kg	2	2	4	4	4	6	6	8

4）试验步骤

（1）取试样一份置于盛水的容器中，使水面高出试样表面 5 mm 左右，24 h 后从水中取出试样，并用拧干的毛巾将颗料表面的水分拭干，即成为饱和面干试样。然后，立即将试样放在浅盘中称取质量（m_2），在整个试验过程中，水温必须保持在（20±5）℃。

（2）将饱和面干试样连同浅盘置于（105±5）℃的烘箱中烘干至恒重。然后取出，放入带盖的容器中冷却 0.5～1 h，称取烘干试样与浅盘的总质量（m_1），称取浅盘的质量（m_3）。

5）结果计算（精确至 0.01%）

$$\omega_{wa} = \frac{m_2 - m_1}{m_1 - m_3} \times 100\% \tag{2-19}$$

式中　ω_{wa}——吸水率（%）；

　　　m_1——烘干后试样与浅盘总质量（g）；

　　　m_2——烘干前饱和面干试样与浅盘总质量（g）；

　　　m_3——浅盘质量（g）。

以两次试验结果的算术平均值作为测定值。

6. 碎石或卵石的堆积密度和紧密密度试验

1）范围

本方法适用于测定碎石或卵石的堆积密度、紧密密度及空隙率。

2）仪器设备

（1）秤，称量 100 kg，感量 100 g。

（2）容量筒，金属制，其规格见表 2-29。

（3）平头铁锹。

（4）烘箱，温度控制范围为（105±5）℃。

表 2-29   容量筒的规格要求

碎石或卵石的最大公称粒径/mm	容量筒容积/L	容量筒规格/mm		筒壁厚度/mm
		内径	净高	
10.0，16.0，20.0，25.0	10	208	294	2
31.5，40.0	20	294	294	3
63.0，80.0	30	360	294	4

注：测定紧密密度时，对最大公称粒径为 31.5 mm、40.0 mm 的骨料，可采用 10 L 的容量筒，对最大公称粒径为 63.0 mm、80.0 mm 的骨料，可采用 20 L 容量筒。

3）试样制备

按表 2-30 的规定称取试样，放入浅盘，在（105±5）℃的烘箱中烘干，也可摊在清洁的地面上风干，拌匀后分成两份备用。

表 2-30 堆积密度及紧密密度试验所需的试样最少质量

最大公称粒径/mm	10.0	16.0	20.0	25.0	31.5	40.0	63.0	80.0
试样最少质量/kg	40	40	40	40	80	80	120	120

4）试验步骤

（1）堆积密度：取试样一份，置于平整干净的地板（或铁板）上，用平头铁锹铲起试样，使石子自由落入容量筒内。此时，从铁锹的齐口至容量筒上口的距离应保持为 50 mm 左右。装满容量筒除去凸出筒口表面的颗粒，并以合适的颗粒填入凹陷部分，使表面稍凸起部分和凹陷部分的体积大致相等，称取试样和容量筒总质量（m_2）。

（2）紧密密度：取试样一份，分三层装入容量筒。装完一层后，在筒底垫放一根直径为 25 mm 的钢筋，将筒按住并左右交替颠击地面各 25 下，然后装入第二层。第二层装满后，用同样方法颠实（但筒底所垫钢筋的方向应与第一层放置方向垂直），然后再装入第三层，如法颠实。待三层试样装填完毕后，加料直到试样超出容量筒筒口，用钢筋沿筒口边缘滚转，刮下高出筒口的颗粒，用合适的颗粒填平凹处，使表面稍凸起部分和凹陷部分的体积大致相等。称取试样和容量筒总质量（m_2）。

5）结果计算

（1）堆积密度（ρ_L）或紧密密度（ρ_c）按下式计算（精确至 10 kg/m³）：

$$\rho_L(\rho_c) = \frac{m_2 - m_1}{V} \times 1\,000 \qquad (2\text{-}20)$$

式中 ρ_L——堆积密度（kg/m³）；

  ρ_c——紧密密度（kg/m³）；

  m_1——容量筒的质量（kg）；

  m_2——容量筒和试样总质量（kg）；

  V——容量筒的体积（L）。

以两次试验结果的算术平均值作为测定值。

（2）空隙率（v_L、v_c）按如下两式计算（精确至 1%）：

$$v_L = \left(1 - \frac{\rho_L}{\rho}\right) \times 100\% \qquad (2\text{-}21)$$

$$v_c = \left(1 - \frac{\rho_c}{\rho}\right) \times 100\% \qquad (2\text{-}22)$$

式中 v_L、v_c——空隙率（%）；

  ρ_L——碎石或卵石的堆积密度（kg/m³）；

  ρ_c——碎石或卵石的紧密密度（kg/m³）；

  ρ——碎石或卵石的表观密度（kg/m³）。

6）容量筒容积的校正

容量筒容积的校正应以（20±5）℃的饮用水装满容量筒，用玻璃板沿筒口滑移，使其紧贴水面，擦干筒外壁水分后称取质量。用下式计算筒的容积：

$$V = m_2' - m_1' \qquad (2-23)$$

式中　V——容量筒的体积（L）；

m_1'——容量筒和玻璃板质量（kg）；

m_2'——容量筒、玻璃板和水总质量（kg）。

7．碎石或卵石中含泥量试验

1）范围

本方法适用于测定碎石或卵石中的含泥量。

2）仪器设备

（1）秤，称量 20 kg，感量 20 g。

（2）烘箱，温度控制范围为（105±5）℃。

（3）试验筛，筛孔公称直径为 1.25 mm 及 80 μm 的方孔筛各一只。

（4）容器，容积约 10 L 的瓷盘或金属盒。

（5）浅盘。

3）试样制备

将样品缩分至表 2-31 所规定的质量（注意防止细粉丢失），并置于温度为（105±5）℃的烘箱内烘干至恒重，冷却至室温后分成两份备用。

表 2-31　含泥量试验所需的试样最少质量

最大公称粒径/mm	10.0	16.0	20.0	25.0	31.5	40.0	63.0	80.0
试样质量不少于/kg	2	2	6	6	10	10	20	20

4）试验步骤

（1）称取试样一份（m_0）装入容器中摊平，并注入饮用水，使水面高出石子表面 150 mm；浸泡 2 h 后，用手在水中淘洗颗粒，使尘屑、淤泥和黏土与较粗颗粒分离，并使之悬浮或溶解于水。缓缓地将浑浊液倒入公称直径为 1.25 mm 及 80 μm 的方孔套筛（1.25 mm 筛放置上面）上，滤去小于 80 μm 的颗粒。试验前筛子的两面应先用水湿润。在整个试验过程中应注意避免大于 80 μm 的颗粒丢失。

（2）再次加水于容器中，重复上述过程，直至洗出的水清澈为止。

（3）用水冲洗剩留在筛上的细粒，并将公称直径为 80 μm 的方孔筛放在水中（使水面略高出筛内颗粒）来回摇动，以充分洗除小于 80 μm 的颗粒。然后将两只筛上剩留的颗粒和筒中已洗净的试样一并装入浅盘，置于温度为（105±5）℃的烘箱中烘干至恒重。取出冷却至室温后，称取试样的质量（m_1）。

5）结果计算（精确至 0.1%）

$$\omega_c = \frac{m_0 - m_1}{m_0} \times 100\% \qquad (2\text{-}24)$$

式中　ω_c——含泥量（%）；

m_0——试验前烘干试样的质量（g）；

m_1——试验后烘干试样的质量（g）。

以两个试样试验结果的算术平均值作为测定值。两次结果之差大于 0.2% 时，应重新取样进行试验。

8. 碎石或卵石中泥块含量试验

1）范围

本方法适用于测定碎石或卵石中泥块的含量。

2）仪器设备

（1）秤，称量 20 kg，感量 20 g。

（2）试验筛，筛孔公称直径为 2.50 mm 及 5.00 mm 的方孔筛各一只。

（3）水桶及浅盘等。

（4）烘箱，温度控制范围为（105±5）℃。

3）试样制备

将样品缩分至略大于表 2-31 所示的质量，缩分时应防止所含黏土块被压碎。缩分后的试样在（105±5）℃烘箱内烘干至恒重，冷却至室温后分成两份备用。

4）试验步骤

（1）筛去公称粒径 5.00 mm 以下颗粒，称取质量（m_1）。

（2）将试样在容器中摊平，加入饮用水使水面高出试样表面，24 h 后把水放出，用手碾压泥块，然后把试样放在公称直径为 2.50 mm 的方孔筛上摇动淘洗，直至洗出的水清澈为止。

（3）将筛上的试样小心地从筛里取出，置于温度为（105±5）℃烘箱中烘干至恒重。取出冷却至室温后称取质量（m_2）。

5）结果计算（精确至 0.1%）

$$\omega_{c,L} = \frac{m_1 - m_2}{m_1} \times 100\% \qquad (2\text{-}25)$$

式中　$\omega_{c,L}$——泥块含量（%）；

m_1——公称直径 5 mm 筛上筛余量（g）；

m_2——试验后烘干试样的质量（g）。

以两个试样试验结果的算术平均值作为测定值。

9. 碎石或卵石中针状和片状颗粒的总含量试验

1）范围

本方法适用于测定碎石或卵石中针状和片状颗粒的总含量。

2）仪器设备

（1）针状规准仪（图 2-22）和片状规准仪（图 2-23）或游标卡尺。

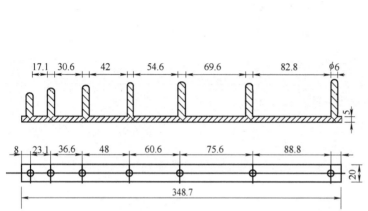

图 2-22　针状规准仪（单位为 mm）

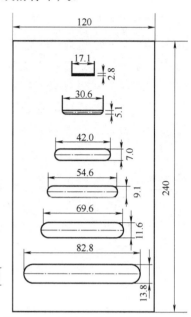

图 2-23　片状规准仪（单位为 mm）

（2）天平和秤，天平的称量 2 kg，感量 2 g，秤的称量 20 kg，感量 20 g。

（3）试验筛，筛孔公称直径分别为 5.00 mm、10.0 mm、20.0 mm、25.0 mm、31.5 mm、40.0 mm、63.0 mm 和 80.0 mm 的方孔筛各一只，根据需要选用。

（4）卡尺。

3）试样制备

将样品在室内风干至表面干燥，并缩分至表 2-32 规定的质量，称量（m_0），然后筛分成表 2-33 所规定的粒级备用。

表 2-32　针状和片状颗粒的总含量试验所需的试样最少质量

最大公称粒径/mm	10.0	16.0	20.0	25.0	31.5	≥40.0
试样最少质量/kg	0.3	1	2	3	5	10

表 2-33　针状和片状颗粒的总含量试验的粒级划分及其相应的规准仪孔宽或间距

公称粒级/mm	5.00～10.0	10.0～16.0	16.0～20.0	20.0～25.0	25.0～31.5	31.5～40.0
片状规准仪上相对应的孔宽/mm	2.8	5.1	7.0	9.1	11.6	13.8
针状规准仪上相对应的间距/mm	17.1	30.6	42.0	54.6	69.6	82.8

4）试验步骤

（1）按表 2-33 所规定的粒级用规准仪逐粒对试样进行鉴定，凡颗粒长度大于针状规准仪上相对应间距的，为针状颗粒。厚度小于片状规准仪上相应孔宽的，为片状颗粒。

（2）公称粒径大于 40 mm 的可用卡尺鉴定其针片状颗粒，卡尺卡口的设定宽度应符合表 2-34 的规定。

表 2-34　公称粒径大于 40 mm 用卡尺卡口的设定宽度

公称粒级/mm	40.0～63.0	63.0～80.0
片状颗粒的卡口宽度/mm	18.1	27. 6
针状颗粒的卡口宽度/mm	108.6	165.6

（3）称取由各粒级挑出的针状和片状颗粒的总质量（m_1）。

5）结果计算（精确至 1%）

$$\omega_p = \frac{m_1}{m_0} \times 100\%　　　　（2-26）$$

式中　ω_p——针状和片状颗粒的总含量（%）；

　　　m_1——试样中所含针状和片状颗粒的总质量（g）；

　　　m_0——试样总质量（g）。

10. 碎石或卵石的坚固性试验

1）范围

本方法适用于以硫酸钠饱和溶液法间接地判断碎石或卵石的坚固性。

2）仪器、设备及试剂

（1）烘箱，温度控制范围为（105±5）℃。

（2）台秤，称量 5 kg，感量 5 g。

（3）试验筛，根据试样粒级按表 2-35 选用。

（4）容器，搪瓷盆或瓷盆，容积不小于 50 L。

（5）三脚网篮，网篮的外径为 100 mm，高为 150 mm，采用网孔公称直径不大于 2.50 mm 的网，由铜丝制成；检验公称粒径为 40.0～80.0 mm 的颗粒时，应采用外径和高度均为 150 mm 的网篮。

（6）试剂，无水硫酸钠。

3）硫酸钠溶液的配制及试样的制备

（1）硫酸钠溶液的配制：取一定数量的蒸馏水（取决于试样及容器的大小），加温至 30～50 ℃，每 1 000 mL 蒸馏水加入无水硫酸钠（Na_2SO_4）300～350 g，用玻璃棒搅拌，使其溶解至饱和，然后冷却至 20～25 ℃。在此温度下静置两昼夜。其密度保持在 1 151～1 174 kg/m³。

（2）试样的制备：将样品按表 2-35 的规定分级，并分别擦洗干净，放入 105～110 ℃ 烘箱内烘 24 h，取出并冷却至室温，然后按表 2-35 对各粒级规定的质量称取试样（m_1）。

表 2-35　坚固性试验所需的各粒级试样质量

公称粒级/mm	5.00～10.0	10.0～20.0	20.0～40.0	40.0～63.0	63.0～80.0
试样质量/g	500	1000	1500	3000	3000

注：1. 公称粒级为 10.0～20.0 mm 试样中，应含有 40% 的 10.0～16.0 mm 粒级颗粒、60% 的 16.0～20.0 mm 粒级颗粒；

　　2. 公称粒级为 20.0～40.0 mm 的试样中，应含有 40% 的 20.0～31.5 mm 粒级颗粒、60% 的 31.5～40.0 mm 粒级颗粒。

4）试验步骤

（1）将所称取的不同粒级的试样分别装入三脚网篮并浸入盛有硫酸钠溶液的容器中。溶液体积应不小于试样总体积的 5 倍，其温度保持在 20～25 ℃。三脚网篮浸入溶液时应先上下升降 25 次以排除试样中的气泡，然后静置于该容器中。此时，网篮底面应距容器底面约 30 mm（由网篮脚控制），网篮之间的间距应不小于 30 mm，试样表面至少应在液面以下 30 mm。

（2）浸泡 20 h 后，从溶液中提出网篮，放在（105±5）℃的烘箱中烘 4 h。至此，完成了第一个试验循环。待试样冷却至 20～25 ℃后，即开始第二次循环。从第二次循环开始，浸泡及烘烤时间均为 4 h。

（3）第五次循环完后，将试样置于 25～30 ℃的清水中洗净硫酸钠，再在（105±5）℃的烘箱中烘至恒重。取出冷却至室温后，用筛孔孔径为试样粒级下限的筛过筛，并称取各粒级试样试验后的筛余量（m_i）。

注：试样中硫酸钠是否洗净，可按下法检验，取洗试样的水数毫升，滴入少量氯化钡（$BaCl_2$）溶液，如无白色沉淀，即说明硫酸钠已被洗净。

（4）对公称粒径大于 20.0 mm 的试样部分，应在试验前后记录其颗粒数量，并作外观检查，描述颗粒的裂缝、开裂、剥落、掉边和掉角等情况所占颗粒数量，以作为分析其坚固性的补充依据。

5）结果计算

$$\delta_{ji} = \frac{m_i - m_i'}{m_i} \times 100\% \qquad (2\text{-}27)$$

式中 δ_{ji}——各粒级颗粒的分计质量损失百分率（%）；

m_i——各粒级试样试验前的烘干质量（g）；

m_i'——经硫酸钠溶液法试验后，各粒级筛余颗粒的烘干质量（g）。

试样的总质量损失百分率δ_j，应按下式计算（精确至 1%）：

$$\delta_j = \frac{\alpha_1 \delta_{j1} + \alpha_2 \delta_{j2} + \alpha_3 \delta_{j3} + \alpha_4 \delta_{j4} + \alpha_5 \delta_{j5}}{\alpha_1 + \alpha_2 + \alpha_3 + \alpha_4 + \alpha_5} \times 100\% \qquad (2\text{-}28)$$

式中 δ_j——总质量损失百分率（%）；

α_1、α_2、α_3、α_4、α_5——试样中分别为 5.00～10.0 mm、10.0～20.0 mm、20.0～40.0 mm、40.0～63.0 mm、63.0～80.0 mm 各公称粒级的分计百分含量（%）；

δ_{j1}、δ_{j2}、δ_{j3}、δ_{j4}、δ_{j5}——各粒级的分计质量损失百分率（%）。

11. 碎石或卵石的压碎值指标试验

1）范围

本方法适用于测定碎石或卵石抵抗压碎的能力，以间接地推测其相应的强度。

2）仪器设备

（1）压力试验机，荷载 300 kN。

（2）压碎值指标测定仪（图 2-24）。

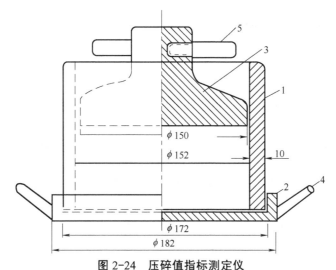

图 2-24 压碎值指标测定仪

1—圆筒；2—底盘；3—加压头；4—手把；5—把手

（3）秤，称量 5 kg，感量 5 g。

（4）试验筛，筛孔公称直径为 10.0 mm 和 20.0 mm 的方孔筛各一只。

3）试样制备

（1）标准试样一律采用公称粒级为 10.0～20.0 mm 的颗粒，并在风干状态下进行试验。

（2）对多种岩石组成的卵石，当其公称粒径大于 20.0 mm 的颗粒岩石矿物成分与 10.0～20.0 mm 粒级有显著差异时，应将大于 20.0 mm 的颗粒经人工破碎后，筛取 10.0～20.0 mm 标准粒级另外进行压碎值指标试验。

（3）将缩分后的样品先筛除试样中公称粒径 10.0 mm 以下及 20.0 mm 以上的颗粒，再用针状和片状规准仪剔除针状和片状颗粒，然后称取每份 3 kg 的试样 3 份备用。

4）试验步骤

（1）置圆筒于底盘上，取试样一份，分两层装入圆筒。每装完一层试样后，在底盘下面垫放一直径为 10 mm 的圆钢筋，将筒按住，左右交替颠击地面各 25 下。第二层颠实后，试样表面距盘底的高度应控制为 100 mm 左右。

（2）整平筒内试样表面，把加压头装好（注意应使加压头保持平正），放到试验机上在 160～300 s 均匀地加荷到 200 kN，稳定 5 s，然后卸荷，取出测定筒。倒出筒中的试样并称其质量（m_0），用公称直径为 2.50 mm 的方孔筛筛除被压碎的细粒，称量剩留在筛上的试样质量（m_1）。

5）结果计算（精确至 0.1%）

$$\delta_a = \frac{m_0 - m_1}{m_0} \times 100\% \qquad (2-29)$$

式中　δ_a——压碎值指标（%）；

　　　m_0——试样的质量（g）；

　　　m_1——压碎试验后筛余的试样质量（g）。

多种岩石组成的卵石，应对公称粒径 20.0 mm 以下和 20.0 mm 以上的标准粒级（10.0～

20.0 mm）分别进行检验，则其总的压碎值指标 δ_a 应按下式计算：

$$\delta_a = \frac{\alpha_1 \delta_{a1} + \alpha_2 \delta_{a2}}{\alpha_1 + \alpha_2} \times 100\% \qquad （2-30）$$

式中　δ_a——总的压碎值指标（%）；

　α_1、α_2——公称粒径 20.0 mm 以下和 20.0 mm 以上粒级的颗粒含量百分率（%）；

　δ_{a1}、δ_{a2}——两粒级以标准粒级试验的分计压碎值指标（%）。

以三次试验结果的算术平均值作为压碎指标测定值。

2.3.1.3　粗骨料的质量控制要点

（1）针片状颗粒含量（粒形）：过多影响强度，影响混凝土工作性。

（2）颗粒级配（大小搭配情况）：如不合理孔隙率过大，影响强度及混凝土工作性。

（3）含泥量：影响工作性及强度。

（4）最大粒径：影响强度，可泵性一般小于 31.5 mm。

（5）风化石含量：影响强度及工作性。

2.3.2　细骨料

细骨料是公称粒径小于 5 mm 的岩石颗粒。混凝土用砂分为天然砂和人工砂。

2.3.2.1　细骨料的技术要求

1．砂的粗细程度

砂的粗细程度按细度模数 μ_f 分为粗、中、细、特细四级，其范围应符合下列规定：

（1）粗砂：μ_f=3.7～3.1。

（2）中砂：μ_f=3.0～2.3。

（3）细砂：μ_f=2.2～1.6。

（4）特细砂：μ_f=1.5～0.7。

2．砂的公称粒径

砂筛应采用方孔筛。砂的公称粒径、砂筛筛孔的公称直径和方孔筛筛孔边长应符合表2-36 的规定。

表 2-36　砂的公称粒径、砂筛筛孔的公称直径和方孔筛筛孔边长尺寸

砂的公称粒径	砂筛筛孔的公称直径	方孔筛筛孔边长
5.00 mm	5.00 mm	4.75 mm
2.50 mm	2.50 mm	2.36 mm
1.25 mm	1.25 mm	1.18 mm
630 μm	630 μm	600 μm
315 μm	315 μm	300 μm
160 μm	160 μm	150 μm
80 μm	80 μm	75 μm

3. 砂的颗粒级配

除特细砂外，砂的颗粒级配可按公称直径 630 μm 筛孔的累计筛余量（以质量百分率计，下同），分成三个级配区（表 2-37），且砂的颗粒级配应处于表 2-37 中的某一区内。

表 2-37　砂颗粒级配区

累计筛余/（%）　　级配区 公称粒径	Ⅰ区	Ⅱ区	Ⅲ区
5.00 mm	10～0	10～0	10～0
2.50 mm	35～5	25～0	15～0
1.25 mm	65～35	50～10	25～0
630 μm	85～71	70～41	40～16
315 μm	95～80	92～70	85～55
160 μm	100～90	100～90	100～90

砂的实际颗粒级配与表 2-37 中的累计筛余相比，除公称粒径为 5.00 mm 和 630 μm 的累计筛余外，其余公称粒径的累计筛余可稍有超出分界线，但总超出量不应大于 5%。

当天然砂的实际颗粒级配不符合要求时，宜采取相应的技术措施，并经试验证明能确保混凝土质量后，方允许使用。

配制混凝土时宜优先选用Ⅱ区砂。当采用Ⅰ区砂时，应提高砂率，并保持足够的水泥用量，满足混凝土的工作性；当采用Ⅲ区砂时，宜适当降低砂率，当采用特细砂时，应符合相应的规定。配制泵送混凝土，宜选用中砂。

4）砂的含泥量

天然砂中含泥量应符合表 2-38 的规定。

表 2-38　天然砂中含泥量

混凝土强度等级	≥C60	C55～C30	≤C25
含泥量（按质量计，%）	≤2.0	≤3.0	≤5.0

对于有抗冻、抗渗或其他特殊要求的小于或等于 C25 混凝土用砂，其含泥量不应大于 3.0%。

5）砂中泥块含量

砂中泥块含量应符合表 2-39 的规定。

表 2-39　砂中泥块含量

混凝土强度等级	≥C60	C55～C30	≤C25
泥块含量（按质量计，%）	≤0.5	≤1.0	≤2.0

对于有抗冻、抗渗或其他特殊要求的小于或等于 C25 混凝土用砂，其泥块含量不应大于 1.0%。

6）人工砂的石粉含量

人工砂或混合砂中石粉含量应符合表 2-40 的规定。

表 2-40　人工砂或混合砂中石粉含量

混凝土强度等级		≥C60	C55～C30	≤C25
石粉含量/（%）	MB<1.4（合格）	≤5.0	≤7.0	≤10.0
	MB≥1.4（不合格）	≤2.0	≤3.0	≤5.0

注：MB——用亚甲蓝方法检测砂含石粉量。

7）砂的坚固性

砂的坚固性应采用硫酸钠溶液检验，试样经 5 次循环后，其质量损失应符合表 2-41 的规定。

表 2-41　砂的坚固性指标

混凝土所处的环境条件及其性能要求	5次循环后的质量损失/（%）
在严寒及寒冷地区室外使用，并经常处于潮湿或干湿交替状态下的混凝土；对于有抗疲劳、耐磨、抗冲击要求的混凝土；有腐蚀介质作用或经常处于水位变化区的地下结构混凝土	≤8
其他条件下使用的混凝土	≤10

8）人工砂的总压碎值指标

人工砂的总压碎值指标应小于 30%。

9）砂中的有害物质含量

当砂中含有云母、轻物质、有机物、硫化物及硫酸盐等有害物质时，其含量应符合表 2-42 的规定。

表 2-42　砂中的有害物质含量

项目	质量指标
云母含量（按质量计，%）	≤2.0
轻物质含量（按质量计，%）	≤1.0
硫化物及硫酸盐含量（折算成SO_3按质量计，%）	≤1.0
有机物含量（用比色法试验）	颜色不应深于标准色。当颜色深于标准色时，应按水泥胶砂强度试验方法进行强度对比试验，抗压强度比不应低于0.95

对于有抗冻、抗渗要求的混凝土用砂，其云母含量不应大于 1.0%。

当砂中含有颗粒状的硫酸盐或硫化物杂质时，应进行专门检验，确认能满足混凝土耐久性要求后，方可采用。

10）砂中氯离子含量

（1）对于钢筋混凝土用砂，其氯离子含量不得大于 0.06%（以干砂的质量百分率计）；

（2）对于预应力混凝土用砂，其氯离子含量不得大于 0.02%（以干砂的质量百分率计）。

2.3.2.2　细骨料的检测方法

1．砂的筛分析试验

1）范围

本方法适用于测定普通混凝土用砂的颗粒级配及细度模数。

2）仪器设备

（1）试验筛，公称直径分别为 10.0 m、5.00 mm、2.50 mm、1.25 mm、630 μm、315 μm、160 μm 的方孔筛各一只，筛的底盘和盖各一只，筛框直径为 300 mm 或 200 mm。其产品质量要求应符合现行国家标准《试验筛 技术要求和检验 第 1 部分：金属丝编织网试验筛》（GB/T 6003.1—2012）和《试验筛 技术要求和检验 第 2 部分：金属穿孔板试验筛》（GB/T 6003.2—2012）的要求。

（2）天平，称量 1 000 g，感量 1 g。

（3）摇筛机。

（4）烘箱，温度控制范围为（105±5）℃。

（5）浅盘，硬、软毛刷等。

3）试样制备

用于筛分析的试样，其颗粒的公称粒径不应大于 10.0 mm。试验前应先将来样通过公称直径 10.0 mm 方孔筛，并计算筛余。称取经缩分后样品不少于 550 g 两份，分别装入两个浅盘，在（105±5）℃的温度下烘干到恒重，冷却至室温备用。

注：恒重是指在相邻两次称量间隔时间不小于 3 h 的情况下，前后两次称量之差小于该项试验所要求的称量精度（下同）。

4）试验步骤

（1）准确称取烘干试样 500 g（特细砂可称 250 g），置于按筛孔大小顺序排列（大孔在上、小孔在下）的套筛的最上一只筛（公称直径为 5.00 mm 的方孔筛）上；将套筛装入摇筛机内固紧，筛分 10 min；然后取出套筛，再按筛孔由大到小的顺序，在清洁的浅盘上逐一进行手筛，直至每分钟的筛出量不超过试样总量的 0.1% 时为止；通过的颗粒并入下一只筛子，并和下一只筛子中的试样一起进行手筛。按这样顺序依次进行，直至所有的筛子全部筛完为止。

注：① 当试样含泥量超过 5% 时，应先将试样水洗，然后烘干至恒重，再进行筛分；② 无摇筛机时，可改用手筛。

（2）试样在各只筛子上的筛余量均不得超过按下式计算得出的剩留量，否则应将该筛的筛余试样分成两份或数份，再次进行筛分，并以其筛余量之和作为该筛的筛余量。

$$m_\mathrm{t} = \frac{A\sqrt{d}}{300} \tag{2-31}$$

式中　m_t——某一筛上的筛余量（g）；

　　　d——筛孔边长（mm）；

　　　A——筛的面积（mm²）。

（3）称取各筛筛余试样的质量（精确至 1 g），所有各筛的分计筛余量和底盘中的剩余量之和与筛分前的试样总量相比，相差不得超过 1%。

5）结果计算

（1）计算分计筛余（各筛上的筛余量除以试样总量的百分率），精确至 0.1%。

（2）计算累计筛余（该筛的分计筛余与筛孔大于该筛的各筛的分计筛余之和），精确至 0.1%。

（3）根据各筛两次试验累计筛余的平均值，评定该试样的颗粒级配分布情况，精确至 1%。

（4）砂的细度模数应按下式计算（精确至 0.01）：

$$\mu_f = \frac{(\beta_2 + \beta_3 + \beta_4 + \beta_5 + \beta_6) - 5\beta_1}{100 - \beta_1} \tag{2-32}$$

式中　μ_f——砂的细度模数；

β_1、β_2、β_3、β_4、β_5、β_6——公称直径 5.00 mm、2.50 mm、1.25 mm、630 μm、315 μm、160 μm 方孔筛上的累计筛余。

（5）以两次试验结果的算术平均值作为测定值，精确至 0.1。当两次试验所得的细度模数之差大于 0.20 时，应重新取试样进行试验。

2. 砂的表观密度试验（标准法）

1）范围

本方法适用于测定砂的表观密度。

2）仪器设备

（1）天平，称量 1 000 g，感量 1 g。

（2）容量瓶，容量 500 mL。

（3）烘箱，温度控制范围为（105±5）℃。

（4）干燥器、浅盘、铝制料勺、温度计等。

3）试样制备

将经缩分后不少于 650 g 的样品装入浅盘，在温度为（105±5）℃的烘箱中烘干至恒重，并在干燥器内冷却至室温。

4）试验步骤

（1）称取烘干的试样 300 g（m_0），装入盛有半瓶冷开水的容量瓶中。

（2）摇转容量瓶，使试样在水中充分搅动以排除气泡，塞紧瓶塞，静置 24 h；然后用滴管加水至与瓶颈刻度线平齐，再塞紧瓶塞，擦干容量瓶外壁的水分，称其质量（m_1）。

（3）倒出容量瓶中的水和试样，将瓶的内外壁洗净，再向瓶内加入与第（2）条水温相差不超过 2 ℃的冷开水至瓶颈刻度线，塞紧瓶塞，擦干容量瓶外壁水分，称质量（m_2）。

注：在砂的表观密度试验过程中应测量并控制水的温度，试验的各项称量可在 15～25 ℃的温度范围内进行。从试样加水静置的最后 2 h 起直至试验结束，其温度相差不应超过 2 ℃。

5）结果计算（精确至 10 kg/m³）

$$\rho = \left(\frac{m_0}{m_0 + m_2 - m_1} - \alpha_t \right) \times 1\,000 \tag{2-33}$$

式中　ρ——表观密度（kg/m³）；

　　　m_0——试样的烘干质量（g）；

m_1——试样、水及容量瓶总质量（g）；

m_2——水及容量瓶总质量（g）；

α_t——水温对砂的表观密度影响的修正系数，见表 2-43。

表 2-43　不同水温对砂的表观密度影响的修正系数

水温/℃	15	16	17	18	19	20
α_t	0.002	0.003	0.003	0.004	0.004	0.005
水温/℃	21	22	23	24	25	—
α_t	0.005	0.006	0.006	0.007	0.008	—

以两次试验结果的算术平均值作为测定值。当两次结果之差大于 20 kg/m³ 时，应重新取样进行试验。

3. 砂的表观密度试验（简易法）

1）范围

本方法适用于测定砂的表观密度。

2）仪器设备

（1）天平，称量 1 000 g，感量 1 g。

（2）密度瓶，容量 250 mL。

（3）烘箱，温度控制范围为（105±5）℃。

（4）其他仪器设备应符合"2. 砂的表现密度试验（标准法）"的规定。

3）试样制备

将样品缩分至不少于 120 g，在（105±5）℃的烘箱中烘干至恒重，并在干燥器中冷却至室温，分成大致相等的两份备用。

4）试验步骤

（1）向密度瓶中注入冷开水至一定刻度处，擦干瓶颈内部附着水，记录水的体积（V_1）。

（2）称取烘干试样 50 g（m_0），徐徐加入盛水的密度瓶中。

（3）试样全部倒入瓶中后，用瓶内的水将黏附在瓶颈和瓶壁的试样洗入水中，摇转密度瓶以排除气泡，静置约 24 h 后，记录瓶中水面升高后的体积（V_2）。

注：在砂的表观密度试验过程中应测量并控制水的温度，允许在 15～25 ℃的温度范围内进行体积测定，但两次体积测定（V_1 和 V_2）的温差不得大于 2 ℃。从试样加水静置的最后 2 h 起，直至记录完瓶中水面高度时止，其相差温度不应超过 2 ℃。

5）结果计算（精确至 10 kg/m³）

$$\rho = \left(\frac{m_0}{v_2 - v_1} - \alpha_t \right) \times 1\,000 \qquad (2\text{-}34)$$

式中　ρ——表观密度（kg/m³）；

m_0——试样的烘干质量（g）；

v_1——水的原有体积（mL）；

v_2——倒入试样后的水和试样的体积（mL）；

α_t——水温对砂的表观密度影响的修正系数，见表 2-43。

以两次试验结果的算术平均值作为测定值，两次结果之差大于 20 kg/m³ 时，应重新取样进行试验。

4. 砂的吸水率试验

1）范围

本方法适用于测定砂的吸水率，即测定以烘干质量为基准的饱和面干吸水率。

2）仪器设备

（1）天平，称量 1 000 g，感量 1 g。

（2）饱和面干试模及质量为（340±15）g 的钢制捣棒（图 2-25）。

（3）干燥器、吹风机（手提式）、浅盘、铝制料勺、玻璃棒、温度计等。

（4）烧杯，容量 500 mL。

（5）烘箱，温度控制范围为（105±5）℃。

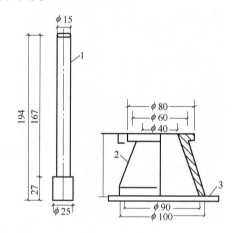

图 2-25   饱和面干试模及其捣棒（单位为 mm）

1—捣棒；2—试模；3—玻璃板

3）试样制备

饱和面干试样的制备，是将样品在潮湿状态下用四分法缩分至 1 000 g，拌匀后分成两份，分别装入浅盘或其他合适的容器中，注入清水，使水面高出试样表面 20 mm 左右（水温控制在（20±5）℃）。用玻璃棒连续搅拌 5 min，以排除气泡。静置 24 h 以后，细心地倒去试样上的水，并用吸管吸去余水。再将试样在盘中摊开，用手提吹风机缓缓吹入暖风，并不断翻拌试样，使砂表面的水分在各部位均匀蒸发。然后将试样松散地一次装满饱和面干试模中，捣 25 次（捣棒端面距试样表面不超过 10 mm，任其自由落下），捣完后，留下的空隙不用再装满，从垂直方向徐徐提起试模。试样呈图 2-26（a）形状时，则说明砂中尚含有表面水，应继续按上述方法用暖风干燥，并按上述方法进行试验，直至试模提起后试样呈图 2-26（b）的形状为止。试模提起后，试样呈图 2-26（c）的形状时，则说明试样已干燥过分，此时应对试样洒水 5 mL，充分拌匀，并静置于加盖容器中 30 min 后，再按上述方法进行试验，直至试样达到图 2-26（b）的形状为止。

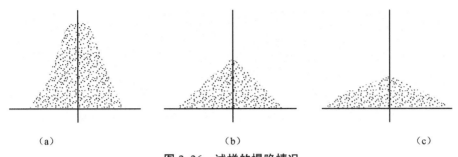

（a）   （b）   （c）

图 2-26   试样的塌陷情况

（a）砂中水分过多   （b）砂中水分适合   （c）砂子干燥过分

4）试验步骤

立即称取饱和面干试样 500 g，放入已知质量（m_1）烧杯中，于温度为（105±5）℃的烘箱中烘干至恒重，并在干燥器内冷却至室温后，称取干样与烧杯的总质量（m_2）。

5）结果计算（精确至 0.1%）

$$\omega_{wa} = \frac{500 - (m_2 - m_1)}{m_2 - m_1} \times 100\% \tag{2-35}$$

式中 ω_{wa}——吸水率（%）；

  m_1——烧杯质量（g）；

  m_2——烘干的试样与烧杯的总质量（g）。

以两次试验结果的算术平均值作为测定值，当两次结果之差大于 0.2% 时，应重新取样进行试验。

5. 砂的含水率试验（标准法）

1）范围

本方法适用于测定砂的含水率。

2）仪器设备

（1）烘箱，温度控制范围为（105±5）℃。

（2）天平，称量 1 000 g，感量 1 g。

（3）容器，如浅盘等。

3）试验步骤

由密封的样品中取重 500 g 的试样两份，分别放入已知质量的干燥容器（m_1）中称重，记下每盘试样与容器的总质量（m_2）。将容器连同试样放入温度为（105±5）℃的烘箱中烘干至恒重，称量烘干后的试样与容器的总质量（m_3）。

4）结果计算（精确至 0.1%）

$$\omega_{wc} = \frac{m_2 - m_3}{m_3 - m_1} \times 100\% \tag{2-36}$$

式中 ω_{wc}——砂的含水率（%）；

m_1——容器质量（g）；

m_2——未烘干的试样与容器的总质量（g）；

m_3——烘干后的试样与容器的总质量（g）。

以两次试验结果的算术平均值作为测定值。

6. 砂的含水率试验（快速法）

1）范围

本方法适用于快速测定砂的含水率。对含泥量过大及有机杂质含量较多的砂不宜采用。

2）仪器设备

（1）电炉（或火炉）。

（2）天平，称量 1 000 g，感量 1 g。

（3）炒盘（铁制或铝制）。

（4）油灰铲、毛刷等。

3）试验（快速法）步骤

（1）由密封样品中取 500 g 试样放入干净的炒盘（m_1）中，称取试样与炒盘的总质量（m_2）。

（2）置炒盘于电炉（或火炉）上，用小铲不断地翻拌试样，到试样表面全部干燥后，切断电源（或移出火外），再继续翻拌 1 min，稍予冷却（以免损坏天平）后，称干样与炒盘的总质量（m_3）。

4）结果计算（精确至 0.1%）

$$\omega_{wc} = \frac{m_2 - m_3}{m_3 - m_1} \times 100\% \tag{2-37}$$

式中　ω_{wc}——砂的含水率（%）；

m_1——炒盘质量（g）；

m_2——未烘干的试样与炒盘的总质量（g）；

m_3——烘干后的试样与炒盘的总质量（g）。

以两次试验结果的算术平均值作为测定值。

7. 砂的堆积密度和紧密密度试验

1）范围

本方法适用于测定砂的堆积密度、紧密密度及空隙率。

2）仪器设备

（1）秤，称量 5 kg，感量 5 g。

（2）容量筒，金属制，圆柱形，内径 108 mm，净高 109 mm，筒壁厚 2 mm，容积 1 L，筒底厚度为 5 mm。

（3）漏斗（图 2-27）或铝制料勺。

（4）烘箱，温度控制范围为（105±5）℃。

（5）直尺、浅盘等。

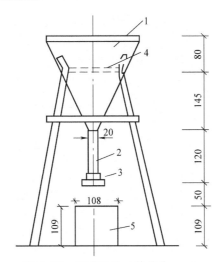

图 2-27 标准漏斗（单位为 mm）
1—漏斗；2—ϕ20 mm 管子；3—活动门；4—筛；5—金属量筒

3）试样制备

先用公称直径 5.00 mm 的筛子过筛，然后取经缩分后的样品不少于 3 L，装入浅盘，在温度为（105±5）℃烘箱中烘干至恒重，取出并冷却至室温，分成大致相等的两份备用。试样烘干后若有结块，应在试验前先予捏碎。

4）试验步骤

（1）堆积密度：取试样一份，用漏斗或铝制勺将它徐徐装入容量筒（漏斗出料口或料勺距容量筒筒口不应超过 50 mm）直至试样装满并超出容量筒筒口。然后用直尺将多余的试样沿筒口中心线向相反方向刮平，称其质量（m_2）。

（2）紧密密度：取试样一份，分两层装入容量筒。装完一层后，在筒底垫放一根直径为 10 mm 的钢筋，将筒按住，左右交替颠击地面各 25 下，然后再装入第二层；第二层装满后用同样方法颠实（但筒底所垫钢筋的方向应与第一层放置方向垂直），二层装完并颠实后，加料直至试样超出容量筒筒口，然后用直尺将多余的试样沿筒口中心线向两个相反方向刮平，称其质量（m_2）。

5）试验结果计算

（1）堆积密度（ρ_L）及紧密密度（ρ_c）按下式计算（精确至 10 kg/m³）：

$$\rho_L(\rho_c) = \frac{m_2 - m_1}{V} \times 1000 \qquad (2\text{-}38)$$

式中 ρ_L（ρ_c）——堆积密度（紧密密度）（kg/m³）；

$\quad\quad m_1$——容量筒的质量（kg）；

$\quad\quad m_2$——容量筒和砂总质量（kg）；

$\quad\quad V$——容量筒容积（L）。

以两次试验结果的算术平均值作为测定值。

（2）空隙率按下式计算（精确至 1%）：

$$v_L = \left(1 - \frac{\rho_L}{\rho}\right) \times 100\% \qquad (2\text{-}39)$$

$$v_c = \left(1 - \frac{\rho_c}{\rho}\right) \times 100\% \qquad (2\text{-}40)$$

式中　v_L——堆积密度的空隙率（%）；

　　　v_c——紧密密度的空隙率（%）；

　　　ρ_L——砂的堆积密度（kg/m^3）；

　　　ρ——砂的表观密度（kg/m^3）；

　　　ρ_c——砂的紧密密度（kg/m^3）。

6）容量筒容积的校正方法

以温度为（20±2）℃的饮用水装满容量筒，用玻璃板沿筒口滑移，使其紧贴水面。擦干筒外壁水分，然后称其质量。用下式计算筒的容积：

$$V = m_2' - m_1' \qquad (2\text{-}41)$$

式中　V——容量筒容积（L）；

　　　m_1'——容量筒和玻璃板质量（kg）；

　　　m_2'——容量筒、玻璃板和水总质量（kg）。

8. 砂中含泥量试验（标准法）

1）范围

本方法适用于测定粗砂、中砂和细砂的含泥量，特细砂中含泥量测定方法见《普通混凝土用砂、石质量及检验方法标准》（JGJ 52—2006）虹吸管法。

2）仪器设备

（1）天平，称量 1 000 g，感量 1 g。

（2）烘箱，温度控制范围为（105±5）℃。

（3）试验筛，筛孔公称直径为 80 μm 及 1.25 mm 的方孔筛各一个。

（4）洗砂用的容器及烘干用的浅盘等。

3）试样制备

样品缩分至 1 100 g，置于温度为（105±5）℃的烘箱中烘干至恒重，冷却至室温后，称取 400 g（m_0）的试样两份备用。

4）试验步骤

（1）取烘干的试样一份置于容器中，并注入饮用水，使水面高出砂面约 150 mm，充分拌匀后，浸泡 2 h，然后用手在水中淘洗试样，使尘屑、淤泥和黏土与砂粒分离，并使之悬浮或溶于水中。缓缓地将浑浊液倒入公称直径为 1.25 mm、80 μm 的方孔套筛（1.25 mm 筛放置于上面）上，滤去小于 80 μm 的颗粒。试验前筛子的两面应先用水润湿，在整个试验过程中应避免砂粒丢失。

（2）再次加水于容器中，重复上述过程，直到筒内洗出的水清澈为止。

（3）用水淋洗剩留在筛上的细粒，并将 80 μm 筛放在水中（使水面略高出筛中砂粒的上表面）来回摇动，以充分洗除小于 80 μm 的颗粒。然后将两只筛上剩留的颗粒和容器中已经洗净的试样一并装入浅盘，置于温度为（105±5）℃的烘箱中烘干至恒重。取出来冷却至室温后，称试样的质量（m_1）。

5）结果计算（精确至 0.1%）

$$\omega_c = \frac{m_0 - m_1}{m_0} \times 100\% \tag{2-42}$$

式中　ω_c——砂中含泥量（%）；

m_0——试验前的烘干试样质量（g）；

m_1——试验后的烘干试样质量（g）。

以两个试样试验结果的算术平均值作为测定值。两次结果之差大于 0.5% 时，应重新取样进行试验。

9. 砂中泥块含量试验

1）范围

本方法适用于测定砂中泥块含量。

2）仪器设备

（1）天平，称量 1 000 g，感量 1 g 及称量 5 000 g，感量 5 g 各一架。

（2）烘箱，温度控制范围为（105±5）℃。

（3）试验筛，筛孔公称直径为 630 μm 及 1.25 mm 的方孔筛各一只。

（4）洗砂用的容器及烘干用的浅盘等。

3）试样制备

将样品缩分至 5 000 g，置于温度为（105±5）℃的烘箱中烘干至恒重，冷却至室温后，用公称直径 1.25 mm 的方孔筛筛分，取筛上的砂不少于 400 g 分为两份备用。特细砂按实际筛分量。

4）试验步骤

（1）称取试样约 200 g（m_1）置于容器中，并注入饮用水，使水面高出砂面 150 mm。充分拌匀后，浸泡 24 h，然后用手在水中碾碎泥块，再把试样放在公称直径 630 μm 的方孔筛上，用水淘洗，直至水清澈为止。

（2）保留下来的试样应小心地从筛里取出，装入水平浅盘后，置于温度为（105±5）℃烘箱中烘干至恒重，冷却后称重（m_2）。

5）结果计算（精确至 0.1%）

$$\omega_{c,L} = \frac{m_1 - m_2}{m_1} \times 100\% \tag{2-43}$$

式中　$\omega_{c,L}$——泥块含量（%）；

m_1——试验前的干燥试样质量（g）；

m_2——试验后的干燥试样质量（g）。

以两次试样试验结果的算术平均值作为测定值。

10. 人工砂及混合砂中石粉含量试验（亚甲蓝法）

1）范围

本方法适用于测定人工砂和混合砂中石粉含量。

2）仪器设备

（1）烘箱，温度控制范围为（105±5）℃。

（2）天平，称量1 000 g，感量1 g；称量100 g，感量0.01 g各一架。

（3）试验筛，筛孔公称直径为80 μm及1.25 mm的方孔筛各一只。

（4）容器，要求淘洗试样时，保持试样不溅出（深度大于250 mm）。

（5）移液管，5 mL、2 mL移液管各一个。

（6）三片或四片式叶轮搅拌器，转速可调（最高达（600±60）r/min），直径（75±10）mm。

（7）定时装置，精度1 s。

（8）玻璃容量瓶，容量1 L。

（9）温度计，精度1℃。

（10）玻璃棒，2支，直径8 mm，长300 mm。

（11）滤纸，快速。

（12）搪瓷盘、毛刷、容量为1 000 mL的烧杯等。

3）溶液的配制及试样制备

（1）亚甲蓝溶液的配制按下述方法：将亚甲蓝（$C_{16}H_{18}C1N_3S \cdot 3H_2O$）粉末在（105±5）℃下烘干至恒重，称取烘干亚甲蓝粉末10 g，精确至0.01 g，倒入盛有约600 mL蒸馏水（水温加热至35～40℃）的烧杯中，用玻璃棒持续搅拌40 min，直至亚甲蓝粉末完全溶解，冷却至20 ℃。将溶液倒入1 L容量瓶中，用蒸馏水淋洗烧杯等，使所有亚甲蓝溶液全部移入容量瓶，容量瓶和溶液的温度应保持在（20±1）℃，加蒸馏水至容量瓶1 L刻度。振荡容量瓶以保证亚甲蓝粉末完全溶解。将容量瓶中溶液移入深色储藏瓶中，标明制备日期、失效日期（亚甲蓝溶液保质期应不超过28 d），并置于阴暗处保存。

（2）将样品缩分至400 g，放在烘箱中于（105±5）℃下烘干至恒重，待冷却至室温后，筛除大于公称直径5.0 mm的颗粒备用。

4）试验步骤

（1）亚甲蓝试验应按下述方法进行。

① 称取试样200 g，精确至1 g。将试样倒入盛有（500±5）mL蒸馏水的烧杯中，用叶轮搅拌机以（600±60）r/min转速搅拌5 min，形成悬浮液，然后以（400±40）r/min转速持续搅拌，直至试验结束。

② 悬浮液中加入5 mL亚甲蓝溶液，以（400±40）r/min转速搅拌至少1 min后，用玻璃棒蘸取一滴悬浮液（所取悬浮液滴应使沉淀物直径在8～12 mm），滴于滤纸（置于空烧杯或其他合适的支撑物上，以使滤纸表面不与任何固体或液体接触）上。若沉淀物周围未出现色晕，再加入5 mL亚甲蓝溶液，继续搅拌1 min，再用玻璃棒蘸取一滴悬浮液，滴于滤纸上，若沉淀物周围仍未出现色晕，重复上述步骤，直至沉淀物周围出现约1 mm宽的稳定浅蓝色色晕。此时，应继续搅拌，不加亚甲蓝溶液，每1 min进行一次蘸染试验。若色晕在4 min内消失，再加入5 mL亚甲蓝溶液；若色晕在第5 min消失，再加入2 mL亚

甲蓝溶液。两种情况下，均应继续进行搅拌和蘸染试验，直至色晕可持续 5 min。

③ 记录色晕持续 5 min 时所加入的亚甲蓝溶液总体积，精确至 1 mL。

④ 亚甲蓝值按下式计算：

$$MB = \frac{V}{G} \times 10 \qquad (2\text{-}44)$$

式中　MB——亚甲蓝值（g/kg），表示每千克 0～2.36 mm 粒级试样所消耗的亚甲蓝克数，精确至 0.01；

　　　G——试样质量（g）；

　　　V——所加入的亚甲蓝溶液的总量（mL）。

注： 公式中的系数 10 用于将每千克试样消耗的亚甲蓝溶液体积换算成亚甲蓝质量。

⑤ 亚甲蓝试验结果评定应符合下列规定：当 MB <1.4 时，则判定是以石粉为主；当 $MB \geqslant 1.4$ 时，则判定为以泥粉为主的石粉。

（2）亚甲蓝快速试验应按下述方法进行。

① 应按试验步骤第一款第一项的要求进行制样。

② 一次性向烧杯中加入 30 mL 亚甲蓝溶液，以（400±40）r/min 转速持续搅拌 8 min，然后用玻璃棒蘸取一滴悬浊液，滴于滤纸上，观察沉淀物周围是否出现明显色晕，出现色晕的为合格，否则为不合格。

（3）人工砂及混合砂中的含泥量或石粉含量试验步骤及计算按《普通混凝土用砂、石质量及检验方法标准》（JGJ 52—2006）中"砂中含泥量试验"的规定进行。

11. 人工砂压碎值指标试验

1）范围

本方法适用于测定粒级为 315 μm～5.00 mm 的人工砂的压碎指标。

2）仪器设备

（1）压力试验机，荷载 300 kN。

（2）受压钢模（图 2-28）。

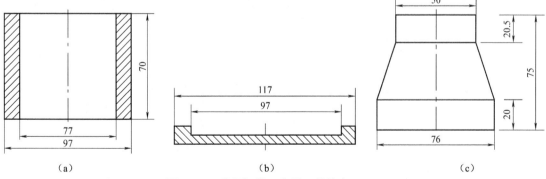

图 2-28　受压钢模示意图（单位为 mm）

（a）圆筒　（b）底盘　（c）加压块

（3）天平，称量为 1 000 g，感量 1 g。

（4）试验筛，筛孔公称直径分别为 5.00 mm、2.50 mm、1.25 mm、630 μm、315 μm、

160 μm、80 μm 的方孔筛各一只。

（5）烘箱，温度控制范围为（105±5）℃。

（6）其他，瓷盘 10 个，小勺 2 把。

3）试样制备

将缩分后的样品置于（105±5）℃的烘箱内烘干至恒重，待冷却至室温后，筛分成 5.00～2.50 mm、2.50～1.25 mm、1.25 mm～630 μm、630～315 μm 四个粒级，每级试样质量不得少于 1 000 g。

4）试验步骤

（1）置圆筒于底盘上，组成受压模，将一单级砂样约 300 g 装入模内，使试样距底盘约为 50 mm。

（2）平整试模内试样的表面，将加压块放入圆筒内，并转动一周使之与试样均匀接触。

（3）将装好砂样的受压钢模置于压力机的支承板上，对准压板中心后，开动机器，以 500 N/s 的速度加荷，加荷至 25 kN 时持荷 5 s，而后以同样速度卸荷。

（4）取下受压模，移去加压块，倒出压过的试样并称其质量（m_0），然后用该粒级的下限筛（如砂样为公称粒级 5.00～2.50 mm 时，其下限筛为筛孔公称直径 2.50 mm 的方孔筛）进行筛分，称出该粒级试样的筛余量（m_1）。

5）结果计算

（1）第 i 单级砂样的压碎指标按下式计算（精确至 0.1%）：

$$\delta_i = \frac{m_0 - m_1}{m_0} \times 100\% \tag{2-45}$$

式中　δ_i——第 i 单级砂样压碎指标（%）；

　　　m_0——第 i 单级试样的质量（g）；

　　　m_1——第 i 单级试样的压碎试验后筛余的试样质量（g）。

以三份试样试验结果的算术平均值作为各单粒级试样的测定值。

（2）四级砂样总的压碎指标按下式计算：

$$\delta_{sa} = \frac{\alpha_1\delta_1 + \alpha_2\delta_2 + \alpha_3\delta_3 + \alpha_4\delta_4}{\alpha_1 + \alpha_2 + \alpha_3 + \alpha_4} \times 100\% \tag{2-46}$$

式中　δ_{sa}——总的压碎指标（%），精确至 0.1%；

α_1、α_2、α_3、α_4——公称直径分别为 2.50 mm、1.25 mm、0.63 mm、0.315 mm 各方孔筛的分计筛余（%）；

　δ_1、δ_2、δ_3、δ_4——公称粒级分别为 5.00～2.50 mm、2.50～1.25 mm、1.25～0.63 mm、0.63～0.315 mm 单级试样压碎指标（%）。

2.3.2.3　细骨料的质量控制要点

（1）细度模数：影响用水量、工作性和抗裂性。

（2）颗粒级配：影响用水量、工作性和可泵性。

（3）含泥量：影响强度、用水量、工作性、外加剂和适应性。

（4）杂质含量：影响工作性、强度、外加剂适应性和混凝土均匀性。

2.4 外加剂

外加剂是指能有效改善混凝土某项或多项性能的一类材料，掺加量占水泥质量的 5% 以下，能显著改善混凝土的工作性、强度、耐久性或调节凝结时间及节约水泥。外加剂的应用促进了混凝土技术的进步，使得高强高性能混凝土的生产和应用成为现实，并解决了许多工程技术难题。外加剂品种繁多，掺量很少，但是对新拌混凝土和硬化混凝土的性能影响很大。

2.4.1 外加剂的功能和种类

混凝土外加剂的种类如下。

（1）改善混凝土流变性能的外加剂：如减水剂、引气剂和泵送剂等。

（2）调节混凝土凝结硬化性能的外加剂：如缓凝剂，速凝剂和早强剂等。

（3）调节混凝土含气量的外加剂：如引气剂、加气剂和泡沫剂等。

（4）改善混凝土耐久性的外加剂：如引气剂、防水剂、阻锈剂和养护剂等。

（5）提供混凝土特殊性能的外加剂：如防冻剂、膨胀剂、着色剂、絮凝剂、减缩剂和泵送剂等。

2.4.1.1 改善混凝土流变性能的外加剂

1. 减水剂

减水剂是指在混凝土坍落度相同的条件下，能减少拌和用水量，或者在混凝土配合比和用水量均不变的情况下，能增加混凝土坍落度的外加剂。根据减水率大小或坍落度增加幅度分为普通减水剂和高效减水剂两大类。此外，尚有复合型减水剂，如引气减水剂，既具有减水作用，又具有引气作用；早强减水剂，既具有减水作用，又具有提高早期强度作用；缓凝减水剂，既具有减水作用，又具有延缓凝结时间作用等。

1）减水剂的主要功能

（1）配合比不变时显著提高流动性。

（2）流动性和水泥用量不变时，减少用水量，降低水灰比，提高强度。

（3）保持流动性和强度不变时，节约水泥用量，降低成本。

（4）配制高强高性能混凝土。

2）常用减水剂品种

（1）木质素系减水剂：主要有木质素磺酸钙 MG、木质素磺酸钠和木质素磺酸镁。木质素磺酸钙是由生产纸浆的木质废液，经中和发酵等工程而制成的棕黄色粉末，属缓凝引气型减水剂，掺量宜控制在 0.2%～0.3%，超掺有可能导致数天或数十天不凝结，影响强度和施工进度，严重时导致工程质量事故。木质素磺酸钙减水率约为10%，保持流动性不变，可提高混凝土强度8%～10%；若不减水则可增大混凝土坍落度80～100 mm；若保持工作性与强度不变时，可节约水泥5%～10%。木质素磺酸钙主要适用于夏季混凝土施工、滑模施工、大体积混凝土和泵送混凝土施工，也可用于一般混凝土工程。不宜用于蒸汽养护混凝土制品和工程。

（2）萘磺酸盐系减水剂：是以工业萘或由煤焦油中分馏出含萘的同系物经分馏为原料，经磺化、缩合等一系列复杂的工艺而制成的。其主要成分为β-萘磺酸盐甲醛缩合物，有 FDN、NNO、NF 和 MF 等。萘系减水剂多数为非引气型高效减水剂，适宜掺量为0.5%～1.2%，减水率可达15%～30%，相应地可提高28 d强度10%以上或节约水泥10%～20%。萘系减水剂对钢筋无锈蚀作用，具有早强功能，但混凝土的坍落度损失较大，通常与缓凝剂或引气剂复合。萘系减水剂主要适用于配制高强、早强、流态和蒸养混凝土制品和工程，也可用于一般工程。

（3）树脂系减水剂：磺化三聚氰胺甲醛树脂减水剂，是主要以三聚氰胺、甲醛和亚硫酸钠为原料，经磺化、缩聚等工艺生产而成的棕色液体。为非引气型早强高效减水剂，性能优于萘系减水剂，但目前价格较高。适宜掺量0.5%～2.0%，减水率可达20%以上，1 d强度提高一倍以上，7 d强度可达基准28 d强度，长期强度也能提高，且可显著提高混凝土的抗渗、抗冻性和弹性模量。混凝土黏聚性较大，可泵性较差，坍落度损失也较大。主要用于配制高强混凝土、早强混凝土、流态混凝土和铝酸盐水泥耐火混凝土等。

（4）糖蜜类减水剂：糖蜜类减水剂是以制糖业的精渣和废蜜为原料，经石灰中和处理而成的棕色粉末或液体。糖蜜减水剂与 MG 减水剂性能基本相同，但缓凝作用比 MG 强，故通常作为缓凝剂使用。适宜掺量0.2%～0.3%，减水率10%左右。主要用于大体积混凝土、大坝混凝土和有缓凝要求的混凝土工程。

（5）复合减水剂：单一减水剂往往很难满足不同工程性质和不同施工条件的要求，因此，减水剂研究和生产中往往复合各种其他外加剂，组成早强减水剂、缓凝减水剂、引气减水剂及缓凝引气减水剂等。这一类外加剂主要有聚羧酸盐与改性木质素的复合物、带磺酸端基的聚羧酸多元聚合物、芳香族氨基磺酸系高分子化合物、改性羟基衍生物与烷基芳香磺酸盐的复合物、萘磺酸甲醛缩合物与木钙等的复合物、三聚氰胺甲醛缩合物与木钙等的复合物。其他减水剂新品种还有以甲基萘为原料的聚次甲基萘磺酸钠减水剂、氨基磺酸盐系高效减水剂、聚氨酸醚系与交联聚合物的复合物系高效减水剂、顺丁烯二酸衍生共聚物系高效减水剂、聚羧酸系高分子聚合物系减水剂等。

（6）聚羧酸系高性能混凝土减水剂是聚羧酸系高性能减水剂即使在低掺量时也能使混凝土具有高流动性，并且在低水灰比时也具有低黏度和坍落度保持性能。它与不同水泥有相对更好的相容性，是高强高流动性混凝土所不可缺少的材料。聚羧酸系混凝土减水剂是继木钙和萘系减水剂之后发展起来的第三代高性能化学减水剂，与传统减水剂相比主要具有以下几个突出的优点。

① 高减水率：聚羧酸高性能减水剂减水率可达25%～40%。

② 高强度增长率：很高的强度增长率，尤其是早期强度增长率较高。

③ 保坍性优异：极好的保坍性能，可保证混凝土极小的经时损失。

④ 匀质性良好：所配混凝土有非常好的流动性，容易浇注和密实，适用于自流平、自密实混凝土。

⑤ 生产可控性：可通过对聚合物分子量、侧链的长短、疏密及侧链基团种类的调整来调节该系列减水剂的减水率、保塑性和引气性能。

⑥ 适应性广泛：对各种纯硅、普硅、矿渣硅酸盐水泥及各种掺合料制混凝土均具有良好的分散性及保塑性。

⑦ 低收缩性：能有效提升混凝土的体积稳定性，较萘系减水剂混凝土 28 d 收缩降低了 20% 左右，有效地减少了混凝土开裂带来的危害。

⑧ 绿色环保：无毒性、无腐蚀性，不含甲醛及其他有害成分。

2. 引气剂

引气剂指混凝土在搅拌过程中能引入大量均匀、稳定且封闭的微小气泡的外加剂。气泡直径一般为 0.02～1.0 mm，绝大部分<0.2 mm。其作用机理为引气剂作用于气-液界面，使表面张力下降，从而形成稳定的微细封闭气泡。常用引气剂有松香树脂、烷基苯磺酸盐、脂肪醇磺酸盐等。最常用的为松香热聚树脂和松香皂两种。掺量一般为 0.005%～0.01%。严防超量掺用，否则将严重降低混凝土强度。当采用高频振捣时，引气剂掺量可适当提高。

引气剂主要应用于具有较高抗渗和抗冻要求的混凝土工程，提高混凝土耐久性，也可用来改善泵送性。工程上常与减水剂复合使用，或采用复合引气减水剂。引气剂使混凝土含气量提高，混凝土有效受力面积减小，混凝土强度下降。一般每增加 1%含气量，抗压强度下降 5%左右，抗折强度下降 2%～3%。故引气剂的掺量必须通过含气量试验严格加以控制。粗骨料最大粒径为 10 mm、15 mm、20 mm、25 mm、40 mm，混凝土含气量限值分别小于等于 7.0%、6.0%、5.5%、5.0%、4.5%。

引气剂的主要功能如下。

（1）改善混凝土拌合物的工作性。在拌合物中，相互封闭的微小气泡能起到滚珠作用，减小骨料间的摩阻力，从而提高混凝土的流动性。若保持流动性不变，则可减少用水量，一般每增加 1%的含气量可减少用水量 6%～10%。由于大量微细气泡能吸附一层稳定的水膜，从而减弱了混凝土的泌水性，故能改善混凝土的保水性和黏聚性。

（2）提高混凝土的耐久性。由于大量的微细气泡堵塞和隔断了混凝土中的毛细孔通道，同时由于泌水少，泌水造成的孔隙也减少，因而能提高混凝土的抗渗、抗腐蚀和抗风化性能；另一方面，由于连通毛细孔减少，吸水率相应减小，且能缓冲水结冰时引起的内部水压力，从而使抗冻性提高。

3. 泵送剂

泵送剂是指能改善混凝土拌合物泵送性能的外加剂，泵送性能是指混凝土拌合物具有能顺利通过输送管道、不阻塞、不离析、塑性良好的性能。泵送剂是流变剂中的一种，它除了能提高拌合物流动性以外，还能使其在 60～180 min 时间内保持其流动性，剩余坍落度不小于原始的 55%。此外，它不是缓凝剂，缓凝时间不宜超过 120 min。

2.4.1.2　调节混凝土凝结硬化性能的外加剂

1. 缓凝剂

缓凝剂是指能延长混凝土的初凝和终凝时间的外加剂。最常用的缓凝剂为木钙和糖蜜，糖蜜的缓凝效果优于木钙，一般能缓凝 3 h 以上。

缓凝剂的主要功能如下。

（1）降低大体积混凝土的水化热和推迟温度峰值出现时间，有利于减小混凝土内外温差引起的应力开裂。

（2）便于夏季施工和连续浇捣的混凝土，防止出现混凝土施工缝。

（3）便于泵送施工、滑模施工和远距离运输。

（4）通常具有减水作用，故也能提高混凝土后期强度或增加流动性或节约水泥用量。

2. 速凝剂

速凝剂是指能使混凝土迅速硬化的外加剂。一般初凝时间小于 5 min，终凝时间小于 10 h。1 h 内即产生强度，3 d 强度可达基准混凝土 3 倍以上，但后期强度一般低于基准混凝土。常用的速凝剂品种有红星Ⅰ型、711 型、782 型和 8604 型等。速凝剂主要用于喷射混凝土和紧急抢修工程、军事工程、防洪堵水工程等，如矿井、隧道、引水涵洞、地下工程岩壁衬砌、边坡和基坑支护等。

3. 早强剂

早强剂是指能加速混凝土早期强度发展的外加剂。主要作用机理是加速水泥水化速度，加速水化产物的早期结晶和沉淀。主要功能是缩短混凝土施工养护期，加快施工进度，提高模板的周转率。主要适用于有早强要求的混凝土工程及低温、负温施工混凝土、有防冻要求的混凝土、预制构件、蒸汽养护等。早强剂的主要品种有氯盐类早强剂、硫酸盐类早强剂和有机胺类早强剂三大类，但更多使用的是它们的复合早强剂。

（1）氯盐类早强剂主要有 $CaCl_2$、$NaCl$、$AlCl_3$ 和 $FeCl_3$ 等，适宜掺量为 0.5%～3%。由于 Cl^- 对钢筋有腐蚀作用，故钢筋混凝土中掺量应控制在 1% 以内。早强剂能使混凝土 3 d 强度提高 50%～100%，7 d 强度提高 20%～40%，但后期强度不一定提高，甚至可能低于基准混凝土。此外，氯盐类早强剂对混凝土耐久性有一定影响，不得在下列工程中使用。

① 环境相对湿度大于 8%、水位升降区、露天或经常受水淋的结构。

② 与镀锌钢材或铝铁相接触部位及有外露钢筋埋件而无防护措施的结构。

③ 含有酸碱或硫酸盐侵蚀介质中使用的结构。

④ 环境温度高于 60 ℃的结构。

⑤ 使用冷拉钢筋或冷拔低碳钢丝的结构。

⑥ 给排水构筑物、薄壁构件、中级和重级吊车、屋架、落锤或锻锤基础。

⑦ 具有预应力钢筋的混凝土结构。

⑧ 含有活性骨料的混凝土结构。

⑨ 电力设施系统混凝土结构。

为消除对钢筋的锈蚀作用，通常要求与阻锈剂亚硝酸钠复合使用。

（2）硫酸盐类早强剂主要有硫酸钠、硫代硫酸钠、硫酸钙、硫酸铝及硫酸铝钾等。建筑工程中最常用的为硫酸钠早强剂。

硫酸钠为白色粉末，适宜掺量为 0.5%～2.0%。早强效果不及 $CaCl_2$，对矿渣水泥混凝土早强效果较显著，但后期强度略有下降。硫酸钠早强剂在预应力混凝土结构中的掺量不得大于 1%；潮湿环境中的钢筋混凝土结构中掺量不得大于 1.5%。严格控制最大掺量，超掺可导致混凝土后期膨胀开裂，强度下降；混凝土表面起"白霜"，影响外观和表面装饰。硫酸钠早强剂不得用于下列工程。

① 与镀锌钢材或铝铁相接触部位及有外露钢筋预埋件而无防护措施的结构。

② 使用直流电源的 I 厂及电气化运输设施的钢筋混凝土结构。

③ 含有活性骨料的混凝土结构。

（3）有机胺类早强剂主要有三乙醇胺、三异醇胺等。工程上最常用的为乙醇胺。乙醇胺为无色或淡黄色油状液体，呈碱性，易溶于水。三乙醇胺的掺量极微，一般为水泥重的 0.02%～0.05%，虽然早强效果不及 $CaCl_2$，但后期强度不下降并略有提高，且无其他影响混凝土耐久性的不利作用。掺量不宜超过 0.1%，否则可能导致混凝土后期强度下降。掺用时可将三乙醇胺先用水按一定比例稀释，以便于准确计量。此外，为改善三乙醇胺的早强效果，通常与其他早强剂复合使用。

（4）复合早强剂。为了克服单一早强剂存在的各种不足，发挥各自特点，通常将三乙醇胺、硫酸钠、氯化钙、氯化钠、石膏及其他外加剂复配组成复合早强剂，效果大大改善，有时可产生超叠加作用。常用配方如下。

① 三乙醇胺（0.02%～0.05%）+氯化钠（0.5%）。

② 三乙醇胺（0.029%～0.05%）+氯化钠（0.3%～0.5%）+亚硝酸钠（1%～2%）。

③ 三乙醇胺（0.02%～0.05%）+生石膏（2%）+亚硝酸钠（1%）。

④ 硫酸钠（1%～1.5%）+亚硝酸钠（1%～3%）+氯化钙（0.3%～0.5%）+氯化钠（0.3%～0.5%）。

⑤ 硫酸钠（0.5%～1.5%）+氯化钠（0.3%～0.5%）。

⑥ 硫酸钠（0.5%～1.5%）+亚硝酸钠（1.0%）。

⑦ 硫酸钠（0.5%～1.5%）+三乙醇胺（0.05%）。

⑧ 硫酸钠（1%～1.5%）+三乙醇胺（2%）+石膏（0.03%～0.05%）。

⑨ 氯化钙（0.5%～3.5%）+亚硝酸钠（1%）。

2.4.1.3　调节混凝土含气量的外加剂

加气剂以化学反应的方法引入大量封闭气泡调节混凝土的含气量和表现密度，用来生产轻混凝土。常用的加气剂如下。

（1）H_2 释放型加气剂：金属 Al、Mg、Zn 等在碱性条件下与水反应放出 H_2 气。

（2）O_2 释放型加气剂：H_2O_2 在氧化剂 $Ca(ClO)_2$、$KMnO_4$ 等作用下放出 O_2 气。

（3）N_2 释放型加气剂：分子中含有 N—N 键的化合物在活化剂如铝酸盐、铜盐的作用下释放 N_2 气。

（4）C_2H_2 释放型加气剂：碳化钙与水反应生成乙炔气体。

（5）空气释放型加气剂：通过 30 目筛的硫化胶或活性炭在混凝土拌制过程中逐渐释放吸附的空气。

（6）高聚物型加气剂：异丁烯-马来酸酐共聚物的 Mg 盐与天然高分子物质配成水溶液，用发泡机制得密度为 0.1～0.2 kg/L 的泡沫，引入水泥砂浆或混凝土中，硬化后即得轻质砂浆或混凝土。综合考虑引气质量、可控制性和经济因素，实际工程中以 Al 粉较常用。

2.4.1.4　改善混凝土耐久性的外加剂

1．养护剂

养护剂的主要作用是涂敷于混凝土表面，形成一层致密的薄膜，将混凝土表面与空气隔绝，防止水分蒸发，使混凝土利用自身水分最大限度地完成水化的外加剂。按主要成膜物质分为三大类：无机物类主要成分为水玻璃及硅溶胶，此类养护剂能与水泥的水化产物氢氧化钙反应生成致密的硅酸钙，堵塞混凝土表面水分的蒸发孔道而达到加强养护的作用；有机物类主要有乳化石蜡类和氯乙烯-偏氯乙烯共聚乳液类等，此类养护剂基本上不与混凝土组分发生反应，而是在混凝土表面形成连续的不透水薄膜，起到保水和养护的作用；有机、无机复合类主要由有机高分子材料（如氯乙烯-偏氯乙烯共聚乳液、乙烯-醋酸乙烯共聚乳液、聚醋酸乙烯乳液、聚乙烯醇树脂等）与无机材料（如水玻璃、硅溶胶等）及其他表面活性剂复合而成。

2．阻锈剂

阻锈剂指能抑制或减轻混凝土中钢筋或其他预埋金属锈蚀的外加剂。钢筋或金属预埋件的锈蚀与其表面保护膜的情况有关。混凝土碱度高，埋入的金属表面形成钝化膜，可有效地抑制钢筋锈蚀。若混凝土中存在氯化物，会破坏钝化膜，而加速钢筋锈蚀。加入适宜的阻锈剂可以有效地防止锈蚀的发生或减缓锈蚀的速度。常用的种类如下。

（1）阳离子型阻锈剂：以亚硝酸盐、铬酸盐、苯甲酸盐为主要成分。其特点是具有接受电子的能力，能抑制阳极反应。

（2）阴离子型阻锈剂：以碳酸钠和氢氧化钠等碱性物质为主要成分。其特点是阴离子为强的质子受体，它们通过提高溶液 pH 值、降低 Fe 离子的溶解度而减缓阳极反应或在阴极区形成难溶性被覆膜而抑制反应。

（3）复合型阻锈剂：如硫代羟基苯胺。其特点是分子结构中具有两个或更多的定位基团既可作为电子授体，又可作为电子受体，具有以上两种阻锈体的性质。因此，它不仅能抑制氯化物侵蚀，而且对抑制金属表面上微电池反应引起的锈蚀也很有效。

2.4.1.5　提供混凝土特殊性能的外加剂

1．防冻剂

防冻剂指能使混凝土中水的冰点下降，保证混凝土在负温下凝结硬化并产生足够强度的外加剂。绝大部分防冻剂由防冻组分、早强组分、减水组分或引气剂复合而成，主要适用于冬季负温条件下的施工。防冻组分本身并不一定能提高硬化混凝土的抗冻性。

常用防冻剂的种类如下。

（1）氯盐类防冻剂，以氯化钙、氯化钠为主，与其他低温早强剂、减水剂、引气剂等复合而成。

（2）氯盐类阻锈防冻剂：以氯盐和除锈剂（亚硝酸钠、亚硝酸钙）为主，与其他低温早强剂、减水剂、引气剂等复合而成。

（3）无氯盐类防冻剂：以亚硝酸盐、硝酸盐、硫酸盐、碳酸盐为主要组分。

（4）无氯低碱、无碱类防冻剂：以亚硝酸钙、$CO(NH_2)_2$ 等为主要早强防冻组分，是一种具有较好发展前景的外加剂。

2. 膨胀剂

膨胀剂是指能使混凝土产生一定体积膨胀的外加剂。掺入膨胀剂的目的是补偿混凝土自身收缩、干缩和温度变形，防止混凝土开裂，并提高混凝土的密实性和防水性能。常用膨胀剂的品种有硫铝酸钙、氧化钙、氧化镁、铁屑膨胀剂和复合膨胀剂。也有采用加气类膨胀剂，如铝粉膨胀剂。目前建筑工程中膨胀剂的应用越来越多，如地下室底板、侧墙混凝土、钢管混凝土、超长结构混凝土、有防水要求的混凝土工程等。

膨胀剂应用过程中应注意的问题如下。

（1）按规定量掺加。掺量过低膨胀率小，起不到补偿收缩作用；掺量过高则会破坏混凝土结构。

（2）掺膨胀剂混凝土应加强养护，尤其是早期养护，以保证发挥膨胀剂的补偿收缩作用，浇水养护时间不得少于 14 d。如果不能保证充分潮湿养护，有可能产生比不掺膨胀剂更大的收缩，导致混凝土开裂。

3. 絮凝剂

絮凝剂主要用以提高混凝土的黏聚性和保水性，使混凝土即使受到水的冲刷，水泥和骨料也不离析分散。因此，这种混凝土又称为抗冲刷混凝土或水下不分散混凝土，适用于水下施工。

常用的品种如下。

（1）纤维素系：主要是非离子型水溶性纤维素醚，如亲水性强的羟基纤维素（HEC）、羟乙基甲基纤维素（HEMC）和羟丙基甲基纤维素（PHMC）等。

（2）丙烯基系：以聚丙烯酰胺为主要成分。

絮凝剂常与其他外加剂复合使用，如与减水剂复合、与引气剂复合、与调凝剂复合等。

4. 减缩剂

减缩剂的主要作用机理是降低混凝土孔隙水的表面张力，从而减小毛细孔失水时产生的收缩应力；另一方面，减缩剂增强了水分子在凝胶体中的吸附作用，进一步减小混凝土的最终收缩值。

减缩剂几乎没有水泥适应性问题，这是因为减缩剂是通过水的物理过程起作用的。与水泥的矿物组成和掺合料等无关，且与其他混凝土外加剂有良好的相容性。随着我国经济基础的加强，特别是混凝土工程裂缝控制的迫切需要以及减缩剂研究技术和产品性能的进一步提高，减缩剂这一新材料的应用将越来越广泛。

5. 脱模剂

脱模剂是适用于减小混凝土与模板的黏着力，易于使二者脱离而不损坏混凝土或渗入混凝土内的外加剂。

国内常用的脱模剂主要有下列几种。

（1）海藻酸钠 1.5 kg，滑石粉 20 kg、洗衣粉 1.5 kg、水 80 kg，将海藻酸钠先浸泡 2～3 d，再与其他材料混合，调制成自色脱模剂。常用于涂覆钢模。缺点是每涂一次不能多次使用，在冬季、雨季施工时，缺少防冻、防雨的有效措施。

（2）乳化机油（又名皂化石油）50%～55%、水（60～80 ℃）40%～45%、脂肪酸（油酸、硬脂酸或棕榈脂酸）1.5%～2.5%、石油产物（煤油或汽油）2.5%、磷酸（85%浓度）0.01%、苛性钾 0.02%，按上述质量比，先将乳化机油加热到 50～60 ℃，并将硬脂酸稍加粉碎，然后倒入已加热的乳化机油中，加以搅拌，使其溶解。（硬脂酸溶点为 50～60 ℃）

2.4.2　外加剂的技术指标

1. 匀质性指标

外加剂的匀质性是表示外加剂自身质量稳定均匀的性能，用来控制产品生产质量的稳定、统一、均匀，用来检验产品质量和质量仲裁。

主要指标包含：含固量或含水量、密度、氯离子含量、水泥净浆流动度、细度、pH 值、表面张力、还原糖、总碱量、硫酸钠、泡沫性能和砂浆减水率。

2. 掺外加剂混凝土性能指标

（1）减水率：是指混凝土的坍落度在基本相同的条件下，掺用外加剂混凝土的用水量与不掺外加剂基准混凝土的用水量之差与不掺外加剂基准混凝土用水量的比值。减水率仅在减水剂和引气剂中进行检验，它是区别高效型与普通型减水剂的主要功能技术指标之一。混凝土中掺用适量减水剂，在保持坍落度不变的情况下，可减少单位用水量 5%～20%，从而增加了混凝土的密实度，提高混凝土的强度和耐久性。

（2）泌水率比：是指掺用外加剂混凝土的泌水量与不掺外加剂基准混凝土的泌水量的比值。在混凝土中掺用某些外加剂后，对混凝土泌水和骨料沉降有较大的影响。一般缓凝剂使泌水率增大，引气剂、减水剂使泌水率减小。如木质素磺酸钙减小泌水率 30%，有利于减少混凝土的离析，改善混凝土的工作性，因此泌水率比越小越好。

（3）含气量：混凝土拌合物中加入适量具有引气功能的外加剂后，会引入微小的气泡，从而使混凝土的含气量有所增加，而此指标就是对混凝土中含气量作限制。一般混凝土中引入极微小的气泡可以减小混凝土泌水，改善混凝土拌合物的工作性；同时引入极微小的气泡还可以提高混凝土的抗冻性能。因此，少量引入极微小的气泡是有益的，一般地，此项指标宜在 2%～5%。

（4）凝结时间差：指掺用外加剂混凝土拌合物与不掺外加剂混凝土拌合物（基准混凝土拌合物）的凝结时间的差值。掺用外加剂混凝土拌合物的凝结时间，随着水泥品种、外加剂种类及掺量、气温条件以及混凝土流动度的不同而变化。掺用缓凝剂可延缓混凝土的凝结时间，而掺用早强剂可加速混凝土的凝结。混凝土的凝结时间对混凝土施工影响极大，要十分注意。

（5）抗压强度比：指掺外加剂的混凝土抗压强度与不掺外加剂混凝土抗压强度（基准

混凝土）抗压强度的比值。它是评定外加剂质量等级的主要指标之一，抗压强度比受减水剂、促凝剂、早强剂、加气剂的影响较大，减水率大，促凝早强效果更好，各龄期的抗压强度比值更高；而掺引气剂时，会使混凝土抗压强度比略有下降。

（6）相对耐久性：指掺用引气剂和引气减水剂的混凝土在检验其耐久性能时的特殊指标，它用以下两种方式的一种来表示。

① 在 28 d 龄期时的掺外加剂混凝土，经冻融循环 200 次后，动弹性模量保留值应不小于 80%。

② 在 28 d 龄期时的掺外加剂混凝土，经冻融循环后动弹性模量保留值等于 80% 时，掺外加剂混凝土与基准混凝土冻融次数的比值应不小于 300%。

2.4.3　外加剂的检测方法

2.4.3.1　掺外加剂混凝土性能检测

摘自《混凝土外加剂》（GB 8076—2008）。

1. 材料

1）水泥

采用基准水泥。基准水泥是检验混凝土外加剂性能的专用水泥，是由符合一定品质指标的硅酸盐水泥熟料与二水石膏共同粉磨而成的 42.5 强度等级的 P·Ⅰ 硅酸盐水泥。基准水泥必须由经中国建材联合会混凝土外加剂分会与有关单位共同确认具备生产条件的工厂供给。

2）砂

符合《建设用砂》（GB/T 14684—2011）中Ⅱ区要求的中砂，但细度模数为 2.6～2.9，含泥量小于 1%。

3）石子

符合《建设用卵石、碎石》（GB/T 14685—2011）要求的公称粒径为 5～20 mm 的碎石或卵石，采用二级配，其中 5～10 mm 占 40%，10～20 mm 占 60%，满足连续级配要求，针片状物质含量小于 10%，空隙率小于 47%，含泥量小于 0.5%。如有争议以碎石试验结果为准。

4）水

符合《混凝土用水标准》（JGJ 63—2006）要求混凝土拌合用水的技术要求。

5）外加剂

需要检测的外加剂。

2. 配合比

基准混凝土配合比按《普通混凝土配合比设计规程》（JGJ 55—2011）进行设计。掺非引气型外加剂的受检混凝土和其对应的基准混凝土的水泥、砂、石的比例相同。配合比设计应符合以下规定。

（1）水泥用量：掺高性能减水剂或泵送剂的基准混凝土和受检混凝土的单位水泥用量为 360 kg/m³；掺其他外加剂的基准混凝土和受检混凝土单位水泥用量为 330 kg/m³。

（2）砂率：掺高性能减水剂或泵送剂的基准混凝土和受检混凝土的砂率均为 43%～47%；掺其他外加剂的基准混凝土和受检混凝土的砂率为 36%～40%；但掺引气减水剂和引气剂的受检混凝土的砂率应比基准混凝土低 1%～3%。

（3）外加剂掺量：按生产厂家指定掺量。

（4）用水量：掺高性能减水剂或泵送剂的基准混凝土和受检混凝土的坍落度控制在（210±10）mm，用水量为坍落度在（210±10）mm 时的最小用水量；掺其他外加剂的基准混凝土和受检混凝土的坍落度控制在（80±10）mm，用水量包括液体外加剂、砂、石材料中所含的水量。

3. 混凝土搅拌

采用符合《混凝土试验用搅拌机》（JG 244—2009）要求的公称容量为 60 L 的单卧轴式强制搅拌机。搅拌机的拌合量应不少于 20 L，不宜大于 45 L。外加剂为粉状时，将水泥、砂、石、外加剂一次投入搅拌机，干拌均匀，再加入拌合水一起搅拌 2 min。外加剂为液体时，将水泥、砂、石一次投入搅拌机，干拌均匀，再加入掺有外加剂的拌合水一起搅拌 2 min。出料后，在铁板上用人工翻拌至均匀，再行试验。各种混凝土试验材料及环境温度均应保持在（20±3）℃内。

4. 试件制作及试验所需试件数量

（1）试件制作：混凝土试件制作及养护按《普通混凝土拌合物性能试验方法标准》（GB/T 50080—2016）进行，但混凝土预养温度为（20±3）℃。

（2）试验项目及所需试件数量详见表 2-44。

表 2-44　试验项目及所需试件数量

试验项目	外加剂类别	试验类别	试验所需试件数量			
			混凝土拌合批数	每批取样数量	掺外加剂混凝土总取样数目	基准混凝土总取样数目
减水率	除早强剂、缓凝剂外各种外加剂	混凝土拌合物	3	1 次	3 次	3 次
泌水率比	各种外加剂		3	1 个	3 个	3 个
含气量			3	1 个	3 个	3 个
凝结时间差			3	1 个	3 个	3 个
抗压强度比	各种外加剂	硬化混凝土	3	6、9 或 12 块	18、27 或 36 块	18、27 或 36 块
收缩比率			3	1 块	3 块	3 块
相对耐久性指标	引气剂、引气减水剂		3	1 块	3 块	3 块

注：1. 试验时，检验同种外加剂的三批混凝土的制作宜在开始试验一周内的不同日期完成，对比的基准混凝土和受检混凝土应同时成型；

2. 试验龄期参考《混凝土外加剂》（GB 8076—2008）表 1 试验项目栏；

3. 试验前后应仔细观察试样，对有明显缺陷的试样和试验结果都应舍弃。

5. 混凝土拌合物性能试验方法

1）坍落度和坍落度 1 h 经时变化测定

每批混凝土取一个试样。坍落度和坍落度 1 h 经时变化量均以三次试验结果的平均值表示。三次试验的最大值和最小值与中间值之差均超过 10 mm 时，则应重做。

坍落度及坍落度 1 h 经时变化量测定值以 mm 表示，结果表达修约 5 mm。

Ⅰ. 坍落度测定

混凝土坍落度按照《普通混凝土拌合物性能试验方法标准》（GB/T 50080—2016）测定；但坍落度为（210±10）mm 的混凝土，分两层装料，每层装入高度为筒高的一半，每层用插捣棒插捣 15 次。

Ⅱ. 坍落度 1 h 经时变化量测定

当要求测定此项时，应将搅拌的混凝土留下足够一次坍落度试验用量，并装入用湿布擦过的试样筒内，容器加盖，静置至 1 h（从加水搅拌时开始计算），然后倒出，在铁板上用铁锹翻拌至均匀，再按坍落度测定方法测定坍落度。计算出机时和 1 h 后的坍落度差值，即为坍落度经时变化量。

坍落度 1 h 经时变化量计算：

$$\Delta Sl = Sl_0 - Sl_{1h} \qquad (2\text{-}47)$$

式中 ΔSl——坍落度经时变化量（mm）；

Sl_0——出机时测得的坍落度（mm）；

Sl_{1h}——1 h 后测得的坍落度（mm）。

2）减水率测定

减水率为坍落度基本相同时基准混凝土和掺外加剂混凝土的单位用水量之差与基准混凝土单位用水量之比。减水率按下式计算（精确到 0.1%）：

$$W_R = \frac{W_0 - W_1}{W_0} \times 100 \qquad (2\text{-}48)$$

式中 W_R——减水率（%）；

W_0——基准混凝土单位用水量（kg/m³）；

W_1——掺外加剂混凝土单位用水量（kg/m³）。

W_R 以三批试验的算术平均值计，精确到 1%。若三批试验的最大值或最小值中有一个与中间值之差超过中间值的 15%，则把最大值与最小值一并舍去，取中间值作为该组试验的减水率。若有两个测值与中间值之差均超过 15% 时，则该批试验结果无效，应该重做。

6. 混凝土抗压强度比的测定

抗压强度比以受检混凝土与基准混凝土同龄期抗压强度之比表示，按下式计算（精确到 1%）：

$$R_f = \frac{f_t}{f_c} \times 100 \qquad (2\text{-}49)$$

式中　R_f —— 抗压强度比（%）；

　　　f_t —— 受检混凝土抗压强度（MPa）；

　　　f_c —— 基准混凝土抗压强度（MPa）。

受检混凝土与基准混凝土的抗压强度按《普通混凝土力学性能试验方法标准》（GB/T 50081—2002）进行试验和计算。试件制作时，用振动台振动 15～20 s。试件预养温度（20±3）℃。试验结果以三批试验测值的平均值表示，若三批测值中有一批的最大值或最小值与中间值的差值超过中间值的 15%，则把最大值及最小值一并舍除，取中间值作为该批的试验结果；如最大值和最小值与中间值的差值均超过中间值的 15%，则试验结果无效，应重做。

2.4.3.2　匀质性检测方法

摘自《混凝土外加剂匀质性试验方法》（GB/T 8077—2012）。

1. 试验的基本要求

（1）试验次数与要求：每项试验次数规定为两次。用两次试验结果的平均值表示测定结果。

（2）水：所用水为蒸馏水或同等纯度的水（水泥净浆流动度、水泥砂浆减水率除外）。

（3）化学试剂：所用化学试剂除特别注明外，均为分析纯化学试剂。

（4）空白试验：使用相同量的试剂，不加入试样，按照相同的测定步骤进行试验，对得到的测定结果进行校正。

（5）灼烧：将滤纸和沉淀放入预先已灼烧并恒量的瓷坩埚中，为避免产生火焰，在氧化性气氛中缓慢干燥、灰化，灰化至黑色炭颗粒后，放入高温炉中，在规定的温度下灼烧。在干燥器中冷却至室温，称量。

（6）恒量：经第一次灼烧、冷却、称量后，反复进行灼烧、冷却、称量，当连续两次称量之差小于 0.000 5 g 时，即达到恒量。

2. 含固量

1）方法提要

将已恒重的称量瓶内放入被测试样于一定的温度下烘至恒量。

2）仪器

（1）天平，不应低于四级，精确至 0.000 1 g。

（2）鼓风电热恒温干燥箱，温度范围 0～200 ℃。

（3）带盖称量瓶，ϕ25 mm×65 mm。

（4）干燥器，内盛变色硅胶。

3）试验步骤

（1）将洁净带盖称量瓶放入烘箱内，于 100～105 ℃烘 30 min，取出置于干燥器内，冷却 30 min 后称量，重复上述步骤直至恒量，其质量为 m_0。

（2）将被测试样装入已经恒量的称量瓶内，盖上盖称出试样及称量瓶的总质量为 m_1。

试样称量：固体产品 1.000 0～2.000 0 g；液体产品 3.000 0～5.000 0 g。

（3）将盛有试样的称量瓶放入烘箱内，开启瓶盖，升温至 100～105 ℃（特殊品种除外）烘干，盖上盖置于干燥器内冷却 30 min 后称量，重复上述步骤直至恒量，其质量为 m_2。

4）结果计算

$$X_{固} = \frac{m_2 - m_0}{m_1 - m_0} \times 100 \qquad (2-50)$$

式中　$X_{固}$——固体含量（%）；

　　　m_0——称量瓶的质量（g）；

　　　m_1——称量瓶加试样的质量（g）；

　　　m_2——称量瓶加烘干后试样的质量（g）。

5）重复性限和再现性限

（1）重复性限为 0.30%。

（2）再现性限为 0.50%。

3. 细度

1）方法提要

采用孔径为 0.315 mm 的试验筛，称取烘干试样 m_0。倒入筛内，用人工筛样，称量筛余物质量 m_1，按下式计算出筛余物的百分含量。

$$筛余 = \frac{m_1}{m_0} \times 100 \qquad (2-51)$$

式中　m_1——筛余物质量（g）；

　　　m_0——试样质量（g）。

2）仪器

（1）天平，称量 100 g，分度值 0.1 g。

（2）试验筛，采用孔径为 0.315 mm 的铜丝网筛布。筛框有效直径 150 mm、高 50 mm。筛布应紧绷在筛框上，接缝必须严密，并附有筛盖。

3）试验步骤

外加剂试样应充分拌匀并经 100～105 ℃（特殊品种除外）烘干，称取烘干试样 10 g 倒入筛内，用人工筛样，将近筛完时，应一手执筛往复摇动，一手拍打，摇动速度每分钟约 120 次。其间，筛子应向一定方向旋转数次，使试样分散在筛布上，直至每分钟通过质量不超过 0.005 g 时为止。称量筛余物，称准至 0.001 g。

4）结果计算

按式（2-51）进行计算。

5）重复性限和再现性限

（1）重复性限为 0.40%。

（2）再现性限为 0.60%。

4. 水泥净浆流动度

1）方法提要

在水泥净浆搅拌机中，加入一定量的水泥、外加剂和水进行搅拌。将搅拌好的净浆注入截锥圆模内，提起截锥圆模，测定水泥净浆在玻璃平面上自由流淌的最大直径。

2）仪器

（1）水泥净浆搅拌机。

（2）截锥圆模：上口直径为 36 mm，下口直径为 60 mm，高度为 60 mm，内壁光滑无接缝的金属制品。

（3）玻璃板：400 mm×400 mm×5 mm。

（4）秒表。

（5）钢直尺：300 mm。

（6）刮刀。

（7）天平，称量 100 g，分度值 0.1 g。

（8）天平，称量 1 000 g，分度值 1 g。

3）试验步骤

（1）将玻璃板放置在水平位置，用湿布抹擦玻璃、截锥圆模、搅拌器及搅拌锅，使其表面湿而不带水滴。将截锥圆模放在玻璃板的中央，并用湿布覆盖待用。

（2）称取水泥 300 g，倒入搅拌锅内，加入推荐掺量的外加剂及 87 g（高效减水剂）或 105 g（普通减水剂）水（液体外加剂应扣除含水量），搅拌。

（3）将拌好的净浆迅速注入截锥圆模内，用刮刀刮平，将截锥圆模沿垂直方向提起，同时开启秒表计时，任水泥净浆在玻璃板上流动，至 30 s 用直尺量取流淌水泥净浆相互垂直的两个方向的最大直径，取平均值作为水泥净浆流动度。

4）结果表示

表示净浆流动度时，需注明用水量，所用水泥的强度等级、品种、型号及生产厂和外加剂掺量，试验温度、相对湿度等。

5）重复性限和再现性限

（1）重复性限为 5 mm。

（2）再现性限为 10 mm。

5. 水泥胶砂减水率

1）方法提要

先测定基准砂浆流动度的用水量，再测定掺外加剂砂浆流动度的用水量，经计算得出水泥胶砂减水率。

2）仪器

（1）胶砂搅拌机，符合《行星式水泥胶砂搅拌机》（JC/T 681—2005）的要求。

（2）跳桌、截锥圆模及模套、圆柱捣棒、卡尺均应符合《水泥胶砂流动度测定方法》（GB/T 2419—2005）的规定。

（3）抹刀。

（4）天平，称量 100 g，分度值 0.1 g。

（5）天平，分度值 1 g。

3）试验步骤

Ⅰ．基准砂浆流动度用水量的测定

（1）先使搅拌机处于待工作状态，然后按以下程序进行操作：把水加入锅里，再加入水泥 450 g，把锅放在固定架上，上升至固定位置，然后立即开动机器进行搅拌。

（2）在拌和砂浆的同时，用湿布抹擦跳桌的玻璃台面，捣棒、截锥圆模及模套内壁，并把它们置于玻璃台面中心，盖上湿布，备用。

（3）将拌好的砂浆迅速地分两次装入模内，第一次装至截锥圆模的三分之二处，用抹刀在相互垂直的两个方向各划 5 次，并用捣棒自边缘向中心均匀捣 15 次，接着装第二层砂浆，装至高出截锥圆模约 20 mm，用抹刀划 10 次，同样用捣棒捣 10 次，在装胶砂与捣实时，用手将截锥圆模按住，不要使其产生移动。

（4）捣压完毕取下模套，用抹刀将高出截锥圆模的砂浆刮去并抹平，随即将截锥圆模垂直向上提起，立即开动跳桌，以每秒一次的频率使跳桌连续跳动 25 次。

（5）跳动完毕用卡尺量出砂浆底部流动直径，取互相垂直的两个直径的平均值为该用水量时的砂浆流动度，用 mm 表示。

（6）重复上述步骤，直至流动度达到（180±5）mm。当砂浆流动度为（180±5）mm 时的用水量即为基准砂浆流动度的用水量 M_0。

Ⅱ．掺外加剂胶砂流动度用水量的测定

将水和外加剂加入锅里搅拌均匀，按上述步骤测出掺外加剂胶砂流动度达到（180±5）mm 时的用水量 M_1。

4）结果计算

$$砂浆减水率 = \frac{m_0 - m_1}{m_0} \times 100 \qquad （2-52）$$

式中　m_0——基准砂浆流动度为（180±5）mm 时的用水量（g）；

　　　m_1——掺外加剂的砂浆流动度为（180±5）mm 时的用水量（g）。

注明所用水泥的强度等级、名称、型号及生产厂。

5）重复性限和再现性限

（1）重复性限为 1.0%。

（2）再现性限为 1.5%。

2.4.4　外加剂的使用

2.4.4.1　外加剂的主要功能及适用范围

1. 普通减水剂的主要功能及适用范围

1）主要功能

（1）在保持混凝土流动性及强度不变时，可节约水泥 5%～10%。

（2）在保持混凝土用水量及水泥用量不变时，可增大混凝土流动性，即增大坍落度 60～80 mm。

（3）在保持混凝土工作性及水泥用量不变的情况下，可减小用水量 10%左右，提高强度 10%左右。

2）适用范围

（1）适用于日最低气温+5 ℃以上的混凝土工程。

（2）适用于各种预制及现浇混凝土、钢筋混凝土、预应力混凝土、泵送混凝土、大体积混凝土及大模板、滑模等工程施工。

2. 高效减水剂的主要功能和适用范围

1）主要功能

（1）在保持混凝土流动度不变的情况下，可减少用水量 15%左右，可提高混凝土强度 20%左右。

（2）在保持混凝土用水量和水泥用量不变的情况下，可大幅度提高混凝土拌合物的流动性，即增大坍落度 80～120 mm。

（3）在保持混凝土流动性和强度不变的情况下，可节约水泥 10%～20%。

2）适用范围

（1）适用于日最低气温 0 ℃以上的混凝土工程。

（2）适用于各种高强混凝土、早强混凝土、大流动度混凝土及蒸养混凝土等。

3. 早强剂及早强减水剂的主要功能及适用范围

1）主要功能

（1）提高混凝土的早期强度。

（2）缩短混凝土蒸汽送气时间。

（3）早强减水剂还具有减水剂的相关功能。

2）适用范围

（1）适用于日最低气温−5 ℃以上及有早强或防冻要求的混凝土。

（2）适用于常温或低温下有早强要求的混凝土及蒸汽养护混凝土。

4. 缓凝剂及缓凝减水剂的主要功能和适用范围

1）主要功能

（1）延缓水泥的反应速度，从而达到降低水泥水化初期的水化热，降低水化热峰值、推迟热峰值的出现时间，最终也延长了混凝土的凝结时间。

（2）缓凝减水剂还具有减水剂的功能。

2）适用范围

（1）大体积混凝土。

（2）夏季和炎热地区的混凝土施工。

（3）用于日最低气温+5 ℃以上的混凝土施工。

（4）预拌混凝土、泵送混凝土以及滑模施工。

5. 引气剂及引气减水剂的主要功能和适用范围

1）主要功能

（1）提高混凝土拌合物的工作性，减少混凝土的泌水离析。

（2）提高混凝土耐久性和抗渗性能。

（3）引气减水剂还具有减水剂的功能。

2）适用范围

（1）适用于有抗冻要求的混凝土和大面积易受冻融破坏的混凝土，如公路路面、机场飞机跑道等。

（2）适用于有抗渗要求的防水混凝土。

（3）适用于抗盐类结晶破坏及抗碱腐蚀混凝土。

（4）适用于泵送混凝土、大流动度混凝土，并能改善混凝土表面抹光性能。

（5）适用于骨料质量相对较差以及轻骨料混凝土。

6. 防冻剂的主要功能和适用范围

1）主要功能

能在一定的负温条件下，使混凝土拌合物中仍保持有适量的自由水并降低其冰点，从而避免混凝土早期被冻胀破坏。

2）适用范围

适用于一定负温条件下的混凝土施工。

7. 速凝剂的主要功能和适用范围

1）主要功能

能使砂浆或混凝土在 1～5 min 达到初凝，在 2～10 min 达到终凝，并有早强功能。

2）适用范围

主要用于喷射混凝土、喷射砂浆、临时性堵漏用砂浆及混凝土。

8. 防水剂的主要功能和适用范围

1）主要功能

能使混凝土或砂浆的抗渗性能显著提高。

2）适用范围

适用于地下防水、防潮工程及贮水工程等。

9. 膨胀剂的主要功能和适用范围

1）主要功能

能使混凝土或砂浆体积在水化、硬化过程中产生一定量的膨胀，减少混凝土收缩开裂的可能性，从而提高混凝土的抗裂性和抗渗性能。

2）适用范围

（1）适用于补偿收缩混凝土、自防水屋面、地下防水等。

（2）填充用膨胀混凝土及设备底座灌浆、地脚螺栓固定等。

（3）自应力混凝土。

2.4.4.2　外加剂的禁忌及不宜使用的环境条件

（1）禁止使用失效及不合格的外加剂。

（2）禁止使用长期存放、未进行质量再检验的外加剂。

（3）在下列情况下不得应用氯盐或含氯盐的早强剂、早强减水剂和防冻剂。

① 在高湿度的空气环境中使用的结构（如排出大量蒸汽的车间、浴室或经常处于空气相对湿度大于 80% 的房间，或钢筋混凝土结构）。

② 处于水位升降部位的结构。

③ 露天结构或经常受水淋的结构。

④ 与金属相接触部位的结构、有外露钢筋预埋件而无防护措施的结构。

⑤ 与酸、碱或硫酸盐等侵蚀性介质相接触的结构。

⑥ 使用过程中经常处于环境温度为 60 ℃ 以上的结构。

⑦ 使用冷拉钢筋或冷拔低碳钢丝的结构。

⑧ 直接靠近高压电源的结构。

⑨ 预应力混凝土结构。

⑩ 含有碱活性骨料的混凝土结构。

（4）硫酸盐及其复合剂不得用于有活性骨料的混凝土，电气化运输设施和使用直流电源的工厂、企业的钢筋混凝土结构，与金属相接触部位的结构以及有外露钢筋预埋件而无防护措施的结构。

（5）引气剂及引气减水剂不宜用于蒸汽养护混凝土、预应力混凝土及高强混凝土。

（6）普通减水剂不宜单独用于蒸汽养护混凝土。

（7）缓凝剂及缓凝减水剂不宜用于日最低气温+5 ℃以下施工的混凝土，也不宜单独用于有早强要求的混凝土和蒸汽养护混凝土。

（8）掺硫铝酸钙类膨胀组分的膨胀混凝土，不得用于长期处于 80 ℃ 以上的工程中。

2.4.4.3　外加剂的质量控制要点

泵送剂的质量控制要点如下：

（1）工作性（进货必检）；

（2）初始坍落度、坍落度经时损失（进货必检）；

（3）抗压强度（周检或有疑问时检）；

（4）凝结时间（进货必检）。

水泥、水不变，外加剂增加对比试验如下。

PC32.5，水泥 300，水 79.65，
聚羧酸 7.5，2.5%

PC32.5，水泥 300，水 79.65，
聚羧酸 10.5，3.5%

预拌混凝土性能

3.1 混凝土拌合物性能

混凝土各组成材料按一定比例，经搅拌均匀后，尚未凝结硬化的材料称为混凝土拌合物，又称为混凝土混合物或新拌混凝土。

3.1.1 混凝土拌合物性能的检测

3.1.1.1 取样及试样制备

1. 取样

（1）同一组混凝土拌合物的取样应从同一盘混凝土或同一车混凝土中取样。取样量应多于试验所需量的 1.5 倍，且宜不小于 20 L。

（2）混凝土拌合物的取样应具有代表性，宜采用多次采取的方法。一般在同一盘混凝土或同一车混凝土中的约 1/4 处、1/2 处和 3/4 处之间分别取样，从第一次取样到最后一次取样不宜超过 15 min，然后人工搅拌均匀。

（3）从取样完毕到开始做各项性能试验不宜超过 5 min。

2. 试样的制备

（1）在试验室制备混凝土拌合物时，拌合时试验室的温度应保持在（20±5）℃，所用材料的温度应与试验室温度保持一致。

注：需要模拟施工条件下所用的混凝土时，所用原材料的温度宜与施工现场保持一致。

（2）试验室拌合混凝土时，材料用量应以质量计。称量精度：骨料为±1%；水、水泥、掺合料、外加剂均为±0.5%。

（3）混凝土拌合物的制备应符合《普通混凝土配合比设计规程》（JGJ 55—2011）中的有关规定。

（4）从试样制备完毕到开始做各项性能试验不宜超过 5 min。

3. 试验记录

（1）取样记录应包括下列内容：

① 取样日期和时间；

② 工程名称、结构部位；

③ 混凝土强度等级；

④ 取样方法；

⑤ 试样数量与编号；

⑥ 环境温度及取样的混凝土温度。

（2）在试验室制备混凝土拌合物时除应记录以上内容外，还应记录下列内容：

① 试验室温度；

② 各种原材料品种、规格、产地及性能指标；

③ 混凝土配合比和每盘混凝土的材料用量。

3.1.1.2　混凝土拌合物的工作性

1. 工作性的概念

混凝土拌合物的工作性，也叫和易性，是指混凝土拌合物易于施工操作（拌和、运输、浇捣）并能获得质量均匀、成型密实的混凝土的性能。

工作性实际上是一项综合技术性质，包括流动性、黏聚性、保水性三方面含义。

1）流动性

流动性指混凝土拌合物在本身自重或施工机械振捣的作用下，能产生流动，并均匀密实地填满模板的性能。

2）黏聚性

黏聚性指混凝土拌合物在施工过程中其组成材料之间有一定的黏聚力，不致产生分层（拌合物中各组分出现层状分离现象）和离析（拌合物中某些组分的分离、析出现象）。

3）保水性

保水性指混凝土拌合物在施工过程中，具有一定的保水能力，不致产生泌水（水从水泥浆中泌出）现象。

混凝土拌合物如产生分层、离析、泌水等现象，会影响混凝土的密实性，降低混凝土质量。

2. 工作性的检测方法

1）仪器设备

（1）坍落度筒，为铁板制成的截头圆锥筒，高 300 mm，上口内径 100 mm，下口内径 200 mm，厚度不小于 1.5 mm，内侧平滑，筒上方 2/3 处有两个把手，下端两侧焊有两个脚踏板，保证坍落筒可以稳定操作（图 3-1）。

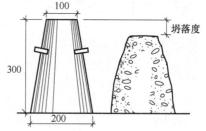

图 3-1　坍落度筒及坍落度法示意图

（2）捣棒，为直径 16 mm、长 600 mm，并具有半球形端头的钢质圆棒。

（3）其他，小铲、钢尺、镘刀及钢板等。

2）坍落度法

本方法适用于骨料最大粒径不大于 40 mm、坍落度不小于 10 mm 的混凝土拌合物。

（1）湿润坍落度筒及底板，在坍落度筒内壁和底板上应无明水。底板应放置在坚实水平面上，并把筒放在底板中心，然后用脚踩住两边的脚踏板，坍落度筒在装料时应保持固定的位置。

（2）把按要求取得的混凝土试样用小铲分三层均匀地装入筒内，使捣实后每层高度为筒高的三分之一左右。每层用捣棒插捣 25 次。插捣应沿螺旋方向由外向中心进行，各次插捣应在截面上均匀分布。插捣筒边混凝土时，捣棒可以稍微倾斜。插捣底层时，捣棒应贯穿整个深度。插捣第二层和顶层时，捣棒应插透本层至下一层的表面；浇灌顶层时，混凝土应灌到高出筒口。插捣过程中，如混凝土沉落到低于筒口，则应随时添加。顶层插捣完后，刮去多余的混凝土，并用抹刀抹平。

（3）清除筒边底板上的混凝土后，垂直平稳地提起坍落度筒。坍落度筒的提离过程应在 5～10 s 完成；从开始装料到坍落度筒提离的整个过程应不间断地进行，并应在 150 s 内完成。

（4）提起坍落度筒后，测量筒高与坍落后混凝土试体最高点之间的高度差，即为该混凝土拌合物的坍落度值；坍落度筒提离后，如混凝土发生崩塌或一边剪坏现象，则应重新取样另行测定；如第二次试验仍出现上述现象，则表示该混凝土工作性不好，应予记录备查。

（5）观察坍落后的混凝土试体的黏聚性及保水性。黏聚性的检查方法是用捣棒在已坍落的混凝土锥体侧面轻轻敲打，此时如果锥体逐渐下沉，则表示黏聚性良好，如果锥体倒塌、部分崩裂或出现离析现象，则表示黏聚性不好。保水性以混凝土拌合物稀浆析出的程度来评定。坍落度筒提起后如有较多的稀浆从底部析出，锥体部分的混凝土也因失浆而骨料外露，则表明此混凝土拌合物的保水性能不好；如坍落度筒提起后无稀浆或仅有少量稀浆自底部析出，则表示此混凝土拌合物保水性良好。

坍落度检测如图 3-2 所示。

图 3-2 坍落度检测示意图

3）维勃稠度法

对于干硬性混凝土拌合物（坍落度值小于 10 mm）通常采用维勃稠度仪测定其稠度。维勃稠度仪及其示意图如图 3-3 所示。

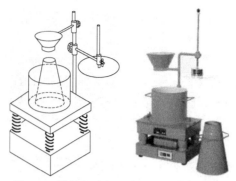

图 3-3　维勃稠度仪及维勃稠度法示意图

维勃稠度测试法就是在坍落度筒中按规定方法装满拌合物，提起坍落度筒，在拌合物锥体顶面放一透明圆盘，开启振动台，同时用秒表计时，到透明圆盘的底面完全被水泥浆布满时，停止计时，关闭振动台。所读秒数即为维勃稠度。

4）坍落扩展度法

当混凝土拌合物的坍落度大于 220 mm 时，用钢尺测量混凝土扩展后最终的最大直径和最小直径，在这两个直径之差小于 50 mm 的条件下，用其算术平均值作为坍落扩展度值；否则，此次试验无效。

如果发现粗骨料在中央集堆或边缘有水泥浆析出，表示此混凝土拌合物抗离析性不好，应予记录。

坍落扩展度检测如图 3-4 所示。

图 3-4　坍落扩展度检测示意图

混凝土拌合物坍落度检测

5）坍落度经时损失测定方法

在混凝土进行完坍落度试验后，立即将混凝土拌合物装入不吸水的容器内密闭搁置 1 h，然后再将混凝土拌合物倒入搅拌机内搅拌 20 s，卸出搅拌机后应再次测试混凝土拌合物的坍落度。前后两次坍落度之差即为坍落度 1 h 的经时损失，计算精确到 5 mm。

如果工程需要，也可按照此方法测定经过不同时间的坍落度损失。坍落度损失可以为负值，表示经过一段时间后，混凝土拌合物坍落度反而有所增大。

3.1.1.3　混凝土拌合物的表观密度

混凝土拌合物捣实后的单位体积质量，称为拌合物的表观密度。混凝土烘至恒重时的单位体积质量，称为干表观密度，以 kg/m³ 表示。

混凝土拌合物的表观密度因组成材料密度、粗骨料的最大尺寸、配合比、含气量以及捣实程度不同而不同。几种混凝土的干表观密度如下。

（1）普通混凝土：2 000～2 800 kg/m³，以普通石子和砂为粗细骨料。

（2）重混凝土：大于 2 800 kg/m³，含有较重的粗细骨料，如钢屑、重晶石等。

（3）轻骨料混凝土：不大于 1 950 kg/m³，骨料为浮石、火山渣、陶粒、膨胀珍珠岩等。

（4）次轻混凝土：不大于 1 950～2 300 kg/m³，普通骨料中掺入轻骨料。

（5）多孔混凝土：一般在 800 kg/m³ 以下，如泡沫混凝土、加气混凝土。

1. 仪器设备

（1）容量筒，金属制成的圆筒，两旁装有提手。对骨料最大粒径不大于 40 mm 的拌合物采用容积为 5 L 的容量筒，其内径与内高均为（186±2）mm，筒壁厚为 3 mm；骨料最大粒径大于 40 mm 时，容量筒的内径与内高均应大于骨料最大粒径的 4 倍。容量筒上缘及内壁应光滑平整，顶面与底面应平行并与圆柱体的轴垂直。（图 3-5）

容量筒容积应予以标定，标定方法可采用一块能覆盖住容量筒顶面的玻璃板，先称出玻璃板和空桶的质量，然后向容量筒中灌入清水，当水接近上口时，一边不断加水，一边把玻璃板沿筒口徐徐推入盖严，应注意使玻璃板下不带入任何气泡；然后擦净玻璃板面及筒壁外的水分，将容量筒连同玻璃板放在台秤上称其质量；两次质量之差（kg）即为容量筒的容积（L）。

（2）台秤，称量 50 kg，感量 50 g。（图 3-6）

（3）振动台，应符合《混凝土试验用振动台》（JG/T 245—2009）中技术要求的规定。（图 3-7）

（4）捣棒，应符合《混凝土坍落度仪》（JG/T 248—2009）的规定。

图 3-5　5 L 容量筒　　　　图 3-6　50 kg 台秤　　　　图 3-7　振动台

2. 试验步骤

（1）用湿布把容量筒内外擦干净，称出容量筒质量，精确至 50 g。

（2）混凝土的装料及捣实方法应根据拌合物的稠度而定。坍落度不大于 70 mm 的混凝土，用振动台振实为宜；大于 70 mm 用捣棒捣实为宜。采用捣棒捣实时，应根据容量筒的大小决定分层与插捣次数：用 5 L 容量筒时，混凝土拌合物应分两层装入，每层的插捣次数应为 25 次；用大于 5 L 的容量筒时，每层混凝土的高度不应大于 100 mm，每层插捣次数应按每 10 000 mm² 截面不小于 12 次计算。各次插捣应由边缘向中心均匀地插捣，插捣底层时捣棒应贯穿整个深度，插捣第二层时，捣棒应插透本层至下一层的表面；每一层捣完后用橡皮锤轻轻沿容器外壁敲打 5～10 次，进行振实，直至拌合物表面插捣孔消失并不见大气泡为止。

采用振动台振实时，应一次将混凝土拌合物灌到高出容量筒口。装料时可用捣棒稍加插捣，振动过程中如混凝土低于筒口，应随时添加混凝土，振动直至表面出浆为止。

（3）用刮尺将筒口多余的混凝土拌合物刮去，表面如有凹陷应填平；将容量筒外壁擦净，称出混凝土试样与容量筒总质量，精确至 50 g。

3. 结果计算（精确至 10 kg/m³）

$$\gamma_{h} = \frac{W_2 - W_1}{V} \times 1\,000 \qquad (3-1)$$

式中　γ_{h}——表观密度（kg/m³）；

　　　W_1——容量筒质量（kg）；

　　　W_2——容量筒和试样总质量（kg）；

　　　V——容量筒容积（L）。

3.1.1.4　混凝土拌合物的含气量

混凝土的含气量是指混凝土中气泡体积与混凝土总体积的比值。

混凝土中有一定均匀分布的微小气泡，对混凝土的流动性有明显改善，减少混凝土拌合物离析和泌水现象的发生，并对提高混凝土耐久性有利。未掺引气剂的混凝土含气量一般在 1%左右，当掺入引气剂后，混凝土含气量可达 5%以上。少量的含气量对硬化混凝土的性能影响不大，而且当含气量在 3%～5%时，还可获得足够的抗冻性。但是，含气量超过一定范围时，每增加 1%降低混凝土强度 3%～5%，含气量过大还将降低混凝土的耐久性。因此，混凝土中的含气量不宜超过 6%。

1. 范围

本方法适用于骨料最大粒径不大于 40 mm 的混凝土拌合物含气量测定。

2. 仪器设备

（1）含气量测定仪，如图 3-8 所示，由容器及盖体两部分组成。容器应由硬质、不易被水泥浆腐蚀的金属制成，其内表面粗糙度不应大于 3.2 μm，内径应与深度相等，容积为 7 L。盖体应用与容器相同的材料制成。盖体部分应包括气室、水找平室、加水阀、排水阀、操作阀、进气阀、排气阀及压力表。压力表的量程为 0～0.25 MPa，精度为 0.01 MPa。容器及盖体之间应设置密封垫圈，用螺栓连接，连接处不得有空气存留，并保证密闭。

（2）捣棒，应符合《混凝土坍落度仪》（JG/T 248—2009）的规定。

（3）振动台，应符合《混凝土试验用振动台》（JG/T 245—2009）中技术要求的规定。

（4）台秤，称量 50 kg，感量 50 g。

（5）橡皮锤，应带有质量约 250 g 的橡皮锤头。

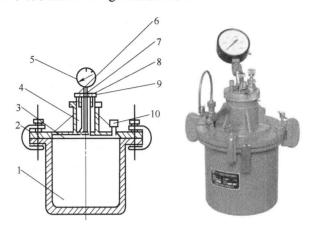

图 3-8　含气量测定仪

1—容器；2—盖体；3—水找平室；4—气室；5—压力表；6—排气阀；7—操作阀；8—排水阀；9—进气阀；10—加水阀

3. 骨料含气量测定

在进行拌合物含气量测定之前，应先按下列步骤测定拌合物所用骨料的含气量。

（1）应按下式计算每个试样中粗、细骨料的质量：

$$m_{\mathrm{g}} = \frac{V}{1\,000} \times m'_{\mathrm{g}} \tag{3-2}$$

$$m_{\mathrm{s}} = \frac{V}{1\,000} \times m'_{\mathrm{s}} \tag{3-3}$$

式中　m_{g}、m_{s}——每个试样中的粗、细骨料质量（kg）；

　　　m'_{g}、m'_{s}——每立方米混凝土拌合物中粗、细骨料质量（kg）；

　　　V——含气量测定仪容器容积（L）。

（2）在容器中先注入 1/3 高度的水，然后把通过 40 mm 网筛的质量为 m_{g}、m_{s} 的粗、细骨料称好、拌匀，慢慢倒入容器。水面每升高 25 mm 左右，轻轻插捣 10 次，并略予搅动，以排除夹杂进去的空气，加料过程中应始终保持水面高出骨料的顶面；骨料全部加入后，应浸泡约 5 min，再用橡皮锤轻敲容器壁，排净气泡，除去水面泡沫，加水至满，擦净容器上口边缘；装好密封圈，加盖拧紧螺栓。

（3）关闭操作阀和排气阀，打开排水阀和加水阀，通过加水阀，向容器内注入水；当排水阀流出的水流不含气泡时，在注水的状态下，同时关闭加水阀和排水阀。

（4）开启进气阀，用气泵向气室内注入空气，使气室内的压力略大于 0.1 MPa，待压力表显示值稳定；微开排气阀，调整压力至 0.1 MPa，然后关紧排气阀。

（5）开启操作阀，使气室里的压缩空气进入容器，待压力表显示值稳定后记录示值 P_{g1}，然后开启排气阀，压力仪表示值应回零。

（6）重复以上第（4）、（5）条的试验，对容器内的试样再检测一次，记录表值 P_{g2}。

（7）若 P_{g1} 和 P_{g2} 的相对误差小于 0.2% 时，则取 P_{g1} 和 P_{g2} 的算术平均值，按压力与含气量关系曲线查得骨料的含气量（精确 0.1%）；若不满足，则应进行第三次试验。测得压

力值 P_{g3}（MPa）。当 P_{g3} 与 P_{g1}、P_{g2} 中较接近一个值的相对误差不大于 0.2% 时，则取此二值的算术平均值。当仍大于 0.2% 时，则此次试验无效，应重做。

4. 混凝土拌合物含气量试验步骤

（1）用湿布擦净容器和盖的内表面，装入混凝土拌合物试样。

（2）捣实可采用手工或机械方法。当拌合物坍落度大于 70 mm 时，宜采用手工插捣；当拌合物坍落度不大于 70 mm 时，宜采用机械振捣，如振动台或插入或振捣器等。

用捣棒捣实时，应将混凝土拌合物分 3 层装入，每层捣实后高度约为 1/3 容器高度；每层装料后由边缘向中心均匀地插捣 25 次，捣棒应插透本层高度，再用木槌沿容器外壁重击 10～15 次，使插捣留下的插孔填满。最后一层装料应避免过满。

采用机械捣实时，一次装入捣实后体积为容器容量的混凝土拌合物，装料时可用捣棒稍加插捣，振实过程中如拌合物低于容器口，应随时添加；振动至混凝土表面平整、表面出浆为止，不得过度振捣。

若使用插入式振动器捣实，应避免振动器触及容器内壁和底面。

在施工现场测定混凝土拌合物含气量时，应采用与施工振动频率相同的机械方法捣实。

（3）捣实完毕后立即用刮尺刮平，表面如有凹陷应予填平抹光；如需同时测定拌合物表观密度时，可在此时称量和计算；然后在正对操作阀孔的混凝土拌合物表面贴一小片塑料薄膜，擦净容器上口边缘，装好密封垫圈，加盖并拧紧螺栓。

（4）关闭操作阀和排气阀，打开排水阀和加水阀，通过加水阀，向容器内注入水；当排水阀流出的水流不含气泡时，在注水的状态下，同时关闭加水阀和排水阀。

（5）然后开启进气阀，用气泵注入空气至气室内压力略大于 0.1 MPa，待压力示值仪表示值稳定后，微微开启排气阀，调整压力至 0.1 MPa，关闭排气阀。

（6）开启操作阀，待压力示值仪稳定后，测得压力值 P_{01}（MPa）。

（7）开启排气阀，压力仪示值回零；重复上述步骤（5）、（6），对容器内试样再测一次压力值 P_{02}（MPa）。

（8）若 P_{01} 和 P_{02} 的相对误差小于 0.2% 时，则取 P_{01} 和 P_{02} 的算术平均值，按压力与含气量关系曲线查得含气量 A_0（精确至 0.01%）；若不满足，则应进行第三次试验，测得压力值 P_{03}（MPa）。当 P_{03} 与 P_{01} 和 P_{02} 中较接近一个值的相对误差不大于 0.2% 时，则取两值的算术平均值查得 A_0；当仍大于 0.2% 时，此次试验无效。

5. 混凝土拌合物含气量计算（精确至 0.1%）

$$A = A_0 - A_g \tag{3-4}$$

式中　A——混凝土拌合物含气量（%）；

　　A_0——两次含气量测定的平均值（%）；

　　A_g——骨料含气量（%）。

6. 含气量测定仪容器容积的标定

1）容器容积的标定步骤

（1）擦净容器，并将含气量仪全部安装好，测定含气量仪的总质量，测量精确至 50 g。

（2）往容器内注水至上缘，然后将盖体安装好，关闭操作阀和排气阀，打开排水阀和加水阀，通过加水阀，向容器内注入水；当排水阀流出的水流不含气泡时，在注水的状态下，同时关闭加水阀和排水阀，再测定其总质量，测量精确至 50 g。

（3）容器的容积应按下式计算（精确至 0.01 L）

$$V = \frac{m_2 - m_1}{\rho_\text{w}} \times 1\,000 \tag{3-5}$$

式中　V——含气量仪的容积（L）；

　　　m_1——干燥含气量仪的总质量（kg）；

　　　m_1——水、含气量仪的总质量（kg）；

　　　ρ_w——容器内水的密度（kg/m³）。

2）含气量测定仪的标定步骤

（1）按"混凝土拌合物含气量试验步骤"步骤（5）～（8），测得含气量为 0 时的压力值。

（2）开启排气阀，压力示值器示值回零；关闭操作阀和排气阀，打开排水阀，在排水阀口用量筒接水；用气泵缓缓地向气室内打气，当排出的水恰好是含气量仪体积的 1% 时。按上述步骤测得含气量为 1% 时的压力值。

（3）如此继续测取含气量分别为 2%、3%、4%、5%、6%、7%、8% 时的压力值。

（4）对以上各次试验均应进行检验，其相对误差均应小于 0.2%；否则应重新标定。

（5）据此检验以上含气量 0，1%，…，8% 共 9 次的测量结果，绘制含气量与气体压力之间的关系曲线。

3.1.1.5　混凝土拌合物的凝结时间

凝结时间是混凝土拌合物的一项重要指标，对混凝土的搅拌、运输以及施工具有重要的参考作用。混凝土的凝结时间以贯入阻力来表示，当贯入阻力为 3.5 MPa 时为初凝时间，贯入阻力为 28 MPa 时为终凝时间。

混凝土的运输、施工浇筑等需要一定的时间，浇筑成型后又要进行下一道工序的施工操作，因此，混凝土的凝结时间不宜过短也不宜过长。混凝土的凝结时间主要以满足运输和施工要求来进行控制，当不满足时可采取掺入适量的外加剂进行调整。

1. 范围

本方法适用于从混凝土拌合物中筛出的砂浆用贯入阻力法来确定坍落度值不为零的混凝土拌合物凝结时间的测定。

2. 贯入阻力仪

贯入阻力仪（图 3-9）由加荷装置、测针、砂浆试样筒和标准筛组成，可以是手动的，也可以是自动的。贯入阻力仪应符合下列要求。

（1）加荷装置，最大测量值应不小于 1 000 N，精度为 ±10 N。

（2）测针，长为 100 mm，承压面积为 100 mm²，50 mm² 和 20 mm²时三种测针；在距贯入端 25 mm 处刻有一圈标记。

图 3-9　贯入阻力仪

（3）砂浆试样筒，上口径为 160 mm，下口径为 150 mm，净高为 150 mm 刚性不透水的金属圆筒，并配有盖子。

（4）标准筛，筛孔为 5 mm 的符合现行国家标准《试验筛 金属丝编织网、穿孔板和电成型薄板 筛孔的基本尺寸》（GB/T 6005—2008）规定的金属圆孔筛。

3. 凝结时间试验步骤

（1）将混凝土拌合物试样用 5 mm 标准筛筛出砂浆，每次应筛净，然后将其拌合均匀。将砂浆一次分别装入三个试样筒中，做三个试验。取样混凝土坍落度不大于 70 mm 的宜用振动台振实砂浆；取样混凝土坍落度大于 70 mm 的宜用捣棒人工捣实。用振动台振实砂浆时，振动应持续到表面出浆为止，不得过振；用捣棒人工捣实时，应沿螺旋方向由外向中心均匀插捣 25 次，然后用橡皮锤轻轻敲打筒壁，直至插捣孔消失为止。振实或插捣后，砂浆表面应低于砂浆试样筒口约 10 mm；砂浆试样筒应立即加盖。

（2）砂浆试样制备完毕，编号后应置于温度为（20±2）℃的环境中或现场同条件下待试，并在以后的整个测试过程中，环境温度应始终保持（20±2）℃。现场同条件测试时，应与现场条件保持一致。在整个测试过程中，除在吸取泌水或进行贯入试验外，试样筒应始终加盖。

（3）凝结时间测定从水泥与水接触瞬间开始计时。根据混凝土拌合物的性能，确定测针试验时间，以后每隔 0.5 h 测试一次，在临近初、终凝时可增加测定次数。

（4）在每次测试前 2 min，将一片 20 mm 厚的垫块垫入筒底一侧使其倾斜，用吸管吸去表面的泌水，吸水后平稳地复原。

（5）测试时将砂浆试样筒置于贯入阻力仪上，测针端部与砂浆表面接触，然后在（10±2）s 内均匀地使测针贯入砂浆（25±2）mm 深度，记录贯入压力，精确至 10 N；记录测试时间，精确至 1 min；记录环境温度，精确至 0.5 ℃。

（6）各测点的间距应大于测针直径的两倍且不小于 15 mm，测点与试样筒壁的距离应不小于 25 mm。

（7）贯入阻力测试在 0.2～28 MPa 应至少进行 6 次，直至贯入阻力大于 28 MPa 为止。

（8）在测试过程中应根据砂浆凝结状况，适时更换测针。测针宜按表 3-1 选用。

表 3-1   测针选用规定表

贯入阻力/MPa	0.2～3.5	3.5～20	20～28
测针面积/mm²	100	50	20

4. 贯入阻力的结果计算以及初凝时间和终凝时间的确定

（1）贯入阻力应按下式计算（精确至 0.1 MPa）

$$f_{PR} = \frac{P}{A} \tag{3-6}$$

式中 f_{PR}——贯入阻力（MPa）；

P——贯入压力（N）；

A——测针面积（mm²）。

（2）凝结时间宜通过线性回归方法确定，是将贯入阻力 f_{PR} 和时间 t 分别取自然对数

$\ln f_{PR}$ 和 $\ln t$，然后把 $\ln f_{PR}$ 当作自变量，$\ln t$ 当作因变量作线性回归得到回归方程式：

$$\ln t = A + B\ln f_{PR} \tag{3-7}$$

式中　t——时间（min）；

　　　f_{PR}——贯入阻力（MPa）；

　　A，B——线性回归系数。

根据式（3-7）求得当贯入阻力为 3.5 MPa 时为初凝时间 t_s，贯入阻力为 28 MPa 时为终凝时间 t_e：

$$t_s = e^{A+B\ln 3.5} \tag{3-8}$$

$$t_e = e^{A+B\ln 28} \tag{3-9}$$

式中　t_s——初凝时间（min）；

　　　t_e——终凝时间（min）；

　　A、B——线性回归系数。

凝结时间也可用绘图拟合方法确定，是以贯入阻力为纵坐标，经过的时间为横坐标（精确至 1 min），绘制出贯入阻力与时间之间的关系曲线，再画压力为 3.5 MPa 和 28 MPa 两条平行于横坐标的直线，与曲线相交的两个点的横坐标即为混凝土拌合物的初凝和终凝时间。

（3）用三个试验结果的初凝和终凝时间的算术平均值作为此次试验的初凝和终凝时间。如果三个测值的最大值或最小值中有一个与中间值之差超过中间值的 10%，则以中间值为试验结果；如果最大值和最小值与中间值之差均超过中间值的 10%，则此次试验无效。

凝结时间用 h（min）表示，并修约至 5 min。

3.1.1.6　混凝土拌合物的泌水和压力泌水

体积稳定性差的混凝土拌合物一般保水性也差，使拌合物在静置状态下泌出部分拌合水并浮于表面，对混凝土结构质量将产生不利影响。

混凝土拌合物压力泌水性能是泵送混凝土的重要性能之一。它是衡量混凝土拌合物在压力状态下的泌水性能。混凝土压力泌水性能的好坏，关系到混凝土在泵送过程中是否会离析而堵泵。

1. 泌水试验

1）范围

本方法适用于骨料最大粒径不大于 40 mm 的混凝土拌合物泌水测定。

2）泌水试验所用的仪器设备

（1）试样筒，采用容积为 5 L 的容量筒，其内径与内高均为（186±2）mm，筒壁厚为 3 mm，并配有盖子。

（2）台秤，称量为 50 kg，感量为 50 g。

（3）量筒，容量为 10 mL，50 mL，100 mL 的量筒及吸管。

（4）振动台，应符合《混凝土试验用振动台》（JG/T 245—2009）的规定。

（5）捣棒，应符合《混凝土坍落度仪》（JG/T 248—2009）的规定。

3）泌水试验步骤

（1）应用湿布湿润试样筒内壁后立即称量，记录试样筒的质量。再将混凝土试样装入试样筒，混凝土的装料及捣实方法有两种。

① 用振动台振实。将试样一次装入试样筒内，开启振动台，振动应持续到表面出浆为止，且应避免过振；并使混凝土拌合物表面低于试样筒筒口（30±3）mm，用抹刀抹平。抹平后立即计时并称量，记录试样筒与试样的总质量。

② 用捣棒捣实。采用捣棒捣实时，混凝土拌合物应分两层装入，每层的插捣次数应为 25 次；捣棒由边缘向中心均匀地插捣，插捣底层时捣棒应贯穿整个深度，插捣第二层时，捣棒应插透本层至下一层的表面；每一层捣完后用橡皮锤轻轻沿容量筒外壁敲打 5～10 次，进行振实，直至拌合物表面插捣孔消失并不见大气泡为止；并使混凝土拌合物表面低于试样筒筒口（30±3）mm，用抹刀抹平。抹平后立即计时并称量，记录试样筒与试样的总质量。

（2）在以下吸取混凝土拌合物表面泌水的整个过程中，应使试样筒保持水平、不受振动；除了吸水操作外，应始终盖好盖子；室温应保持在（20±2）℃。

（3）从计时开始后 60 min 内，每隔 10 min 吸取 1 次试样表面渗出的水。60 min 后，每隔 30 min 吸 1 次水，直至认为不再泌水为止。为了便于吸水，每次吸水前 2 min，将一片 35 mm 厚的垫块垫入筒底一侧使其倾斜，吸水后平稳地复原。吸出的水放入量筒中，记录每次吸水的水量并计算累计水量，精确至 1 mL。

4）泌水量和泌水率的结果计算

（1）泌水量应按下式计算（精确至 0.1 mL/mm²）：

$$B_a = \frac{V}{A} \tag{3-10}$$

式中　B_a——泌水量（mL/mm²）；

　　　V——最后一次吸水后累计的泌水量（mL）；

　　　A——试样外露的表面面积（mm²）。

泌水量取三个试样测值的平均值。三个测值中的最大值或最小值，如果有一个与中间值之差超过中间值的 15%，则以中间值为试验结果；如果最大值和最小值与中间值之差均超过中间值的 15% 时，则此次试验无效。

（2）泌水率应按下式计算（精确至 1%）：

$$B = \frac{V_W}{(W/G)\,G_W} \times 100 \tag{3-11}$$

$$G_W = G_1 - G_0 \tag{3-12}$$

式中　B——泌水率（%）；

　　　V_W——泌水总量（mL）；

　　　G_W——试样质量（g）；

　　　W——混凝土拌合物总用水量（mL）；

　　　G——混凝土拌合物总质量（g）；

G_1——试样筒及试样总质量（g）；

G_0——试样筒质量（g）。

泌水率取三个试样测值的平均值。三个测值中的最大值或最小值，如果有一个与中间值之差超过中间值的 15%，则以中间值为试验结果；如果最大值和最小值与中间值之差均超过中间值的 15%，则此次试验无效。

2. 压力泌水试验

1）范围

本方法适用于骨料最大粒径不大于 40 mm 的混凝土拌合物的压力泌水测定。

2）压力泌水试验所用的仪器设备

（1）压力泌水仪，其主要部件包括压力表、缸体、工作活塞、筛网等（图 3-10）。压力表最大量程 6 MPa，最小分度值不大于 0.1 MPa；缸体内径为（125±0.02）mm，内高为（200±0.2）mm；工作活塞压强为 3.2 MPa，公称直径为 125 mm；筛网孔径为 0.315 mm。

（2）捣棒，应符合《混凝土坍落度仪》（JG/T 248—2009）的规定。

（3）量筒，200 mL 量筒。

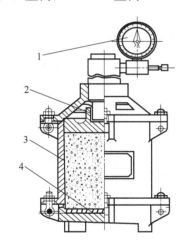

图 3-10　压力泌水仪

1—压力表；2—工作活塞；3—缸体；4—筛网

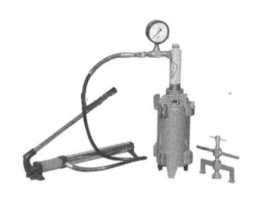

图 3-11　压力泌水仪实物

3）压力泌水试验步骤

（1）混凝土拌合物应分两层装入压力泌水仪的缸体容器内，每层的插捣次数应为 20 次。捣棒由边缘向中心均匀地插捣，插捣底层时捣棒应贯穿整个深度，插捣第二层时，捣棒应插透本层至下一层的表面；每一层捣完后用橡皮锤轻轻沿容器筒外壁敲打 5～10 次，进行振实，直至拌合物表面插捣孔消失并不见大泡为止；并使拌合物表面低于容器口以下约 30 mm 处，用抹刀将表面抹平。

（2）将容器外表擦干净，压力泌水仪按规定安装完毕后应立即给混凝土试样施加压力至 3.2 MPa，并打开泌水阀门同时开始计时，保持恒压，泌出的水接入 200 mL 量筒里；加压至 10 s 时读取泌水量 v_{10}，加压至 140 s 时读取泌水量 v_{140}。

4）压力泌水率结果计算（精确至 1%）

$$B_v = \frac{v_{10}}{v_{140}} \times 100 \qquad (3-13)$$

式中　B_v——压力泌水率（%）；

v_{10}——加压至 10 s 时的泌水量（mL）；

v_{140}——加压至 140 s 的泌水量（mL）。

3.1.2　拌合物性能的主要影响因素

影响混凝土拌合物工作性的因素很多，主要有混凝土的水泥浆数量、水胶比、砂率、环境条件及原材料的性质等。

1. 水泥浆的数量

混凝土拌合物中的水泥浆使得混凝土具有流动性。在水灰比不变的情况下，单位体积拌合物内水泥浆越多，则拌合物的流动性越大。但如果水泥浆过多，则会出现流浆现象，使拌合物的黏聚性变差，同时对混凝土的强度与耐久性也会产生一定影响，且水泥用量也大。水泥浆过少，致使其不能填满骨料空隙或不能很好包裹骨料表面时，就会产生崩坍现象，黏聚性变差。因此，混凝土拌合物中水泥浆的含量应以满足流动性要求为度，不宜过量。

2. 水胶比

在水泥品种、用量一定的情况下，水胶比过小，混凝土流动性过差，会使得施工困难，无法保证混凝土的密实性；水胶比过大，水泥浆过稀，混凝土的黏聚性、保水性变差，会影响混凝土的耐久性。故水胶比应根据混凝土的强度和耐久性合理确定。

3. 砂率

砂率是指混凝土中砂的质量占砂、石总质量的百分率。砂率的变动会使骨料的空隙率和骨料的总表面积有显著改变，因而对混凝土拌合物的工作性产生显著影响。砂率可用下式表示：

$$\beta_s = \frac{m_s}{m_s + m_g} \times 100\% \qquad (3-14)$$

式中　β_s——砂率（%）；

m_s——砂的质量（kg）；

m_g——石子的质量（kg）。

砂率过大时，骨料的总表面积及空隙率都会增大，在水泥浆含量不变的情况下，水泥浆相对变少，减弱了水泥浆的润滑作用，使得混凝土拌合物的流动性降低。如砂率过小，又不能保证在粗骨料之间有足够的砂浆层，也会降低混凝土拌合物的流动性，而且会严重影响其黏聚性和保水性。因此，砂率有一个合理值。当采用合理砂率时，在用水量及水泥用量一定的情况下，能使混凝土拌合物获得最大的流动性且能保持良好的黏聚性和保水性，如图 3-12 所示。或者，当采用合理砂率时，能使混凝土拌合物获得所要求的流动性及良好的黏聚性与保水性，而水泥用量为最少，如图 3-13 所示。

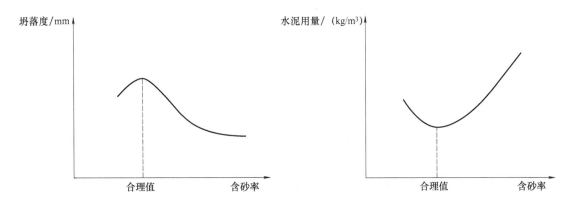

图 3-12 含砂率与坍落度的关系曲线
（水与水泥用量一定）

图 3-13 含砂率与水泥用量的关系曲线
（坍落度相同）

影响合理砂率的因素很多，很难通过计算的方法得出合理的砂率。通常在保证拌合物不离析，又能很好的浇筑、捣实的条件下，尽量选用较小的砂率，可以节省水泥。对于工程量较大的工程应通过试验的方法找出合理的砂率，如无使用经验可按骨料的品种、规格及混凝土的水灰比参照表 3-2 选用。

表 3-2 混凝土的砂率 （％）

水灰比（W/C）	卵石最大粒径/mm			碎石最大粒径/mm		
	10	20	40	16	20	40
0.40	26～32	25～31	24～30	30～35	29～34	27～32
0.50	30～35	29～34	28～33	33～38	32～37	30～35
0.60	33～38	32～37	31～36	36～41	35～40	33～38
0.70	36～41	35～40	34～39	39～44	38～43	36～41

注：1. 本表数值系中砂的选用砂率，对细砂或粗砂，可相应地减小或增大砂率；

2. 采用人工砂配制混凝土时，砂率可适当增大；

3. 只用一个单粒级粗骨料配制混凝土时，砂率应适当增大。

不同砂率，混凝土拌合物的状态如下。

砂率为 25％时
混凝土的状态

砂率为 30％时
混凝土的状态

砂率为 40％时
混凝土的状态

4. 水泥品种和骨料性质

用矿渣水泥和火山灰水泥时，拌合物的坍落度一般较用普通水泥时小，而且矿渣水泥将使拌合物的泌水性显著增加。从前面对骨料的分析可知，一般卵石拌制的混凝土拌合物比碎石拌制的流动性好。河砂拌制的混凝土拌合物比山砂拌制的流动性好。骨料级配好的混凝土拌合物的流动性也好。

5. 温度和时间

（1）拌合物的工作性受温度的影响，如图 3-14 所示。因为环境温度的升高，水分蒸发及水泥水化反应加快，拌合物的流动性变差，而且坍落度损失也变快。因此施工中为保证一定的工作性，必须注意环境温度的变化，采取相应的措施。

（2）拌合物拌制后，随时间的延长而逐渐变得干稠，流动性减小，原因是有一部分水供水泥水化，一部分水被骨料吸收，一部分水蒸发以及凝聚结构的逐渐形成，致使混凝土拌合物的流动性变差。图 3-15 是坍落度随时间变化的曲线。由于拌合物流动性的这种变化特点，在施工中测定工作性的时间，应推迟至搅拌完约 15 min 为宜。

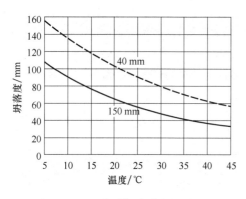

图 3-14　温度对坍落度的影响曲线

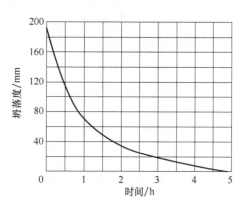

图 3-15　拌合后时间与坍落度关系曲线

6. 矿物掺合料及外加剂

在混凝土的中掺入矿粉、粉煤灰等矿物掺合料，可以改善混凝土的工作性、内部结构；加入很少量的外加剂能使混凝土拌合物在不增加水泥用量的条件下，获得很好的工作性，增大流动性和改善黏聚性、降低泌水性；并且由于改变了混凝土结构，还能提高混凝土的耐久性。因此，工程中这种方法较为常用。

3.1.3　拌合物性能的调整措施

实际工作中，如只注重改善混凝土工作性的话，混凝土的其他性质如强度等就可能受到影响。通常调整混凝土的工作性时可采取如下措施。

（1）尽可能降低砂率，有利于提高混凝土的质量和节约水泥。

（2）改善砂、石的级配，尽量采用较粗的砂、石。

（3）当混凝土拌合物坍落度太小时，维持水灰比不变，适当增加水泥和水的用量，或者加入外加剂等；当拌合物坍落度太大，但黏聚性良好时，可保持砂率不变，适当增加砂、石用量。

3.2　混凝土的强度

混凝土拌合物硬化后，应具有足够的强度，以保证建筑物能安全地承受设计荷载。混凝土的强度包括抗压强度、抗拉强度和抗剪强度等，其中混凝土的抗压强度最大，抗拉强度最小。

3.2.1　混凝土强度的检测方法

3.2.1.1　混凝土的强度等级

1. 混凝土抗压强度

混凝土抗压强度是指将标准养护的标准试件，用标准的测试方法得到的抗压强度值，称为混凝土抗压强度。试件的标准养护方法：按标准方法制作的边长为 150 mm 的立方体试件，成型后立刻用不透水的薄膜覆盖表面，在温度为（20±5）℃的环境中静置一至二昼夜，然后编号、拆模。拆模后应立即放入温度为（20±2）℃，相对湿度为 95% 以上的标准养护室中养护，或在温度为（20±2）℃的不流动的 $Ca(OH)_2$ 饱和溶液中养护。标准养护龄期为 28 d（从搅拌加水开始计时）。

试件有标准试件和非标准试件。标准试件的尺寸为边长 150 mm 的立方体，当采用边长为 100 mm、200 mm 的非标准立方体试件时，须折算为标准立方体试件的抗压强度，换算系数分别为 0.95、1.05。

2. 混凝土的抗拉强度

混凝土的抗拉强度很低，只有抗压强度的 1/15～1/10，且随着混凝土强度等级的提高，比值有所降低，也就是当混凝土强度等级提高时，抗拉强度的增加不及抗压强度提高得快。因此，混凝土在工作时一般不依靠其抗拉强度。但抗拉强度对于开裂现象有重要意义，在结构设计中抗拉强度是确定混凝土抗裂度的重要指标，有时也用它来间接衡量混凝土与钢筋的黏结强度。

3. 混凝土抗折强度

混凝土抗折强度是指混凝土的抗弯曲强度。其值只有抗压强度的 1/8～1/12。抗折强度在重要的路面水泥混凝土工程中有明确的设计要求，其他土木建筑工程一般很少有抗折强度的设计要求。

4. 混凝土强度等级

混凝土的强度等级按立方体抗压强度标准值划分，用 C 与立方体抗压强度标准值（以 MPa 计）来表示，划分为 C10、C15、C20、C25、C30、C35、C40、C45、C50、C55、C60、C65、C70、C75、C80、C85、C90、C95 和 C100。

3.2.1.2　强度的检测方法

摘自《普通混凝土力学性能试验方法标准》（GB/T 50081—2002），适用于工业与民用建筑以及一般构筑物中普通混凝土力学性能试验。

1. 取样

混凝土的取样按本任务 3.1.1 的取样方法进行。混凝土力学性能试验应以三个试件为一组。

2. 试件的尺寸、形状和公差

1）试件的尺寸

（1）试件的尺寸应根据混凝土中骨料的最大粒径按表 3-3 选用。

表 3-3　混凝土试件尺寸选用表

试件横截面尺寸/mm	骨料最大粒径/mm	备注
100×100	31.5	骨料最大粒径是指符合《普通混凝土用砂、石质量及检验方法标准》（JGJ 52—2006）中规定的方孔筛的孔径
150×150	40	
200×200	63	

2）试件的形状

（1）抗压强度和劈裂抗拉强度试件应符合下列规定：

① 边长为 150 mm 的立方体试件是标准试件；

② 边长为 100 mm 和 200 mm 的立方体试件是非标准试件；

③ 在特殊情况下，可采用 ϕ150 mm×300 mm 的圆柱体标准试件或 ϕ100 mm×200 mm 和 ϕ200 mm×400 mm 的圆柱体非标准试件。

（2）轴心抗压强度和静力受压弹性模量试件应符合下列规定：

① 边长为 150 mm×150 mm×300 mm 的棱柱体试件是标准试件；

② 边长为 100 mm×100 mm×300 mm 和 200 mm×200 mm×400 mm 的棱柱体试件是非标准试件；

③ 在特殊情况下，可采用 ϕ150 mm×300 mm 的圆柱体标准试件或 ϕ100 mm×200 mm 和 ϕ200 mm×400 mm 的圆柱体非标准试件。

（3）抗折强度试件应符合下列规定：

① 边长为 150 mm×150 mm×600 mm（或 550 mm）的棱柱体试件是标准试件。

② 边长为 100 mm×100 mm×400 mm 的棱柱体试件是非标准试件。

3）尺寸公差

（1）试件的承压面的平面度公差不得超过 0.000 5d（d 为边长）。

（2）试件的相邻面间的夹角应为 90°，其公差不得超过 0.5°。

（3）试件各边长、直径和高的公差不得超过 1 mm。

3. 设备

1）试模

（1）试模应符合《混凝土试模》（JG 237—2008）中技术要求的规定。

（2）应定期对试模进行自检，自检周期宜为半个月。

150 mm 立方体试模如图 3-16 所示。100 mm 立方体三联试模如图 3-17 所示。

图 3-16　150 mm 立方体试模　　　　图 3-17　100 mm 立方体三联试模

2）振动台

（1）振动台应符合《混凝土试验用振动台》（JG/T 245—2009）中技术要求的规定。

（2）应具有有效期内的计量检定证书。

混凝土振动台如图 3-18 所示。

3）压力试验机

（1）压力试验机除应符合《液压式万能试验机》（GB/T 3159—2008）及《试验机通用技术要求》（GB/T 2611—2007）中技术要求外，其测量精度为±1%，试件破坏荷载应大于压力机全量程的 20% 且小于压力机全量程的 80%。

（2）应有加荷速度指示装置或加荷速度控制装置，并应能均匀、连续地加荷。

（3）应具有有效期内的计量检定证书。

混凝土抗压强度试验机如图 3-19 所示。

图 3-18　混凝土振动台　　　　　　图 3-19　混凝土抗压强度试验机

4）钢垫板

（1）钢垫板的平面尺寸应不小于试件的承压面积，厚度应不小于 25 mm。

（2）钢垫板应机械加工，承压面的平面度公差为 0.04 mm；表面硬度不小于 55HRC；硬化层厚度约为 5 mm。

5）其他量具及器具

（1）量程大于 600 mm、分度值为 1 mm 的钢板尺。

（2）量程大于 200 mm、分度值为 0.02 mm 的卡尺。

（3）符合《混凝土坍落度仪》（JG/T 248—2009）中规定的直径 16 mm、长 600 mm、端部呈半球形的捣棒。

4．试件的制作和养护

1）试件的制作

Ⅰ．混凝土试件的制作规定

（1）成型前，应检查试模尺寸并符合《普通混凝土力学性能试验方法标准》（GB/T 50081—2002）中的有关规定；试模内表面应涂一薄层矿物油或其他不与混凝土发生反应的脱模剂。

（2）在试验室拌制混凝土时，其材料用量应以质量计，称量的精度：水泥、掺合料、水和外加剂为±0.5%，骨科为±1%。

（3）取样或试验室拌制的混凝土应在拌制后尽量短的时间内成型，一般不宜超过 15 min。

（4）根据混凝土拌合物的稠度确定混凝土成型方法，坍落度不大于 70 mm 的混凝土宜用振动振实；大于 70 mm 的宜用捣棒人工捣实；检验现浇混凝土或预置构件的混凝土，试件成型方法宜与实际采用的方法相同。

Ⅱ．混凝土试件的制作步骤

（1）取样或拌制好的混凝土拌合物应至少用铁锹再来回拌合三次。

（2）按《普通混凝土力学性能试验方法标准》（GB/T 50081—2002）中的相关规定，选择成型方法成型。

① 用振动台振实制作试件应按下述方法进行。

a．将混凝土拌合物一次装入试模，装料时应用抹刀沿各试摸壁插捣，并使混凝土拌合物高出试模口。

b．试模应附着或固定在符合要求的振动台上，振动时试模不得有任何跳动，振动应持续到表面出浆为止，不得过振。

② 用人工插捣制作试件应按下述方法进行。

a．混凝土拌合物应分两次装入模内，每层的装料厚度大致相等。

b．插捣应按螺旋方向从边缘向中心均匀进行。在插捣底层混凝土时，捣棒应达到试模底部；插捣上层时，捣棒应贯穿上层后插入下层 20～30 mm。插捣时捣棒应保持垂直，不得倾斜。然后应用抹刀沿试模内壁插拔数次。

c．每层插捣次数按在 10 000 mm^2 截面积内不得少于 12 次。

d．插捣后应用橡皮锤轻轻敲击试模四周，直至插捣棒留下的空洞消失为止。

③ 用插入式振捣棒振实制作试件应按下述方法进行。

a．将混凝土拌合物一次装入试模，装料时应用抹刀沿各试模壁摇捣，并使混凝土拌合物高出试模壁。

b．使用直径为 ϕ25 mm 的插入式振捣棒，插入试模振捣时，振捣棒距试模底板 10～20 mm 且不得触及试模底板，振动应持续到表面出浆为止，且应避免过振，以防止混凝土离析；一般振捣时间为 20 s。振捣棒拔出时要缓慢，拔出后不得留有孔洞。

c．刮除试模上口多余的混凝土，待混凝土临近初凝时，用抹刀抹平。

成型试块如图 3-20 所示。

图 3-20　成型试块

2）试件的养护

（1）试件成型后应立即用不透水的薄膜覆盖表面。

（2）采用标准养护的试件，应在温度为（20±5）℃的环境中静置一至二昼夜，然后编号、拆模。拆模后应立即放入温度为（20±2）℃，相对湿度为 95% 以上的标准养护室中养护，或在温度为（20±2）℃的不流动的 Ca（OH）$_2$ 饱和溶液中养护。标准养护室内的试件应放在支架上，彼此间隔 10～20 mm，试件表面应保持潮湿，并不得被水直接冲淋。

（3）同条件养护试件的拆模时间可与实际构件的拆模时间相同，拆模后，试件仍需保持同条件养护。

（4）标准养护龄期为 28 d（从搅拌加水开始计时）。

标准养护室如图 3-21 所示。

3）试验记录

试件制作和养护的试验记录内容应符合《普通混凝土力学性能试验方法标准》（GB/T 50081—2002）规定。

图 3-21　标准养护室

6. 抗压强度试验

1）范围

本方法适用于测定混凝土立方体试件的抗压强度。

2）混凝土试件

混凝土试件的尺寸应符合《普通混凝土力学性能试验方法标准》（GB/T 50081—2002）中的有关规定。

混凝土抗压强度检测

3）试验采用的试验设备应符合下列规定

（1）混凝土立方体抗压强度试验所采用的压力试验机应符合《普通混凝土力学性能试验方法标准》（GB/T 50081—2002）的规定。

（2）混凝土强度等级≥C60 时，试件周围应设防崩裂网罩。当压力试验机上、下压板不符合《普通混凝土力学性能试验方法标准》（GB/T 50081—2002）规定时，压力试验机上、下压板与试件之间应各垫以符合《普通混凝土力学性能试验方法标准》（GB/T 50081—2002）要求的钢垫板。

4）立方体抗压强度试验步骤应按下列方法进行

（1）试件从养护地点取出后应及时进行试验，将试件表面与上下承压板面擦干净。

（2）将试件安放在试验机的下压板或垫板上，试件的承压面应与成型时的顶面垂直。试件的中心应与试验机下压板中心对准，开动试验机，当上压板与试件或钢垫板接近时，调整球座，使接触均衡。

（3）在试验过程中应连续均匀地加荷，混凝土强度等级<C30 时，加荷速度取每秒钟 0.3～0.5 MPa；混凝土强度等级≥C30 且<C60 时，取每秒钟 0.5～0.8 MPa；混凝土强度等级≥C60 时，取每秒钟 0.8～1.0 MPa。

（4）当试件接近破坏并开始急剧变形时，应停止调整试验机油门，直至破坏。然后记录破坏荷载。

5）立方体抗压强度试验结果计算及确定按下列方法进行

（1）混凝土立方体抗压强度应按下式计算（精确至 0.1 MPa）：

$$f_{cc} = \frac{F}{A} \tag{3-15}$$

式中　f_{cc}——混凝土立方体试件抗压强度（MPa）；

　　　F——试件破坏荷载（N）；

　　　A——试件承压面积（mm^2）。

（2）强度值的确定应符合下列规定：

① 三个试件测值的算术平均值作为该组试件的强度值（精确至 0.1 MPa）；

② 三个测值中的最大值或最小值中如有一个与中间值的差值超过中间值的 15%时，则最大值及最小值一并舍除，取中间值作为该组试件的抗压强度值；

③ 如最大值和最小值与中间值的差均超过中间值的 15%，则该组试件的试验结果无效。

（3）混凝土强度等级<C60 对，用非标准试件测得的强度值均应乘以尺寸换算系数，其值对 200 mm×200 mm×200 mm 试件为 1.05；对 100 mm×100 mm×100 mm 试件为 0.95；当混凝土强度等级≥C60 时，宜采用标准试件；使用非标准试件时，尺寸换算系数应由试验确定。

6）试验记录

混凝土立方体抗压强度试验报告内容见表 3-4。

表 3-4　混凝土立方体抗压强度试验原始记录

试验编号	工程名称/使用部位	成型日期	试验日期	龄期/d	强度等级	坍落度/mm		试验设备型号	量程	试件边长/mm	强度代表值/MPa	标准试件强度/MPa	达到设计强度等级/（%）	试验人	审核人	备注
						设计	实测			荷载/kN						
										抗压强度/MPa						
			__日__时__分													
			__日__时__分													
			__日__时__分													
			__日__时__分													
			__日__时__分													

7. 抗折强度试验

1）范围

本方法适用于测定混凝土的抗折强度。

2）试件

试件除应符合《普通混凝土力学性能试验方法标准》（GB/T 50081—2002）的有关规定外，在长向中部 1/3 区段内不得有表面直径超过 5 mm、深度超过 2 mm 的孔洞。

3）采用的试验设备

（1）试验机应符合有关规定。

（2）试验机应能施加均匀、连续、速度可控的荷载，并带有能使两个相等荷载同时作用在试件跨度 3 分点处的抗折试验装置，如图 3-22 所示。

（3）试件的支座和加荷头应采用直径为 20～40 mm、长度不小于 $b+10$ mm 的硬钢圆柱，支座立脚点固定铰支，其他应为滚动支点。

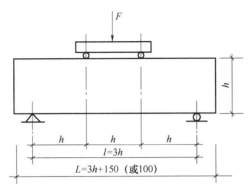

图 3-22　抗折试验装置

4）抗折强度试验步骤

（1）试件从养护地取出后应及时进行试验，将试件表面擦干净。

（2）按图 3-22 装置试件，安装尺寸偏差不得大于 1 mm。试件的承压面应为试件成型时的侧面。支座及承压面与圆柱的接触面应平稳、均匀，否则应垫平。施加荷载应保持均匀、连续。当混凝土强度等级<C30 时，加荷速度取每秒 0.02～0.05 MPa；当混凝土强度等级≥C30 且<C60 时，取每秒 0.05～0.08 MPa；当混凝土强度等级≥C60 时，取每秒 0.08～0.10 MPa，至试件接近破坏时，应停止调整试验机油门，直至试件破坏，然后记录破坏荷载。

（3）记录试件破坏荷载的试验机示值及试件下边缘断裂位置。

5）抗折强度试验结果计算及确定按下列方法进行

（1）若试件下边缘断裂位置处于两个集中荷载作用线之间，则试件的抗折强度 f_f（MPa）按下式计算（精确至 0.1 MPa）：

$$f_f = \frac{Fl}{bh^2} \qquad (3\text{-}16)$$

式中　f_f——混凝土抗折强度（MPa）；

F——试件破坏荷载（N）；

l——支座间跨度（mm）；

h——试件截面高度（mm）；

b——试件截面宽度（mm）。

（2）抗折强度值的确定应符合《普通混凝土力学性能试验方法标准》（GB/T 50081—2002）的规定。

（3）三个试件中若有一个折断面位于两个集中荷载之外，则混凝土抗折强度值按另两个试件的试验结果计算。若这两个测值的差值不大于这两个测值的较小值的 15%时，则该组试件的抗折强度值按这两个测值的平均值计算，否则该组试件的试验无效。若有两个试件的下边缘断裂位置位于两个集中荷载作用线之外，则该组试件试验无效。

（4）标准试件尺寸为 100 mm×100 mm×400 mm 非标准试件时，应乘以尺寸换算系数 0.85；当混凝土强度等级≥C60 时，应采用标准试件；使用非标准试件时，尺寸换算系数应由试验确定。

　　6）试验记录

混凝土抗折强度试验报告内容见表 3-5。

表 3-5　混凝土抗折强度试验原始记录

试验编号	工程名称/使用部位	成型日期	试验日期	龄期/d	强度等级	坍落度/mm		试验设备型号	量程	试件边长/mm			强度代表值/MPa	标准试件强度/MPa	试验人	审核人	备注
						设计	实测			荷载/kN							
										抗压强度/MPa							
			__日__时__分														
			__日__时__分														
			__日__时__分														
			__日__时__分														
			__日__时__分														

3.2.2　力学性能的主要影响因素

　　混凝土的强度与水泥强度等级、水灰比及骨料的性质有密切关系，此外还受到施工质量、养护条件及龄期的影响。

1. 水泥强度等级和水灰比

　　水泥强度等级和水灰比是影响混凝土强度的主要因素。在相同的配合比条件下，水泥强度等级越高，所配制的混凝土强度越高。在水泥的强度及其他条件相同的情况下，水灰比越小，水泥石的强度及与骨料黏结的强度越大，混凝土的强度越高。但水灰比过小，拌合物过于干稠，也不易保证混凝土质量。试验证明，混凝土的强度随水灰比的增大而降低，呈曲线关系，而混凝土强度和灰水比的关系，则呈直线关系，如图 3-23 所示。

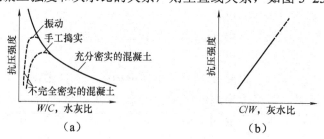

图 3-23　混凝土强度与水灰比及灰水比的关系

（a）强度与水灰比的关系　（b）强度与灰水比的关系

确定混凝土 28 d 龄期抗压强度通常采用如下经验公式：

$$f_{cu,o} = \alpha_a f_b \left(\frac{C}{W} - \alpha_b \right) \tag{3-17}$$

式中　$f_{cu,o}$——混凝土 28 d 龄期抗压强度（MPa）；

　　　f_b——胶凝材料 28 d 抗压强度（MPa），可实测，且试验方法应按现行国家标准《水泥胶砂强度检验方法（ISO 法）》（GB/T 17671—1999）执行，也可按下式计算

$$f_b = \gamma_f \gamma_s f_{ce} \tag{3-18}$$

式中　γ_f、γ_s——粉煤灰影响系数和粒化高炉矿渣粉影响系数，按表 3-6 选用。

　　　f_{ce}——水泥 28 d 胶砂抗压强度（MPa），可实测，也可按下式计算：

$$f_{ce} = \gamma_c f_{ce,g} \tag{3-19}$$

式中　γ_c——水泥 28 d 强度等级值的富裕系数，可按实际统计资料确定，当缺乏实际资料时，也可按表 3-7 选用；

　　　$f_{ce,g}$——水泥强度等级值（MPa）。

　　　α_a、α_b——回归系数，宜按下列规定选用。①根据工程所使用的原材料，通过试验建立水胶比与混凝土强度关系式来确定；②当不具备上述试验统计资料时，可按表 3-8 选用。

表 3-6　粉煤灰影响系数 γ_f 和粒化高炉矿渣粉影响系数 γ_s

掺量/（%）	种类	粉煤灰影响系数 γ_f	粒化高炉矿渣粉影响系数 γ_s
0		1.0	1.00
10		0.85～0.95	1.00
20		0.75～0.85	0.95～1.00
30		0.65～0.75	0.90～1.00
40		0.55～0.65	0.80～0.90
50			0.70～0.85

注：1. 采用 I 级、III 级粉煤灰宜取上限值；
　　2. 采用 S75 级粒化高炉矿渣粉宜取下限值，采用 S95 级粒化高炉矿渣粉宜取上限值，采用 S105 级粒化高炉矿渣粉可取上限值加 0.05；
　　3. 当超出表中的掺量时，粉煤灰和粒化高炉矿渣粉影响系数应经试验确定。

表 3-7　水泥强度等级值的富裕系数（γ_c）

水泥强度等级值	32.5	42.5	52.5
富裕系数	1.12	1.16	1.10

表 3-8　回归系数 α_a、α_b 取值表

回归系数	碎石	卵石
α_a	0.53	0.49
α_b	0.20	0.13

2. 养护的温度和湿度

1）温度影响

　　温度升高，水化速度加快，混凝土强度的发展也快；反之，在低温下混凝土强度发展相应迟缓，温度对混凝土强度的影响如图 3-14 所示。当温度处于冰点以下时，由于混凝土中的水分大部分结冰，混凝土的强度不但停止发展，同时还会受到冻胀破坏作用，严重影

响混凝土的早期和后期强度。

2）湿度影响

湿度适当，水泥水化能顺利进行，使混凝土强度得到充分发挥。如果湿度不够，水泥水化反应不能正常进行，甚至水化停止，使混凝土结构疏松，形成干缩裂缝，严重降低了混凝土的强度和耐久性。图 3-24 是混凝土强度与保持潮湿日期的关系。

3）龄期

混凝土在正常养护条件下，其强度将随着龄期的增加而增长。最初 7～14 d，强度增长较快，28 d 以后增长缓慢。但龄期延续很久其强度仍有所增长。不同龄期混凝土强度的增长情况如图 3-25 所示。因此，在一定条件下养护的混凝土，可根据其早期强度大致地估计 28 d 的强度。

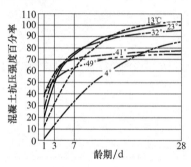

图 3-24　养护温度对混凝土强度的影响
（线上数字为不同养护温度）

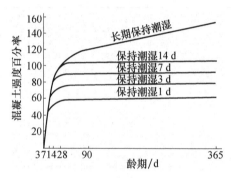

图 3-25　混凝土强度与保持
潮湿日期的关系

除上述因素外，施工条件、试验条件等都会对混凝土的强度产生一定影响。

3. 提高混凝土强度的措施

针对混凝土强度的影响因素，可以提高混凝土强度的措施主要有以下几种：

（1）采用高强度水泥和快硬早强类水泥；

（2）采用干硬性水泥；

（3）采用蒸汽养护和蒸压养护；

（4）采用机械搅拌和振捣的方式；

（5）掺入合适的混凝土外加剂、掺合料。

3.3　混凝土的耐久性

混凝土的耐久性就是指混凝土抵抗环境介质作用并长期保持其良好的使用性能和外观完整性，从而维持混凝土结构的安全、正常使用的能力。混凝土的耐久性主要包括抗渗性、抗冻性、抗侵蚀性、抗碳化及抗碱-骨料反应等方面。

3.3.1　耐久性能检测方法

摘自《普通混凝土长期性能和耐久性能试验方法标准》（GB/T 50082—2009）。

3.3.1.1　基本规定

1. 混凝土取样

（1）混凝土取样应符合现行国家标准《普通混凝土拌合物性能试验方法标准》（GB/T 50080—2016）中的规定。

（2）每组试件所用的拌合物应从同一盘混凝土或同一车混凝土中取样。

2. 试件横截面尺寸

（1）试件的最小横截面尺寸宜按表 3-9 的规定选用。

表 3-9　试件横截面尺寸选用表

试件横截面尺寸/mm	骨料最大公称粒径/mm
100×100 或 ϕ100	31.5
150×150 或 ϕ150	40
200×100 或 ϕ200	63

注：骨料最大公称粒径应符合《普通混凝土用砂、石质量及检验方法标准》（JGJ 52—2006）中的有关规定。

（2）骨料最大公称粒径应符合现行行业标准《普通混凝土用砂、石质量及检验方法标准》（JGJ 52—2006）的规定。

（3）试件应采用符合现行行业标准《混凝土试模》（JG 237—2008）中规定的试件制作。

3. 试件的公差

（1）所有试件的承压面的平面度公差不得超过试件的边长或直径的 0.000 5。

（2）除抗水渗透试件外，其他所有试件的相邻面间的夹角应为 90°，公差不得超过 0.5°。

（3）除特别指明试件的尺寸公差以外，所有试件各边长、直径或高度的公差不得超过 1 mm。

4. 试件的制作和养护

（1）试件的制作和养护应符合现行国家标准《普通混凝土力学性能试验方法标准》（GB/T 50081—2002）中的规定。

（2）在制作混凝土长期性能和耐久性能试验用试件时，不应采用憎水性脱模剂。

（3）在制作混凝土长期性能和耐久性能试验用试件时，宜同时制作相对应的混凝土立方体抗压强度用试件。

（4）制作混凝土长期性能和耐久性能试验用试件时，所采用的振动台和搅拌机应分别符合现行行业标准《混凝土试验用振动台》（JG/T 245—2009）和《混凝土试验用搅拌机》（JG 244—2009）的规定。

3.3.1.2　抗水渗透试验

1. 渗水高度法

1）范围

本方法适用于以测定硬化混凝土在恒定水压力下的平均渗水高度来表示的混凝土抗水渗透性能。

2）试验仪器设备

（1）混凝土抗渗仪应符合现行行业标准《混凝土抗渗仪》（JG/T 249—2009）的规定，并应能使水压按规定的制度稳定地作用在试件上。抗渗仪施加水压力范围应为 0.1～2.0 MPa。

（2）试模应采用上口内部直径为 175 mm、下口内部直径为 185 mm 和高度为 150 mm 的圆台体。

抗渗试验试模及试块脱模机如图 3-26 和图 3-27 所示。

图 3-26　抗渗试验试模

图 3-27　试块液压脱模机

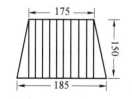

图 3-28　梯形板示意图

（3）密封材料宜用石蜡加松香或水泥加黄油等，也可采用橡胶套等其他有效密封材料。

（4）梯形板（图 3-28）应采用尺寸为 200 mm×200 mm 透明材料制成，并应画有 10 条等间距、垂直于梯形底线的直线。

（5）钢尺的分度值为 1 mm。

（6）钟表的分度值为 1 min。

（7）辅助设备应包括螺旋加压器、烘箱、电炉、浅盘、铁锅和钢丝刷等。

（8）安装试件的加压设备可为螺旋加压或其他加压形式，其压力应能保证将试件压入试件套内。

3）抗水渗透试验步骤

（1）应先按规定的方法进行试件的制作和养护。抗水渗透试验应以 6 个试件为一组。

（2）试件拆模后，应用钢丝刷刷去两端面的水泥浆膜，然后编号并立即将试件送入标准养护室进行养护。

（3）抗水渗透试验的龄期宜为 28 d。试件应在达到试验龄期的前一天取出，并擦拭干净。待试件表面晾干后，应按下列方法进行试件密封。

① 当用石蜡密封时，应在试件侧面裹涂一层熔化的内加少量松香的石蜡。然后应用螺旋加压器将试件压入经过烘箱或电炉预热过的试件套中，使试件与试件套底齐平，并应在试件套变冷后解除压力。试件套的预热温度，应以石蜡接触模套即缓慢熔化，但不流淌为准。

② 用水泥加黄油密封时，其质量比应为（2.5～3）:1。用三角刀将密封材料均匀地刮涂在试件侧而上，厚度应为 1～2 mm。套上模套并将试件压入，与试件套底齐平。

③ 试件密封也可以采用其他更可靠的密封方式。

（4）试件准备好之后，启动抗渗仪，并开通 6 个试位下的阀门，使水从 6 个孔中渗出，水应充满试位坑，在关闭 6 个试位下的阀门后应将密封好的试件安装在抗渗仪上。

（5）试件安装好以后，应立即开通 6 个试位下的阀门，使水压在 24 h 内恒定控制在（1.2±0.05）MPa，且加压过程不应大于 5 min，应以达到稳定压力的时间作为试验记录起始时间（精确至 1 min）。在稳压过程中随时观察试件端面的渗水情况，当有某一个试件端面出现渗水时，应停止该试件的试验并记录时间，并以试件的高度作为该试件的渗水高度。对于试件端面未出现渗水的情况，应在试验 24 h 后停止试验，并及时取出试件。在试验过程中，当发现水从试件周边渗出时，应重新进行密封。

（6）将从抗渗仪上取出来的试件放在压力机上，在试件的上下两端面中心处竖直方向各放一根直径为 6 mm 的钢垫条。然后开动压力机，将试件以纵断面劈裂为两半。试件劈开后，应用防水笔描出水痕。

（7）应将梯形板放在试件劈裂面上，并用钢尺沿水痕等间距量测 10 个测点的渗水高度值，读数应精确至 1 mm。当读数时若遇到某测点被骨料阻挡，可以靠近骨料两端的渗水高度算术平均值来作为该测点的渗水高度。

4）试验结果计算及处理

（1）试件渗水高度应按下式进行计算：

$$\bar{h}_i = \frac{1}{10}\sum_{j=1}^{10} h_j \tag{3-20}$$

式中　h_j——第 i 个试件第 j 个测点处的渗水高度（mm）；

　　　$\bar{h}_i$——第 i 个试件的平均渗水高度（mm）。应以 10 个测点渗水高度的平均值作为该试件渗水高度的测定值。

（2）一组试件的平均渗水高度应按下式进行计算：

$$\bar{h} = \frac{1}{6}\sum_{i=1}^{6} \bar{h}_i \tag{3-21}$$

式中　$\bar{h}$——一组 6 个试件的平均渗水高度（mm）。应以一组 6 个试件渗水高度的算术平均值作为该组试件渗水高度的测定值。

2. 逐级加压法

1）范围

本方法适用于通过逐级施加水压力来测定以抗渗等级来表示的混凝土的抗水渗透性能。

2）仪器设备

应符合《普通混凝土长期性能和耐久性试验方法》（GB/T 50082—2009）中"渗水高度法"中的规定。

3）试验步骤

（1）按《普通混凝土长期性能和耐久性试验方法》（GB/T 50082—2009）上述的规定进行试件的密封和安装。

（2）试验时，水压应从 0.1 MPa 开始，以后应每隔 8 h 增加 0.1 MPa，并应随时观察试件端面渗水情况。当 6 个试件中有 3 个试件表面出现渗水时，或加压至规定压力（设计抗渗等级）在 8 h 内 6 个试件中表面渗水试件少于 3 个时，可停止试验，并记下此时的水压力。在试验过程中，当发现水从试件周边渗出时，应重新进行密封。

4）混凝土抗渗等级计算

混凝土的抗渗等级应以每组 6 个试件中有 4 个试件未出现渗水时的最大水压力乘以 10 来确定。混凝土的抗渗等级应按下式计算：

$$P = 10H - 1 \tag{3-22}$$

式中　P——混凝土抗渗等级；

　　　H——6 个试件中有 3 个试件渗水时的水压力（MPa）。

3.3.1.3　抗冻性试验

1. 慢冻法

1）范围

本方法适用于测定混凝土试件在气冻水融条件下，以经受的冻融循环次数来表示的混凝土抗冻性能。

2）慢冻法抗冻试验所采用的试件

（1）试验应采用尺寸为 100 mm×100 mm×100 mm 的立方体试件。

（2）慢冻法试验所需要的试件组数应符合表 3-10 的规定，每组试件应为 3 块。

表 3-10　慢冻法试验所需要的试件组数

设计抗冻标号	D25	D50	D100	D150	D200	D250	D300	D300 以上
检查强度所需冻融次数	25	50	50 及 100	100 及 150	150 及 200	200 及 250	250 及 300	300 及设计次数
鉴定 28 d 强度所需零件组数	1	1	1	1	1	1	1	1
冻融试件组数	1	1	2	2	2	2	2	2
对比试件组数	1	1	2	2	2	2	2	2
总计试件组数	3	3	5	5	5	5	5	5

3）试验设备

（1）冻融试验箱应能使试件静止不动，并应通过气冻水融进行冻融循环。在满载运转的条件下，冷冻期间冻融试验箱内空气的温度应能保持在 -20～-18 ℃；融化期间冻融试验箱内浸泡混凝土试件的水温应能保持在 18～20 ℃；满载时冻融试验箱内各点温度极差不应超过 2 ℃。

（2）采用自动冻融设备时，控制系统还应具有自动控制、数据曲线实时动态显示、断电记忆和试验数据自动存储等功能。

（3）试件架应采用不锈钢或者其他耐腐蚀的材料制作，其尺寸应与冻融试验箱和所装的试件相适应。

（4）称量设备的最大量程应为 20 kg，感量不应超过 5 g。

（5）压力试验机应符合现行国家标准《普通混凝土力学性能试验方法标准》（GB/T 50081—2002）的相关要求。

（6）温度传感器的温度检测范围不应小于–20～20 ℃，测量精度应为±0.5 ℃。

4）慢冻试验步骤

（1）在标准养护室内或同条件养护的冻融试验的试件应在养护龄期为 24 d 时提前将试件从养护地点取出，随后应将试件放在（20±2）℃水中浸泡，浸泡时水面应高出试件顶面 20～30 mm，在水中浸泡的时间应为 4 d，试件应在 28 d 龄期时开始进行冻融试验。始终在水中养护的冻融试验的试件，当试件养护龄期达到 28 d 时，可直接进行后续试验，对此种情况，应在试验报告中予以说明。

（2）当试件养护龄期达到 28 d 时应及时取出冻融试验的试件，用湿布擦除表面水分后应对外观尺寸进行测量，试件的外观尺寸应满足标准要求，并应分别编号、称重，然后按编号置入试件架内，且试件架与试件的接触面积不宜超过试件底面的 1/5。试件与箱体内壁之间应至少留有 20 mm 的空隙。试件架中各试件之间应至少保持 30 mm 的空隙。

（3）冷冻时间应在冻融箱内温度降至–18 ℃时开始计算。每次从装完试件到温度降至–18 ℃所需的时间应在 1.5～2.0 h。冻融箱内温度在冷冻时应保持在–20～–18 ℃。

（4）每次冻融循环中试件的冷冻时间不应小于 4 h。

（5）冷冻结束后，应立即加入温度为 18～20 ℃的水，使试件转入融化状态，加水时间不应超过 10 min。控制系统应确保在 30 min 内，水温不低于 10 ℃，且在 30 min 后水温能保持在 18～20 ℃。冻融箱内的水面应至少高出试件表面 20 mm。融化时间不应小于 4 h。融化完毕视为该次冻融循环结束，可进入下一次冻融循环。

（6）每 25 次循环宜对冻融试件进行一次外观检查。当出现严重破坏时，应立即进行称重。当一组试件的平均质量损失率超过 5%时，可停止其冻融循环试验。

（7）试件在达到规定的冻融循环次数后，试件应称重并进行外观检查，详细记录试件表面破损、裂缝及边角缺损情况。当试件表面破损严重时，应先用高强石膏找平，然后应进行抗压强度试验。抗压强度试验应符合现行国家标准《普通混凝土力学性能试验方法标准》（GB/T 50081—2002）的相关规定。

（8）当冻融循环因故中断且试件处于冷冻状态时，试件应继续保持冷冻状态，直至恢复冻融试验为止，并应将故障原因及暂停时间在试验结果中注明。当试件处在融化状态下因故中断时，中断时间不应超过两个冻融循环的时间。在整个试验过程中，超过两个冻融循环时间的中断故障次数不得超过两次。

（9）当部分试件由于失效破坏或者停止试验被取出时，应用空白试件填充空位。

（10）对比试件应继续保持原有的养护条件，直到完成冻融循环后，与冻融试验的试件同时进行抗压强度试验。

5）当冻融循环出现下列三种情况之一时，可停止试验

（1）已达到规定的循环次数。

（2）抗压强度损失率已达到 25%。

（3）质量损失率已达到 5%。

6）试验结果计算及处理

（1）强度损失率应按下式进行计算：

$$\Delta f_c = \frac{f_{c0} - f_{cn}}{f_{c0}} \times 100 \qquad (3-23)$$

式中 Δf_c ——n 次冻融循环后的混凝土抗压强度损失率（%），精确至 0.1；

       f_{c0} ——对比用的一组混凝土试件的抗压强度测定值（MPa），精确至 0.1 MPa；

       f_{cn} ——经 n 次冻融循环后的一组混凝土试件抗压强度测定值（MPa），精确至 0.1 MPa。

（2）f_{c0} 和 f_{cn} 应以三个试件抗压强度试验结果的算术平均值作为测定值。当三个试件抗压强度最大值或最小值与中间值之差超过中间值的 15%时，应剔除此值，再取其余两值的算术平均值作为测定值；当最大值和最小值均超过中间值的 15%时，应取中间值作为测定值。

（3）单个试件的质量损失率应按下式计算：

$$\Delta W_{ni} = \frac{W_{oi} - W_{ni}}{W_{oi}} \times 100 \qquad (3-24)$$

式中 ΔW_{ni} ——n 次冻融循环后第 i 个混凝土试件的质量损失率（%），精确至 0.01；

       W_{oi} ——冻融循环试验前第 i 个混凝土试件的质量（g）；

       W_{ni} ——n 次冻融循环后第 i 个混凝土试件的质量（g）。

（4）一组试件的平均质量损失率应按下式计算：

$$\Delta W_n = \frac{\sum_{i=1}^{3} \Delta W_{ni}}{3} \times 100 \qquad (3-25)$$

式中 ΔW_n ——n 次冻融循环后一组混凝土试件的平均质量损失率（%），精确至 0.1。

（5）每组试件的平均质量损失率应以三个试件的质量损失率试验结果的算术平均值作为测定值。当某个试验结果出现负值时，应取 0，再取三个试件的算术平均值。当三个值中的最大值或最小值与中间值之差超过 1%时，应剔除此值，再取其余两值的算术平均值作为测定值；当最大值和最小值与中间值之差均超过 1%时，应按中间值作为测定值。

（6）抗冻标号应以抗压强度损失率不超过 25%或者质量损失率不超过 5%时的最大冻融循环次数按表 3-8 确定。

2. 快冻法

1）范围

本方法适用于测定混凝土试件在水冻水融条件下，以经受的快速冻融循环次数来表示的混凝土抗冻性能。

2）试验设备

（1）试件盒（图 3-29）宜采用具有弹性的橡胶材料制作，其内表面底部应有半径为 3 mm 的橡胶突起部分。盒内加水后水面应至少高出试件顶面 5 mm。试件盒横截面尺寸宜为 115 mm×115 mm，试件盒长度宜为 500 mm。

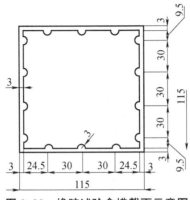

图 3-29　橡胶试验盒横截面示意图

（2）快速冻融装置应符合现行行业标准《混凝土抗冻试验设备》（JG/T 243—2009）的规定。除应在测温试件中埋设温度传感器外，还应在冻融箱内防冻液中心、中心与任何一个对角线的两端分别设有温度传感器。运转时冻融箱内防冻液各点温度的极差不得超过 2 ℃。

混凝土抗冻试验箱如图 3-30 所示。

图 3-30　混凝土抗冻试验箱

（3）称量设备的最大量程应为 20 kg，感量不应超过 5 g。

（4）混凝土动弹性模量测定仪应符合《普通混凝土长期性能和耐久性试验方法》（GB/T 50082—2009）的规定。

（5）温度传感器（包括热电偶、电位差计等）应在 –20～20 ℃测定试件中心温度，且测量精度应为 ±0.5 ℃。

3）快冻法抗冻试验所采用的试件应符合如下规定

（1）快冻法抗冻试验应采用尺寸为 100 mm×100 mm×400 mm 的棱柱体试件，每组试件应为 3 块。

（2）成型试件时，不得采用憎水性脱模剂。

（3）除制作冻融试验的试件外，尚应制作同样形状、尺寸，且中心埋有温度传感器的测温试件，测温试件应采用防冻液作为冻融介质。测温试件所用混凝土的抗冻性能应高于冻融试件。测温试件的温度传感器应埋设在试件中心。温度传感器不应采用钻孔后插入的方式埋设。

4）快冻试验步骤

（1）在标准养护室内或同条件养护的试件应在养护龄期为 24 d 时提前将冻融试验的试件从养护地点取出，随后应将冻融试件放在（20±2）℃水中浸泡，浸泡时水面应高出试件顶面 20～30 mm。在水中浸泡时间应为 4 d，试件应在 28 d 龄期时开始进行冻融试验。始终在水中养护的试件，当试件养护龄期达到 28 d 时，可直接进行后续试验。对此种情况，应在试验报告中予以说明。

（2）当试件养护龄期达到 28 d 时应及时取出试件。用湿布擦除表面水分后应对外观尺寸进行测量，试件的外观尺寸应满足《普通混凝土长期性能和耐久性试验方法》（GB/T 50082—2009）要求，并应编号、称量试件初始质量 W_{0i}；然后应按《普通混凝土长期性能和耐久性试验方法》（GB/T 50082—2009）规定测定其横向基频的初始值 f_{c0}。

（3）将试件放入试件盒内，试件应位于试件盒中心，然后将试件盒放入冻融箱内的试件架中，并向试件盒中注入清水。在整个试验过程中，盒内水位高度应始终保持至少高出试件顶面 5 mm。

（4）测温试件盒应放在冻融箱的中心位置。

（5）冻融循环过程应符合下列规定。

① 每次冻融循环应在 2～4 h 完成，且用于融化的时间不得少于整个冻融循环时间的 1/4。

② 在冷冻和融化过程中，试件中心最低和最高温度应分别控制在（-18±2）℃和（5±2）℃内。在任意时刻，试件中心温度不得高于 7 ℃，且不得低于-20 ℃。

③ 每块试件从 3 ℃降到-16 ℃所用的时间不得少于冷冻时间的 1/2；每块试件从-16 ℃升至 3 ℃所用时间不得少于整个融化时间的 1/2，试件内外的温差不宜超过 28 ℃。

④ 冷冻和融化之间的转换时间不宜超过 10 min。

（6）每隔 25 次冻融循环宜测量试件的横向基频 f_{ni}。测量前应先将试件表面浮渣清洗干净并擦干表面水分，然后应检查其外部损伤并称量试件的质量 W_{ni}。随后应按标准规定的方法测量横向基频。测完后，应迅速将试件调头重新装入试件盒内并加入清水，继续试验。试件的测量、称量及外观检查应迅速，待测试件应用湿布覆盖。

（7）当有试件停止试验被取出时，应另用其他试件填充空位。当试件在冷冻状态下因故中断时，试件应保持在冷冻状态，直至恢复冻融试验为止，并应将故障原因及暂停时间在试验结果中注明。试件在非冷冻状态下发生故障的时间不宜超过两个冻融循环的时间。在整个试验过程中，超过两个冻融循环时间的中断故障次数不得超过两次。

（8）当冻融循环出现下列情况之一时，可停止试验：

① 达到规定的冻融循环次数；

② 试件的相对动弹性模量下降到 60%；

③ 试件的质量损失率达 5%。

5）试验结果计算

（1）相对动弹性模量应按下式计算：

$$P_i = \frac{f_{ni}}{f_{oi}} \times 100 \qquad\qquad (3-26)$$

式中　P_i——经 n 次冻融循环后第 i 个混凝土试件的相对动弹性模量（%）；

　　　　f_{ni}——经 n 次冻融循环后第 i 个混凝土试件的横向基频（Hz）；

　　　　f_{oi}——冻融循环试验前第 i 个混凝土试件横向基频初始值（Hz）。

$$P = \frac{1}{3}\sum_{i=1}^{3} P_i \qquad (3-27)$$

式中　P——经 n 次冻融循环后一组混凝土试件的相对动弹性模量（%），精确至 0.1。

相对动弹性模量 P 应以三个试件试验结果的算术平均值作为测定值。当最大值或最小值与中间值之差超过中间值的 15% 时，应剔除此值，并应取其余两值的算术平均值作为测定值；当最大值和最小值与中间值之差均超过中间值的 15% 时，应取中间值作为测定值。

（2）单个试件的质量损失率应按下式计算；

$$\Delta W_{ni} = \frac{W_{oi} - W_{ni}}{W_{oi}} \times 100 \qquad (3-28)$$

式中　ΔW_{ni}——经 n 次冻融循环后第 i 个混凝土试件的质量损失率（%），精确至 0.01；

　　　　W_{oi}——冻融循环试验前第 i 个混凝土试件的质量（g）；

　　　　W_{ni}——经 n 次冻融循环后第 i 个混凝土试件的质量（g）。

（4）一组试件的平均质量损失率应按下式计算；

$$\Delta W_n = \frac{\sum_{i=1}^{3} \Delta W_{ni}}{3} \times 100 \qquad (3-29)$$

式中　ΔW_n——经 n 次冻融循环后一组混凝土试件的平均质量损失率（%），精确至 0.1。

6）混凝土抗冻等级应按下列方法确定

当相对动弹性模量 P 下降至初始值的 60% 或者质量损失率达 5% 时的最大冻融循环次数，作为混凝土抗冻等级，用符号 F 表示。

3.3.2　耐久性主要影响因素

混凝土的耐久性是一项综合指标，其影响因素很多，主要包括抗渗性、抗冻性、抗侵蚀性、抗碳化性及抗碱-骨料反应等方面。

3.3.2.1　混凝土的抗渗性

混凝土的抗渗性指混凝土抵抗水、油等液体在压力作用下渗透的性能。它直接影响混凝土的抗冻性和抗侵蚀性。混凝土的抗渗性主要与其密实度及内部孔隙的大小和构造有关。混凝土内部的互相连通的孔隙和毛细管通路以及由于在混凝土施工成型时，振捣不实产生的蜂窝、孔洞都会造成混凝土渗水。

混凝土的抗渗性用抗渗等级 P 表示，分为 P4、P6、P8、P10、P12 等五个等级，相应表示混凝土能抵抗 0.4 MPa、0.6 MPa、0.8 MPa、1.0 MPa、1.2 MPa 的静水压力而不渗水。

抗渗混凝土所用原材料应符合以下规定：

（1）粗骨料宜采用连续级配，其最大粒径不宜大于 40 mm，含泥量不得大于 1.0%，泥块含量不得大于 0.5%；

（2）细骨料的含泥量不得大于 3.0%，泥块含量不得大于 1.0%；

（3）外加剂宜采用防水剂、膨胀剂、引气剂、减水剂或引气减水剂；

（4）抗渗混凝土宜掺用矿物掺合料；

（5）每立方米混凝土中的水泥和矿物掺合料总量不宜小于 320 kg；

（6）砂率宜为 35%～45%。

3.3.2.2　混凝土的抗冻性

混凝土的抗冻性是指混凝土在水饱和状态下，经受多次冻融循环作用，能保持强度和外观完整性的能力。混凝土的抗冻性能用抗冻等级（快冻法）F 表示，分为 F50、F100、F150、F200、F250、F300、F350、F400 等八个级别。

混凝土的抗冻性主要取决于混凝土的构造特征和含水程度。具有较高密实度和含闭口孔多的混凝土具有较高的抗冻性。混凝土中水饱和程度越高，产生的冰冻破坏就越严重。

3.3.2.3　混凝土的抗侵蚀性

当混凝土所处环境中含有侵蚀性介质时，混凝土便会遭受侵蚀，通常有软水侵蚀、硫酸盐侵蚀、镁盐侵蚀、碳酸侵蚀、一般酸侵蚀与强碱侵蚀等。混凝土在海岸、海洋工程中的应用也很广，海水对混凝土的侵蚀作用除化学作用外，尚有反复干湿的物理作用；盐分在混凝土内的结晶与聚集、海浪的冲击磨损、海水中氯离子对混凝土内钢筋的锈蚀作用等，也都会使混凝土遭受破坏。

混凝土的抗侵蚀性与所用水泥的品种、混凝土的密实程度和孔隙特征有关。密实和孔隙封闭的混凝土，环境水不易侵入，故其抗侵蚀性较强。所以，提高混凝土抗侵蚀性的措施，主要是合理选择水泥品种、降低水灰比、提高混凝土的密实度和改善孔结构。

3.3.2.4　混凝土的碳化

混凝土的碳化，是指空气中的二氧化碳在湿度适宜的条件下与水泥水化产物氢氧化钙发生反应，生成碳酸钙和水。碳化使混凝土内部碱度降低，对钢筋的保护作用降低，使钢筋易锈蚀，对钢筋混凝土造成极大的破坏。碳化对混凝土也有有利的影响，碳化放出的水分有助于水泥的水化作用，而且碳酸钙可填充水泥石孔隙，提高混凝土的密实度。

3.3.2.5　混凝土的碱-骨料反应

碱-骨料反应是指混凝土中的碱性物质与骨料中的活性成分发生化学反应，引起混凝土内部自膨胀产生应力而开裂的现象。碱-骨料反应给混凝土工程带来的危害是相当严重的，因为碱-骨料反应时间较为缓慢，短则几年，长则几十年才能被发现。一旦发生就难以控制，严重影响混凝土结构的耐久性。因此，需要预先防止发生。

碱-骨料反应中的碱指 Na 和 K，以当量 Na_2O 计算（当量 $Na_2O=Na_2O+0.658K_2O$）。

碱-骨料反应发生和产生破坏作用的三个必要条件为：

（1）混凝土使用的骨料含有碱活性矿物，即属于碱活性骨料；

（2）混凝土含有过量的当量 Na_2O，一般超过 3.0 kg/m^3；

（3）环境潮湿，能提供碱-硅凝胶膨胀的水源。

3.3.3 提高混凝土耐久性的措施

除原材料的选择外，提高混凝土的密实度是提高混凝土耐久性的一个关键点。通常提高混凝土耐久性的措施有以下几个方面。

（1）根据实际情况合理选择水泥品种。

（2）适当控制混凝土的水灰比及水泥用量，其中水灰比不但影响混凝土的强度，而且也严重影响其耐久性，故应该严格控制水灰比，具体可参考表 3-11。

（3）选用较好的砂、石骨料是保证混凝土耐久性的重要条件。

（4）掺用减水剂、引气剂等外加剂，提高混凝土的抗渗性、抗冻性等。

（5）混凝土施工时，应搅拌均匀、振捣密实、加强养护以保证混凝土的施工质量。

（6）使用非活性骨料，可对骨料专门进行碱活性测试，或根据以往的调查结果选用骨料。

表 3-11 混凝土的最大水灰比和最小水泥用量

环境条件	结构物类别	最大水灰比			最小水泥用量/kg		
		素混凝土	钢筋混凝土	预应力混凝土	素混凝土	钢筋混凝土	预应力混凝土
1. 干燥环境	正常的居住或办公用房屋内部件	不做规定	0.65	0.60	200	260	300
2. 潮湿环境 无冻害	高湿度的室内部件 室外部件 在非侵蚀性和（或）水中的部件	0.70	0.60	0.60	225	280	300
有冻害	经受冻害的室外部件 在非侵蚀性和（或）水中且经受冻害的部件 高湿度且经受冻害的室内部件	0.55	0.55	0.55	250	280	300
3. 有冻害和除冰剂的潮湿环境	经受冻害和除冰剂作用的室内和室外部件	0.50	0.50	0.50	300	300	300

（7）控制混凝土的总含碱量（当量 Na_2O）低于 3.0 kg/m^3，碱的来源包括水泥、外加剂、拌合水和骨料，其中水泥和外加剂是主要来源。

（8）胶凝材料中使用 6% 以上硅灰，或 25% 以上粉煤灰，或 40% 以上磨细矿渣（矿粉）。这些矿物掺合料含有的氧化硅，比骨料中的氧化硅活性更高，能够预先将钾、钠固结在早期反应生成的硅酸钙凝胶中，从而防止后期有过量钾、钠与骨料反应。

预拌混凝土生产

4.1 预拌混凝土生产流程

预拌混凝土搅拌站的安全正常运作，需要搅拌站各个部门分工明确。那么预拌混凝土搅拌站具有哪些组织机构和职能部门呢，各个职能部门都负责搅拌站运作的哪一部分？由于搅拌站的规模不同，所处地区不同，机构设置不完全相同，但大体可由以下几部分组成。

项目总工程师：负责工厂整体工作，直接管理生产、技术和物质器材科三大部门。

搅拌站站长：主要负责生产部门，配合技术、后勤总务两个部门工作。生产部门细分为：生产班组，负责产品生产；运输部门，负责产品运输、原料运输及上料铲车管理；设备维修班组，负责工厂设备检修保养，工厂日常水电使用保障。

搅拌站试验室：主要负责技术提供，配合搅拌站站长工作。

物质器材科：主要负责原料供应、产品销售、后勤总务三方面工作，分为供应部、营销部、行政部三个部门。供应部，负责原料采购，工厂物品采购。营销部，负责产品销售，客户关系维系，市场推广工作。行政部，负责产品安检，工厂安全保卫，后勤总务，行政落实管理工作。

各部门工作相互配合、相互协调才能完成预拌混凝土的生产，图 4-1 是各部门的关系。

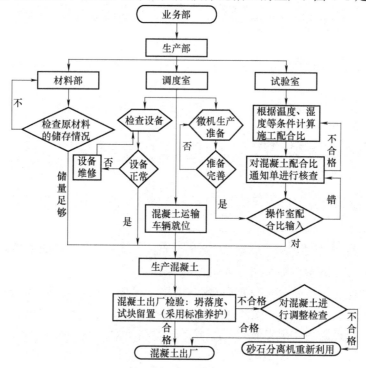

图 4-1 预拌混凝土搅拌站业务部分机构图

4.2 主要生产人员

作为学习预拌混凝土专业的学生，毕业初期能够从事的岗位有：材料部的材料进厂质检岗位，生产部的调度员岗位及生产控制微机操作员岗位，试验室的试验、质检、资料员岗位等。将来的发展方向为试验室主任、站长，最后到总工。试验室是提供技术的部门，是保证预拌混凝土质量的关键所在，将在任务 6 中详细阐述，本任务只介绍生产线站长的职责范围及生产调度员、微机操作员、材料进厂质检员岗位的岗位职责及工作程序。

4.2.1 生产线站长

1. 职责范围

（1）在生产经理领导下，主持搅拌机生产操作室工作。

（2）行使搅拌机生产操作室指挥权，按要求完成本岗位所承担的各项任务。

2. 工作内容与要求

（1）实行搅拌机班长负责制，建立统一的生产指挥系统，发挥以班长为首的领导作用。

（2）执行公司一体化成本管理与控制方针和目标，接受监督和领导，及时通报搅拌机生产情况。

（3）主持制订年度搅拌机工作计划、安全目标管理、技术组织措施及设备维修改造计划。

（4）组织实施搅拌机经济核算制度，并按期参与月、季、年度的混凝土生产分析。

（5）每季检查一次部门工作及目标落实情况，每年组织一次管理制度和工作目标修改工作。

（6）完成领导交办的其他工作。

3. 责任与权限

（1）对能否完成混凝土拌合任务负责。

（2）对搅拌站经济效益和安全生产负责。

（3）对操作室有指挥及决策权。

（4）对搅拌机员工有实施奖惩权。

（5）对职责范围内工作达标、违规、事故负直接领导责任。

4.2.2 生产调度员

1. 职责范围

（1）在副总经理的领导下，行使罐车、泵送生产调度权。

（2）负责日常生产工作的管理和协调。

2. 工作内容与要求

（1）及时、准确、一体化地掌握生产动态，迅速准确地向领导反映各工地混凝土供应情况。

（2）及时、准确地传达上级和搅拌站领导对有关施工生产的指示和要求。

（3）及时、准确地收受和下达有关领导或上级命令、通知，并写明收受日期、时间、上级单位名称及签发领导姓名、正文及附加说明，核对无误后报有关领导和部门。

（4）下达调度命令、通知时，要在要求时间内准确地将下达内容传达给受令单位或个人，并记录姓名和时间。

（5）根据供应情况合理安排车队、泵送工作。要及时掌握设备运转动态、道路保障情况和现场施工情况，及时安排和调配混凝土搅拌车辆数目满足现场的需要。

（6）根据材料的储备情况和当班的生产计划协调材料供应，及时组织进料。

（7）根据设备的运行情况，安排维修班进行必要的维修工作。

（8）根据混凝土供应情况认真填写"调度工作日记"，如天气情况、工程名称、供应起止时间、供应数量、某车混凝土需要报废的数量和原因、处理方法等。填写"混凝土工地登记表"，对混凝土供应数量、混凝土运输车的趟数加以汇总统计。

（9）执行交接班例会制度，即当班调度对接班调度及调度对象（接听司机、主控员、化验员等）面授当班工作情况，后续工作及注意事项，并做好"调度交接班记录"以利于下班生产和供应持续、高效进行。

（10）完成领导临时交办的工作。

3. 责任与权限

（1）对因调度不当影响生产负责。

（2）有权制止司机违章作业。

（3）有权对不听调度的搅拌机组操作员和罐车司机进行批评教育。

4.2.3 微机操作员

1. 职责范围

（1）在班长的领导下进行工作。

（2）负责安全优质地完成混凝土搅拌任务。

2. 工作内容与要求

（1）具有良好的职业道德，爱岗敬业、尽职尽责。

（2）熟知搅拌机主要构造、性能及安全操作事项，对一般机械故障能够及时处理，能熟练操作机械。

（3）搅拌前应首先检查搅拌系统、供水系统、气路系统、电控系统是否处于良好状态。

（4）认真执行搅拌操作程序，按照试验员送达的书面配合比通知生产混凝土。

（5）正式生产前应按下警示铃，保持 1 min。

（6）搅拌机运转后，要经常监视各系统是否良好运转。

（7）夜晚值班期间要保持良好的工作状态，保证混凝土顺利搅拌。

（8）生产过程中若混凝土状态及颜色发生异常变化，应暂停生产，并通知质检员，在原因未查明之前不得恢复生产。

（9）无特殊情况，严禁搅拌机重载启动，运行中发生的突发性断电、掉闸，不得盲目合闸，要查明原因加以处理。如机器内有料，则要先予排空，防止在搅拌机内凝固。

3. 责任与权限

（1）对搅拌机组的各个系统安全负责。

（2）有权拒绝非工作人员操纵各个系统。

微机操作员工作界面如图4-2所示。

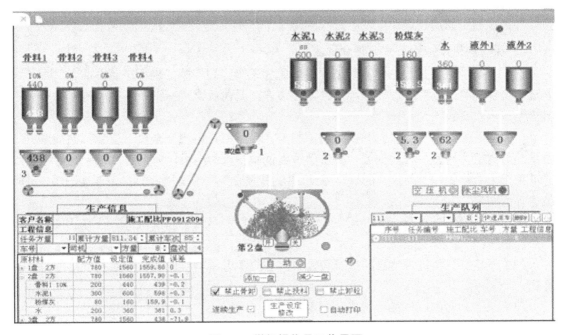

图4-2 微机操作员工作界面

4.2.4 材料进厂质检员

1. 职责范围（砂、石）

负责砂、石初检、存储至消耗过程的质量检验。

2. 工作内容与要求

（1）批量砂石首车进站应进行初检和首检。

① 核对运输单中标明砂、石级配、粒径、含泥、颜色等是否与"进货通知单"相符。

② 通知试验室对进场砂、石进行取样、检验。

③ 在首检过程中，如发现有材质问题，应及时向部门领导及总工程师汇报，必要时采取拒绝进货、暂停进货、隔离存放等措施。

（2）正常进料时，要认真核对每一车砂、石运输单中所标明的产地，目测级配、粒径、含泥、颜色等是否与进货通知单相符。

（3）符合上述要求的合格砂、石，司机及装卸人员应全部下车，才能过磅称检计量，扣除相应含水，并在砂、石料运输单上签字确认数量。

（4）指挥车辆到堆料现场指定地点卸车，砂、石料沿隔仓板两侧连续堆集，为铲车攒料创造条件。

（5）在砂、石目测中，如发现有材质问题，未卸车的拒绝卸车，已卸的隔离存放，并汇报材料及质检部相关人员。

3. 责任与权限

（1）负责砂、石初检、存储至消耗过程的质量检验。

（2）发现有材质问题的车辆，有权拒绝卸车。

4. 原材料进厂检验及储存管理制度

（1）原材料进厂后，由材料科按照"检验和试验计划"验证进厂产品的品种、数量、外观、合格证等。必要时进行检尺、量方、称重。无误后给予标识，并将所验证的有关资料交给技术负责人。

（2）对需要进行进货检验和试验的原材料，由材料员会同安全员、质量员共同取样，由试验员送检，材料员、安全员、质量员根据试验报告的结果，分别建立试验统计台账，验证判定是否接收和结算报销的质量签认。"试验报告"原件由技术负责人存查归档，材料员保存复印件。

（3）收料员根据检验结果办理入场手续。对进厂产品给予标识，对不合格品按"不合格品控制程序"的规定办理。

（4）确定原材料进货检验的数量和性质时，应考虑原材料控制的程度和所提供的合格证据。

（5）未经检测的原材料不得投入使用。

（6）标识分为待检验标识、合格标识、不合格标识、检验后将确定标识。

（7）对于现场中原材料、特殊物品的搬运，为保证其质量，应制定合理的搬运方案后执行。搬运危险品或有毒有害物资须使用相应的防护用品用具，并严格遵守有关安全操作规程。

（8）原材料、在制品、半成品均应设置必要足够的仓储设施，符合其保管的技术要求，防止产品在储存期间受到损坏、变质。

4.2.5 泵送工

1. 职责范围

（1）对混凝土泵送过程的质量负责。

（2）服从调度指挥，并应在作业中配合质检员的质量检查工作。

（3）随时监控泵车状态，及时发现并处理故障，故障排除前未经允许不得作业。

2. 工作内容与要求

1）生产准备

（1）泵送工应按时到岗，在每次出泵前都应仔细检查泵的完好情况，保证生产用泵。

（2）接到生产任务通知单后，须看清施工地点、工程名称、施工部位、强度等级，并按指定时间到达施工现场。

（3）进入施工现场后应立即与施工方取得联系，在指定泵送位置进行二次勘察核实。具体勘察内容应包括：

① 检查地面是否松软，一定要选择坚硬地面放车；

② 遇到凹凸不平的地面，必须填平后方可将泵车开进去，使车处于水平位置；

③ 泵车停放位置不可设置在沟盖板上，以免引起塌陷；

④ 检查泵车起重臂在动作范围内是否有危险物、障碍物、高压线等妨碍安全和作业的物品；

⑤ 检查泵车周围工作环境是否有落下飞来物的可能性，如果危险，可设防护棚。

（4）支泵工作完毕后迅速通知生产调度，并进入待生产状态。

2）作业过程

（1）罐车进入施工现场到达泵送位置后，泵送工依据开盘指令根据混凝土坍落度情况，调整选择好排量、速度挡位进行泵送。

（2）在施工中服从工地主管人员合理指挥，在臂杆覆盖范围内或泵管动作范围之内均衡供混凝土，在合理遵循作业指导书的范围内减轻工人体力劳动强度，增快施工速度，尽量达到施工单位满意，具体体现搅拌站竭诚为用户服务的宗旨。

（3）泵送作业中应注意：

① 泵车起重臂不能当吊车使用；

② 泵车软管在打混凝土时不得当管路使用；

③ 挪泵时应将管内混凝土排空后方可挪动泵车；

④ 遇六级以上风时要立即停止工作。

（4）泵送工在作业中应文明泵送，礼貌施工。

（5）如目测混凝土坍落度过小或工作性较差时，应迅速通知生产调度，并由质检员调整至可泵状态。

（6）未经调度、质检员许可，泵送工不应擅自以任何理由或方式命令没有卸混凝土的罐车回站调整。

（7）在无质检员、试验室技术人员在场并许可的情况下，应严格禁止任何人向车内加水、加料及其他物品等可能影响混凝土质量的行为，如发生上述情况且经劝说无效后，可拒绝泵送。

（8）泵送过程中，如泵发生无法自行处理的故障时应：

① 迅速通知车调度及车队长；

② 及时进行抢修，或做好抢修前的准备工作。

（9）若因现场停电导致不能进行正常泵送作业时，迅速通知生产调度解决。

3）泵送结束

当作业完成后，泵送工应按泵车使用说明进行收泵工作，并应注意：要及时清理全部管路系统；及时清理料斗、泵臂、摆头无积灰，用水冲洗干净。

4.3　生产过程质量控制

预拌混凝土生产环节的质量控制极其重要，因为混凝土拌合物的交付质量主要取决于这一环节的控制，生产企业必须高度重视，严格管理。

4.3.1　计量

1. 计量设备的管理

原材料的计量精度将直接影响混凝土质量。因此，加强计量设备的管理是生产环节的重要工作。

（1）生产过程中，应对配料系统计量装置进行检查。重点检查各计量料斗的工况，防止计量料斗存在卡、堵现象；检查荷重传感器导线的接触情况，防止导线脱落；同时对传感器灵敏度进行检查，可在各计量料斗内放置一定数量的标准砝码，并按"静态计量装置校准"的方法进行，确保计量系统的灵敏度和计量误差正常。

（2）保证机器及周围环境的清洁，及时清除计量料斗内的积料，以保证材料计量准确。

（3）当不生产时，应对计量装置按说明书要求进行维护保养，保持良好的运转状态。

（4）当计量装置出现失准时，应立即停止生产，查找原因，及时修理并检定或校准合格后方可继续生产。

2. 计量设备的质量要求

（1）原材料计量宜采用电子计量设备。计量设备应能连续计量不同混凝土配合比的各种原材料，并应具有逐盘记录和贮存计量结果（数据）的功能。

（2）计量设备的精度应符合现行国家标准《建筑施工机械与设备 混凝土搅拌站（楼）》（GB/T 10171—2016）的规定，应具有法定部门签发的有效检定证书，并应定期校验，当计量装置经过大修或搬迁后也要进行检定。

（3）企业计量管理部门应对计量设备进行静态计量校准，静态计量校准的加荷值应与实际生产情况相符，加荷应分级进行，分级数量不少于 5 级，并做好记录。

① 正常生产情况下每月不少于一次。

② 停产 1 个月以上（含 1 个月），重新生产前。

③ 一次连续生产 1 000 m³ 以上大方量混凝土前。

④ 发生异常情况时。

当静态校准结果超出误差范围时，必须找出原因，必要时请法定计量部门重新检定。

（4）每一工作班开始生产前，应对计量设备进行零点校准。

（5）计量控制宜采用微机控制工作，计量控制系统应具有误差自动修正和补偿功能。

（6）每盘混凝土原材料计量的允许偏差应符合表 4-1 的要求，计量偏差应每班至少检查 1 次。

表 4-1　各种原材料计量的允许偏差（按质量计，%）

原材料种类	胶凝材料	水、外加剂	骨料
每盘计量允许偏差	±2	±1	±3
累计计量允许偏差	±1	±1	±2

注：累计计量允许偏差是指每一运输车中各盘混凝土的每种材料计量和的偏差。

3. 计量记录

由于预拌混凝土有些质量指标（如强度）在出厂时难以直接检测，混凝土出厂检验或最终的有些项目在出厂时必须通过间接检测。间接检测的途径主要来自三个方面。

（1）混凝土配合比是成熟的，经过试验或应用证明按照所设计的混凝土配合比能生产出合格的混凝土。

（2）生产混凝土所用的原材料是符合国家有关规定的，且满足混凝土配合比的要求。

（3）出厂混凝土中各种原材料的实际数量是与混凝土配合比的要求相一致的。

为保证预拌混凝土质量的可追溯性，掌握混凝土生产的实际情况，要求能逐盘记录混凝土实际计量值。因此，计量记录不仅反映混凝土搅拌系统的计量精度，更能反映出混凝土的实物质量，是一项重要的质量记录。从管理和数据处理角度来看采用电脑存盘方式较好。

4.3.2　搅拌

（1）混凝土搅拌机应符合现行国家标准《混凝土搅拌机》（GB/T 9142—2000）的有关规定。混凝土搅拌宜采用强制式搅拌机。

（2）搅拌应保证预拌混凝土质量均匀，同一盘混凝土的匀质性应符合下列要求：

① 混凝土中砂浆密度两次测值的相对误差不应大于 0.8%；

② 混凝土稠度两次测值的误差不应大于表 4-2 要求的混凝土拌合物稠度允许偏差的绝对值。

表 4-2　混凝土拌合物稠度允许偏差

项目	控制目标值	允许偏差
坍落度/mm	≤40	±10
	50～90	±20
	≥100	±30
扩展度/mm	≥350	±30

（3）原材料投料方式应满足混凝土搅拌技术要求和混凝土拌合物质量要求。采用分次投料搅拌方法时，应通过试验确定投料顺序、数量及分段搅拌的试件等工艺参数。矿物掺合料宜与水泥同步投料，液体外加剂宜滞后于水泥投料，粉状外加剂宜溶解后再投料。

（4）预拌混凝土搅拌的时间应符合下列要求：

① 当采用搅拌运输车运送混凝土时，混凝土在搅拌机中的搅拌时间应满足设备说明书的要求，并且不应少于 30 s（全部材料投完算起）。

② 当采用翻斗车运送混凝土时，应适当延长搅拌时间。

③ 当制备特制品（高强、自密实、纤维等混凝土）或搅拌掺用膨胀剂、引气剂和粉状

外加剂的混凝土时，应适当延长搅拌时间。

（5）冬期施工搅拌混凝土时，宜优先采用加热水的方法提高拌合物温度，也可同时采用加热骨料的方法提高拌合物温度。当拌合用水和骨料加热时，拌合用水和骨料的加热温度不应超过表 4-3 的规定；当骨料不加热时，拌合用水可加热到 60 ℃以上。应先投入骨料和热水进行搅拌，然后再投入胶凝材料等共同搅拌。

表 4-3   拌合用水和骨料的最高加热温度   （℃）

采用的水泥品种	拌合用水	骨料
硅酸盐水泥和普通硅酸盐水泥	60	40

（6）搅拌机一般每隔 6～8 h 清洗一次，并经常清除搅拌叶片和衬板上附着的混凝土残留物，以保证混凝土拌制的匀质性。

（7）主机操作人员、出厂检验技术人员应对混凝土搅拌进行详细记录。内容包括生产时间、混凝土配合比通知单编号、工程名称、结构部位、强度等级、坍落度要求、搅拌时间、生产方量等，并在换班时移交给接班人。

4.3.3   出厂质检

为做好混凝土的出厂检验工作，预拌混凝土生产企业应安排专人负责，对混凝土出厂时的状态进行检验，以保证拌合物质量满足要求，并按照有关要求做好留样工作。

（1）出厂检验人员必须经过专业技术培训，并具有一定的工作经验。

（2）预拌混凝土出厂坍落度和扩展度的确定，应考虑混凝土运输途中的损失、运输车施工现场的停置及混凝土卸料时间长短引起的损失。

（3）每一单位工程不同结构部位、不同强度等级的混凝土生产时，出厂检验人员应认真做好"开盘检验"工作。"开盘检验"应在每次开拌初始的二、三盘进行混凝土拌合物性能检验，当不满足要求时，应立即分析原因，并严格按有关规定调整生产配合比，直至拌合物满足要求方可继续生产，并做好记录。

注："开盘检验"与"开盘鉴定"的区别在于，开盘检验是对频繁使用的配合比，在每次重新启用开盘时，对开始搅拌的第二、三盘混凝土拌合物进行性能检验，检验是为了掌握拌合物能否满足施工要求，这项工作由出厂检验人员负责即可（个别地区将这项工作视为开盘鉴定，出现了相同配合比，每次不同楼层浇筑都要求搅拌站出示"开盘鉴定"报告的错误做法，造成资源浪费）。而开盘鉴定，《混凝土结构工程施工规范》（GB 50666—2011）第 7.4.5 条明确规定，对首次使用的配合比应进行"开盘鉴定"。而且该条的条文说明是，施工现场拌制的混凝土，其开盘鉴定由监理工程师组织，施工单位项目部技术负责人、混凝土专业工长和试验室代表等共同参加。预拌混凝土搅拌站的"开盘鉴定"，由预拌混凝土搅拌站总工程师组织，搅拌站技术、质量负责人和试验室代表等参加，当有合同约定时应按照合同约定进行。开盘鉴定的内容包括原材料、生产配合比，混凝土拌合物性能、力学性能及耐久性能等。

（4）当同一配合比拌合物质量较稳定时，每车也应进行目测检验，以保证出厂混凝土拌合物状态符合要求。

（5）出厂质检员应每车核对"预拌混凝土发货单"是否正确，特别注意工程名称、强度等级、浇筑部位等不能发生错误，并应在"发货单"上签字。

（6）检验项目。

出厂检验不仅要对混凝土拌合物性能进行检验，同时还要按规定要求成型试件，供混凝土硬化性能的检验。试件成型的数量、尺寸或形状，应根据工程设计、生产量和检验要求确定。

① 常规品检验混凝土强度、坍落度和设计要求的耐久性能，掺有引气型外加剂的混凝土还应检验其含气量。

② 特制品除检验以上所列项目外，还应按相关标准和检验合同规定检验其他项目。

（7）取样与检验频率。

① 出厂检验的混凝土试样应在搅拌地点采取。

② 每个试样量应满足混凝土质量检验项目所需用量的 1.5 倍。

③ 混凝土强度检验的取样频率。

a.《预拌混凝土》（GB/T 14902—2012）标准规定为：每 100 盘相同配合比的混凝土取样不得少于一次；每一工作班相同配合比的混凝土不足 100 盘时应按 100 盘计。每次取样应至少进行一组试验。

b. 由于混凝土企业的生产设备搅拌量越来越大，如果按盘取样试件数量明显少许多，因此，从有利于强度检验评定角度出发，取样频率可按"交货检验"要求执行。

④ 混凝土坍落度检验的取样频率应与强度检验相同。

⑤ 同一工程、同一配合比的混凝土的氯离子含量应至少检验 1 次；同一工程、同一配合比和采用同一批海砂的混凝土的氯离子含量应至少检验 1 次。

⑥ 混凝土耐久性能检验的取样频率应符合《混凝土耐久性检验评定标准》（JGJ/T 193—2009）的规定。

⑦ 预拌混凝土的含气量、扩展度及其他项目的取样检验频率应符合国家现行标准和合同的规定。

（8）硬化混凝土性能检验。

① 硬化混凝土性能检验应符合下列规定。

a.强度检验评定应符合现行国家标准《混凝土强度检验评定标准》（GB/T 50107—2010）的有关规定，其他力学性能检验应符合设计要求和有关标准的规定。

b. 耐久性能检验评定应符合现行行业标准《混凝土耐久性检验评定标准》（JGJ/T 193—2009）的有关规定。

c. 长期性能检验规则可按现行行业标准《混凝土耐久性检验评定标准》（JGJ/T 193—2009）中耐久性检验的有关规定执行。

② 混凝土力学性能应符合现行国家标准《混凝土质量控制标准》（GB 50164—2011）第 3.2 节的规定；长期耐久性能应符合现行国家标准《混凝土质量控制标准》（GB 50164—2011）第 3.3 节的规定。

4.3.4　运输

在运输过程中，发车速度对混凝土质量有明显影响。合理的发车速度可避免混凝土因运输时间过长而发生明显变化，减少因压车或断车造成的不必要的质量问题或事故，节约设备及能源，增加效益，同时体现良好的服务为企业赢得信誉。预拌混凝土的运输一般由生产企业负责，因此，企业应做好预拌混凝土从装料、运送至交付的有关工作。

（1）预拌混凝土采用搅拌运输车运送至交货地点，混凝土搅拌运输车应符合《混凝土搅拌运输车》（GB/T 26408—2011）的规定。

（2）搅拌运输车在装料前应排尽罐内积水和杂物，装料后严禁向搅拌罐内的混凝土拌合物中加水。

（3）每车混凝土拌合物必须经出厂质检员检验（稳定时可以目测方式），符合要求后方可出厂。

（4）在运输及现场等候卸料期间，为使拌合物不产生分层、离析现象，运输车搅拌罐体应始终保持每分钟3～5转的慢速转动，卸完料前不得停转。

（5）在运输过程中，当发生故障、堵车、交通事故等影响混凝土正常运输时，运输司机应及时将情况告知现场服务人员和车队队长。

（6）卸料前，应采用快挡旋转搅拌罐不少于20 s。当混凝土坍落度不能满足施工要求时，可在运输车罐内加入适量的与原配合比相同成分的减水剂。减水剂加入量应事先由试验确定，并应做好记录。加入减水剂后，搅拌运输车罐体应快速旋转搅拌均匀，并在达到要求的工作性能后再泵送或浇筑。

（7）预拌混凝土从搅拌机卸入搅拌运输车至卸料时的运输时间不宜大于90 min，如需延长运送时间，则应采取相应的技术措施，并应通过试验验证。

（8）冬夏寒冷高温季节，混凝土运输车罐体应用毡被包裹保温隔热。

（9）合理调配混凝土运输车辆，确保混凝土的运送频率能够满足施工的连续性，并应通过GPS系统或通信设备联络，及时解决车辆积压或断料问题。对于施工速度较慢的部位，运载量不宜过多，以防卸料时间过长影响施工及混凝土质量。

（10）在运输过程中应采取措施保持车身清洁，不得洒落混凝土污染道路；在离开工地前，必须将料斗壁上的混凝土残浆冲洗干净后，方可驶出工地。

（11）做好运输司机的安全、文明驾驶教育，确保混凝土的运送正常进行。

（12）运输司机做好预拌混凝土"发货单"的签收和归档工作。预拌混凝土"发货单"是供需双方交货检验和结算的重要凭证，因此，每车混凝土出厂时，生产企业必须逐车打印"发货单"。"发货单"内容至少应包括合同编号、供货单编号、需方及工程名称、浇筑部位、混凝土设计等级、供货日期、供货数量、运输车号、发车时间及供方名称等。交货完毕，由需方指定的验收负责人在"发货单"上签字，经签字的"发货单"才能作为供货量结算和运费结算的依据，因此，运输司机必须及时做好"发货单"的签收工作，并妥善保管，及时上交结算管理部门归档。

4.3.5　交货

对于预拌混凝土企业来说，混凝土运送到施工现场即使交货顺利，而且交货检验强度满足设计要求，但这并不意味着质量义务的终结。若最终成品出现其他质量问题，需方也会找供方说事，甚至供方要为此付出经济和名誉代价。因此，加强混凝土交货过程的质量控制和施工过程监视很有必要，可预防一些质量问题的发生或掌握一些质量问题发生的原因。

然而，有些混凝土公司忽视了交货环节的重要性，不配备混凝土施工全过程跟踪服务的人员（由供货运输司机代替），导致施工过程中出现一些对己不利的问题无法准确、详细掌握，缺少证据和说服力，往往只得承担本不应该承担的责任。比如施工过程中混凝土强度等级浇错部位，造成结构实体强度检测不合格；施工人员往混凝土拌合物中任意加水，发生严重离析导致堵管，或加水造成结构实体强度不合格；施工人员未掌握好混凝土收面时机，收面时洒水导致混凝土表面掉皮起砂，如果这个问题发生在车间、路面等表面质量要求较高的部位，可能就要返修或返工；混凝土施工不规范导致了严重的裂缝产生等。发生这些问题可能会造成赔偿或影响应收账款的回收。另外由于混凝土生产原因导致的拌合物工作性不良、严重离析、泌水，或坍落度过小现场不加水就无法调整，这些问题即使运输司机发现了，但基本都不会主动退货，而有的需方交货检验不严，使存在问题的混凝土拌合物顺利交付，容易造成结构出现质量问题；施工过程中发生停电、堵管、浇筑到结构复杂部位突然速度放慢等，这些问题如果需方不及时告知供方，容易造成现场积压车辆过多，混凝土因等待时间过长坍落度变小常常是加水解决的一个因素。

总之，无论是供方原因还是需方原因造成的工程质量问题或事故，需方总想让混凝土公司来承担责任。因此，为降低企业的质量风险，混凝土公司必须重视交货环节的工作，尽量安排专人到施工现场进行浇筑全过程的跟踪服务，可起到预防或减少问题的发生，这对己、对需方以及业主都有益。

1. 交货检验

《预拌混凝土》（GB/T 14902—2012）标准规定：预拌混凝土的质量验收应以交货检验结果为依据。因此，交货检验对于预拌混凝土生产企业来说是一项十分重要的工作，企业应安排熟悉交货检验规则及相关检验方法的人员到施工现场做好交货检验工作，努力做到服务让需方满意，塑造良好的企业形象。

混凝土运输车进入施工现场交付时，现场服务人员应主动配合需方做好交货检验工作。目前，有许多工程实行三方见证取样。方法是：由需方负责在建设或监理单位的监督下，会同供方对进场的每一车预拌混凝土进行联合交货验收。验收内容包括：出厂时间、进场时间、数量、拌合物性能（如坍落度、含气量检验等），同时由需方负责按照标准规范要求制作试件。验收通过后，三方代表共同在"预拌混凝土交货验收纪录表"上签字，并由需方存档。

1）检验项目

（1）常规品检验混凝土强度、坍落度和设计要求的耐久性能，掺有引气型外加剂的混凝土还应检验其含气量。

（2）特制品除检验以上所列项目外，还应按相关标准和检验合同规定检验其他项目。

2）取样与检验频率

（1）混凝土交货检验应在交货地点取样，交货检验试样应随机从同一运输车卸料量的1/4～3/4采取。

（2）混凝土交货检验取样及坍落度试验应在混凝土运到交货地点时开始算起 20 min 内

完成，试件制作应在混凝土运到交货地点时开始算起 40 min 内完成。

（3）混凝土强度检验的取样频率：

① 每 100 盘，但不超过 100 m^3 的同配合比混凝土，取样次数不应少于一次；

② 每一工作班（8 h）拌制的同配合比混凝土，不足 100 盘和 100 m^3 时，其取样次数不应少于一次；

③ 当一次连续浇筑的同配合比混凝土超过 1 000 m^3 时，每 200 m^3 取样不应少于一次；

④ 对房屋建筑，每一楼层、同配合比的混凝土，取样不应少于一次。

（4）每批混凝土试样应制作的试件总组数，除满足混凝土强度评定所必需的组数外，还应留置为检验结构或构件施工阶段混凝土强度所必需的试件。

（5）混凝土坍落度检验的取样频率应与强度检验相同。

（6）同一工程、同一配合比的混凝土的氯离子含量应至少检验一次；同一工程、同一配合比和采用同一批海砂的混凝土的氯离子含量应至少检验一次。

（7）混凝土耐久性能检验的取样频率应符合《混凝土耐久性检验评定标准》（JGJ/T 193—2009）的规定。

（8）预拌混凝土的含气量、扩展度及其他项目的取样检验频率应符合国家现行标准和合同的规定。

2. 现场信息反馈

预拌混凝土生产企业应安排经培训具有一定基本专业知识的人员负责交付工作，并将现场信息及时反馈给技术质量部门或生产部门。

1）质量情况的反馈

（1）在夏季气温较高、运输路程较长时，如果混凝土坍落度经时损失不能满足施工要求时，或混凝土拌合物存在其他问题时，现场服务人员应及时将信息反馈厂内值班出厂质检人员，以便及时调整混凝土出厂状态。

（2）在浇筑过程中，当混凝土的浇捣部位不同或浇筑工艺不同对混凝土坍落度要求不一样时，现场服务人员应及时将信息反馈厂内值班出厂质检人员。

（3）当发生停电、设备故障等导致停止浇筑，且无法确定恢复施工时间时，为防止已到现场等待交付的车辆混凝土等候时间过长而发生报废或闷罐，现场服务人员应及时与需方沟通，征求需方同意后退货。无论需方是否同意退货，都要及时将信息反馈到厂内相关人员。

（4）施工人员往混凝土拌合物中任意加水，如阻止无效，应及时将信息反馈业务经理、技术负责人或实验室主任，以便通过供需双方管理层的沟通来解决问题。

（5）现场服务人员应经常到达混凝土浇筑地点，监视混凝土浇筑过程，防止不同强度等级的混凝土浇错结构部位，若发生强度等级浇错结构部位情况，应及时阻止，并要求需方写书面情况，无论需方是否写书面材料，现场服务人员都应将经过和浇筑位置记录清楚，并应及时将信息反馈业务经理、技术负责人或试验室主任。

2）供应速度和供货时的反馈

（1）准确掌握现场施工情况，浇筑部位不同往往速度有较大差别，或堵管及移动泵管时间长，或运输出现交通不畅问题等，现场服务人员必须及时将这些信息反馈给生产部门或厂内车辆调度，以便更合理掌握发车速度。

（2）为密切配合施工需要，现场服务人员经常与供货司机及车辆调度保持联系，准确掌控供应速度，确保既不断车也不多压车，达到供需的基本平衡。

（3）混凝土浇筑即将结束时，现场服务人员应配合施工人员对混凝土的需要量作出较准确的估方，尽量减少浪费。

3. 现场服务人员工作注意事项

（1）到达施工现场必须戴好安全帽，随时注意安全。

（2）及时了解工程施工情况，如工程名称、结构部位、强度等级、施工对混凝土拌合物性能的要求以及供应车辆数量等，做到心中有数。

（3）尽快与需方交货检验人员取得联系，进一步了解施工浇筑情况及不同部位对混凝土拌合物性能的要求，并积极配合做好交货检验工作。

（4）当发生需方不满意的问题时，应根据具体情况做好解释工作，力求获得理解和谅解，并及时将情况向厂内相关领导汇报，以便问题能够得到及时解决，不得和需方人员发生争执，应有换位思考意识。

（5）每车混凝土到达现场时，应认真核对供货单上的施工单位、工程名称、结构部位、强度等级是否与本工程需要一致，确认无误且拌合物性能满足施工要求，交货完毕后应在供货单上签字。

（6）做好交货见证取样自留试件的成型、标识和养护工作（盖塑料薄膜），负责将试件运回试验室；认真填写"交货检验试件留置记录"，并详细记录浇筑过程中出现的各种异常情况，回厂后及时移交资料室保管。

（7）当坍落度偏小时，可用减水剂进行调整。调整时减水剂掺量不得超过 $2\ kg/m^3$，若仍不能满足施工要求，或坍落度过大已离析时，要求罐车司机立即回厂处理，不得将存在问题的拌合物交付使用。

（8）混凝土从出厂时间算起，超过 3 h 或混凝土拌合物状态已发生较大的变化，调整后仍不能满足泵送要求，若需方原因造成，应要求需方尽快处理，若需方无法处理，应要求需方在"供货单"上签字，然后要求司机立即回厂处理，以免混凝土凝结在罐体内。

（9）加强按施工图纸结算工程的施工监督，当浇捣部位与供货通知单不一致及供应量有较大差异时，应及时向有关领导汇报，并做好详细记录。

（10）坚决杜绝混凝土供应期间现场没人，在换班人员未到达现场时值班人员不得离开岗位；不得上运输车内休息或在现场睡觉，严禁擅自脱岗、离岗。

（11）发现需方对浇筑后的混凝土结构及试件养护不到位时，应及时与相关人员进行沟通，尽力避免问题的发生。

4.3.6　异常情况处理

混凝土在生产过程中，可能会发生一些异常情况，当发生异常情况时，生产部和试验室的相关人员应密切配合，及时查找原因，尽快处理。

1．可能发生的异常情况

（1）混凝土拌合物坍落度忽然很小。

（2）混凝土拌合物浆体含量忽然很少或很多。

（3）混凝土拌合物含气量过大。

（4）混凝土拌合物坍落度忽然很大或产生严重离析、泌水。

（5）混凝土坍落度经时损失过大，凝结时间过短，影响正常施工。

（6）混凝土拌合物氨气味大，刺鼻、熏眼。

2．异常情况处理

当发生上述异常情况后，相关人员应及时向技术负责人及生产经理汇报，以便问题得到及时解决。如果是计量系统故障问题引起，应在维修及校准确认正常后方可继续生产，并按以下方法进行逐一排查。

（1）生产设备计量系统发生故障，造成某一材料少称或多称，特别是减水剂超称过多会造成混凝土拌合物严重离析泌水，少称则明显影响流动性和坍落度，或导致用水量的明显增加。

（2）骨料含水率、含泥量、石粉含量或颗粒粒径发生明显变化。

（3）原材料入错仓，包括砂石、胶凝材料、外加剂等入错仓。

（4）运输车刷罐时水未放净可能造成严重离析泌水。

（5）混凝土拌合物含气量过大与减水剂有关，如用量过多、引气剂掺量多，应注意聚羧酸系减水剂的掺量；与胶凝材料有关，如胶凝材料在粉磨时掺入的助磨剂，有的有明显引气效果，或粉煤灰或水泥中含有一定量的铝粉等。

（6）不同批次胶凝材料或外加剂质量发生明显变化，出现相容性变差。如水泥矿物组成发生了显著变化，粉煤灰细度或需水量发生明显变化等，导致水用量和减水剂的明显提高，但仍然出现坍落度经时损失大的问题。

（7）水泥生产企业和电力企业对煤进行脱硝处理时，如果脱硝选用尿素和氨水作还原剂，掺量过高就会导致混凝土拌合物氨气味大。粉煤灰或水泥中含氨有时单独闻不出气味，但将这两种材料混合后加水搅拌立即就能闻出，可更换不同批次粉煤灰与水泥一起搅拌或更换不同批次水泥与粉煤灰一起搅拌，很快就能查出哪种材料含有氨。

4.3.7　退（剩）混凝土处理

退（剩）混凝土拌和物状态因出厂时间的长短不同差异很大，为了节约资源和能源，减少浪费及对环境造成污染，混凝土公司一般都会根据具体情况采用不同方法重新利用。为保证混凝土质量，退（剩）混凝土的处理一般按以下程序进行。

（1）核实退（剩）混凝土的搅拌到退回的时间、强度等级、配合比、原材料等。

（2）核定退（剩）混凝土的方量。

（3）检查退（剩）混凝土拌合物性能。

根据以上情况进行分析，并及时进行处理。处理方式有混凝土塑性状态下再利用、捣压碎并风干后再利用和经冲洗浆、骨分别再利用。

预拌混凝土生产设备

任务5

5.1 搅拌站（楼）

预拌混凝土搅拌站（楼）在生产混凝土时，需要将水泥、骨料、水、外加剂及矿物掺合料等物料，按混凝土配比要求进行计量，然后输送到搅拌机进行搅拌成合格混凝土。混凝土搅拌站运行工艺流程如图5-1所示。对于不同类型的预拌混凝土搅拌站（楼）组成不同，但一般应具备以下几部分。搅拌主机、物料计量系统、物料输送系统、物料贮存系统和控制系统等五大系统和其他附属设施组成，如图5-2、5-3所示。

预拌混凝土
搅拌站工作流程

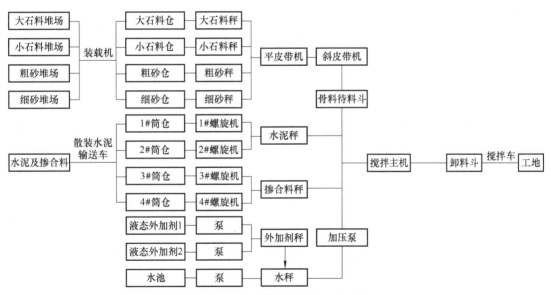

图 5-1 混凝土搅拌站运行工艺流程

图 5-2 混凝土搅拌站贮料及输送系统

图 5-3 混凝土搅拌站搅拌楼

搅拌站的规格大小是按其每小时的理论生产量来命名的，目前我国常用的规格有：HZS25、HZS35、HZS50、HZS60、HZS75、HZS90、HZS120、HZS150、HZS180、HZS240等。如HZS180是指每小时理论生产能力为180 m^3的搅拌站，主机为双卧轴强制搅拌机。若主机用单卧轴则型号为HZD25。

搅拌站又可分为单机站和双机站，顾名思义，单机站即每个搅拌站有一个搅拌主机，双机站有两个搅拌主机，每个搅拌主机对应一个出料口，所以双机搅拌站是单机搅拌站生产能力的2倍，双机搅拌站命名方式是2HZS**，比如2HZS180指搅拌能力为2*180=360 m^3/h的双机搅拌站。

混凝土搅拌站技术参数见表5-1。

表5-1　预拌混凝土搅拌站技术参数

型号		HZS60	HZS90	HZS120	HZS180	HZS240
生产率/（m^3/h）		60	90	120	180	240
搅拌主机	型号	JS1 000	JS1 500	JS2 000	JS3 000	JS4 000
	搅拌功率/kW	2×22	2×30	2×37	2×55	2×75
	出料容量/m^3	1	1.5	2	3	4
	骨料粒径/mm	≤60	≤80	≤120	≤150	≤150
配料仓	仓容积/m^3	3×13	3×13	3×13	4×20	4×20
	仓格数	3	3	3	4	4
皮带机输送能力/（t/h）		200	200	300	400	600
称量范围及精度	骨料/kg	2 500±2%	3 500±2%	4 500±2%	6 500±2%	9 000±2%
	水泥/kg	600±1%	900±1%	1 200±1%	1 800±1%	2 400±1%
	粉煤灰/kg	200±1%	300±1%	400±1%	600±1%	800±1%
	水/kg	300±1%	400±1%	600±1%	800±1%	1 000±1%
	外加剂/kg	10±1%	30±1%	30±1%	50±1%	50±1%
总功率/kW		82	108	127	178	220
卸料高度/m		3.8	3.8	3.8	3.8	3.8

5.1.1　物料贮存设备

预拌混凝土搅拌站的物料贮存方式基本相同。由于所用骨料量大，所以进厂的骨料一般先放在露天堆场（图5-4）。随着环保要求越来越高，一些城市大型预拌混凝土搅拌站开始使用封闭式骨料堆棚（图5-5）。便于骨料运输和计量，骨料在运输计量之前，要用铲车将骨料送入小型贮存仓内（图5-6）；粉料用全封闭钢结构筒仓贮存（图5-7）；外加剂用钢结构容器贮存。

图 5-4　骨料露天堆场

图 5-5　骨料封闭式堆棚

图 5-6　钢制料仓

图 5-7　圆筒料仓

1. 骨料贮存仓

骨料贮存仓一般分为地仓式、钢制直列式料仓及圆筒形料仓等形式。

1）地仓式

地仓式贮料方式（图 5-8）由斜皮带运输机、水平皮带运输机、下贮料仓、地下长廊等组成。每个仓间隔一般 4~6 m。有时可配合计量斗，直接在地下进行计量，如图 5-9 如示。

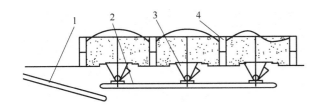

图 5-8　无计量地仓式贮料方式

1—斜皮带；2—平皮带；3—下贮料仓；4—隔仓墙

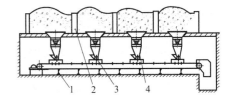

图 5-9　有计量地仓式贮料方式

1—平皮带；2—隔仓墙；3—计量斗；4—下贮料仓

这种结构的特点是料场直接作为料仓，容积大、骨料上料简单、效率高，规模较大的搅拌站（楼）采用一台推土机或装载机上料即可。但也有缺点，主要是占地面积大、地下工程量大、一次性建设费用高。地仓式一般用于投资较大、场地限制小、生产率高的大型搅拌站。

2）钢制直列式料仓

钢制直列式料仓（图 5-10）由料仓、料门、支架等组成，一般有 3～4 个料仓，每个仓的容积 5～15 m³ 或更大。一般采用装载机上料，对于较大的料仓，也有采用皮带运输机上料的方式。一般情况下，这种料仓与骨料计量装置做在一起，形成一个运输单元。

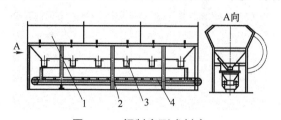

图 5-10　钢制直列式料仓

1—料仓；2—支架；3—料门；4—计量装置

这种料仓的特点是运输方便，占地小，无死料区，因此，是一种比较适合转移性较强的搅拌设备。

3）圆筒形料仓

圆筒形料仓（图 5-11）大多数采用钢结构，由仓体、料门组成。如搅拌站采用混凝土结构，仓体可由钢筋混凝土制成，料门由钢制成。圆筒形料仓大多数情况下与地仓结合使用，其容积为 60～200 m³，可同时存 4～8 种骨料。上料方式可采用皮带机上料或斗提机上料。为了将各种骨料送到各贮仓中，往往要采用回转布料器。回转布料器由机架、驱动系统和回转漏斗组成。机架由型钢拼焊而成，固定与圆筒形料仓顶部平台上，电机经减速机减速后，带动回转漏斗转动，回转漏斗将皮带机送上来的料送往对应的贮料仓。

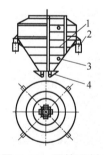

图 5-11　圆筒形料仓

1—仓体；2—支撑；3—上下料位计；4—料门

2. 粉料的贮存仓

预拌混凝土搅拌站用到的粉状物料主要有散装水泥、粉煤灰、矿渣粉及硅灰等材料，这些材料的贮存一般用筒仓贮存，如图 5-12 所示。一般施工现场使用的筒仓，其容量多数是 25～60 m³。根据工程的具体需要，有的搅拌站（楼）可以同时设置几个水泥、掺合料筒仓。筒仓由仓体、仓顶、下圆锥、底架和辅助设备五部分组成，一般采用钢板焊接而成。有时为了运输和安装等需要，对于容量较大的筒仓也有制成套接式的，但是这种形式的筒仓密封性不够好，而且制造费用较高。常用筒仓的规格一般是直径 2.4～3 m，高度 6～15 m。

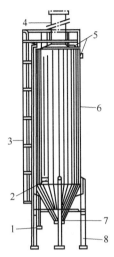

图 5-12 粉料贮存筒仓

1—进料管；2—下料位计；3—爬梯；4—除尘装置；5—上料位计；6—筒体；7—出料口；8—支架

5.1.2 物料输送设备

用于骨料、水泥、水及外加剂的输送设备，应根据混凝土搅拌站所采用的贮料设备形式、工厂场地大小及生产率进行选择。砂石骨料的输送设备有皮带输送机、拉铲、装载机等，常用的为皮带输送机；水泥、粉煤灰、矿粉及其他粉状物料的输送设备有斗式提升机、螺旋输送机、气力输送设备等，其中常用的是螺旋输送机；而水及外加剂常采用泵送。

5.1.2.1 皮带输送机

皮带输送机适合散粒物料的水平输送和倾斜输送，在预拌混凝土搅拌站中使用非常广泛，如图 5-13 所示。皮带输送机的构造如图 5-14 所示，输送带（平皮带或波纹带等）绕在传动滚筒和导向滚筒上，由张紧装置张紧，并用上托辊和下托辊支承。当驱动装置驱动传动滚筒回转时，由传动滚筒与输送带间的摩擦力带动输送带运行。物料一般是通过贮料斗加至输送带上，由传动滚筒处卸出。

图 5-13 皮带输送机实物

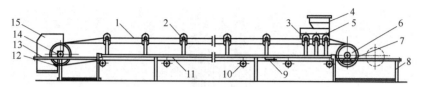

图 5-14　皮带输送机构造示意图

1—输送带；2—上托辊；3—缓冲托辊；4—料斗；5—导料挡板；
6—改向滚筒；7—螺旋拉紧装置；8—尾架；9—空段清扫器；10—下托辊；
11—中间架；12—弹簧清扫器；13—头架；14—传动滚筒；15—头罩

1. 主要部件

1）输送带

输送带既是承载构件又是牵引构件。对输送带的要求是：具有足够的强度，能承受最大的牵引力；有较好的纵向挠性，容易通过滚筒；横向挠性要适当，通过槽形托辊时既易成槽，离开托辊后又不致塌边撒料；相对伸长要小而弹性高，对于多次重复弯折产生的变化负载的抵抗力良好，吸水性小；带面应具有一定的厚度和耐冲击、耐磨损、防腐蚀等性能。

输送带主要有织物芯胶带和钢绳芯胶带两大类。预拌混凝土搅拌站主要用织物芯胶带，它是由若干层帆布组成，帆布层之间用硫化方法浇上一层薄的橡胶，带的上下以及左右两侧都覆以橡胶保护层，如图 5-15 所示。

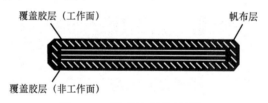

图 5-15　橡胶输送带断面图

输送机上的输送带要连接成无端的闭合件。胶带连接方法可分为机械连接和硫化胶接两种。机械连接的方法很多，常用的有钢卡连接、合页连接、板卡连接和搭头铆接等形式，但机械连接的接头强度只有胶带本身强度的 35%～40%，使用寿命短，而且接头通过滚筒时对滚筒有损害。硫化胶接法可以显著延长橡胶输送带的使用寿命，硫化接头的强度可达胶带本身强度的 85%～90%，因此在条件许可的情况下，应尽可能采用硫化胶接法。硫化胶接法，将胶带两端切开成阶梯形斜头，然后胶合起来，结合处的厚度不应超过胶带厚。

2）托辊

托辊是输送带和物料的支承与约束装置，对输送带的运行情况和使用寿命有很大影响。对托辊的基本要求是：工作可靠，回转阻力小；表面光滑，径向跳动小；制造成本低，便于安装与维修。

根据托辊装设部位和作用的不同，托辊（图 5-16～图 5-19）可分为：平形托辊（支承输送带的承载段和空载段）、槽形托辊（用于支承承载边的输送带和物料，角度 30°～45°）、调心托辊（除支承输送带和物料外，还能调整跑偏的输送带，使之复位）和缓冲托辊（在装载处减小物料对输送带的冲击作用）等。

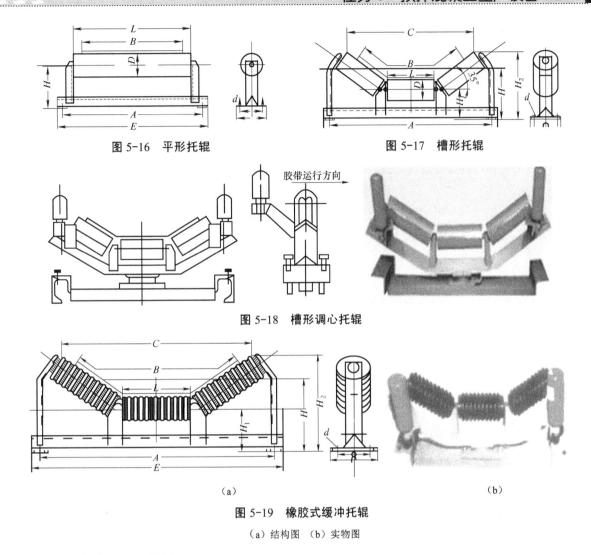

图 5-16　平形托辊

图 5-17　槽形托辊

图 5-18　槽形调心托辊

图 5-19　橡胶式缓冲托辊

（a）结构图　（b）实物图

3）滚筒及驱动装置

驱动装置是传递动力的主要部件，通过驱动滚筒和输送带之间的摩擦作用牵引输送带运动。带式输送机的驱动装置一般由电机、联轴器、减速器及驱动滚筒组成。驱动滚筒有两种，一种用途较广泛的普通滚筒，采用钢板焊接结构。另一种是电动滚筒，它是将电机、减速齿轮装入滚筒内的驱动滚筒，驱动滚筒也有改向的作用。只改变输送带运动方向而不传递动力的滚筒称为改向滚筒（如尾部滚筒、垂直拉紧滚筒等）。

4）拉紧装置

为了保证有一定的摩擦力，带式输送面的拉紧装置有：螺旋式、垂直式和车式三种。

（1）螺旋式拉紧装置如图 5-20 所示，由调节螺杆和导架等组成。旋转螺杆即可移动轴承座沿导向架滑动，以调节带的张力。螺杆应能自锁，以防松动。

（2）垂直式拉紧装置如图 5-21 所示，利用重锤的重力使输送带经常处于张紧状态。该装置适用于长度较大（大于100 m）的输送机或输送机末端位置受到限制的情况。

（3）车式拉紧装置机尾张紧滚筒安装在尾架导轨可移动的小车上，钢丝绳的一端连接在小车上，而另一端悬挂着重锤，如图 5-22 所示。它是依靠重锤的重力拉紧输送带，故可以自动张紧输送带，保持恒定的张紧力。适用于输送机距离较长，功率较大的场合，尤其适于倾斜输送的输送机上。

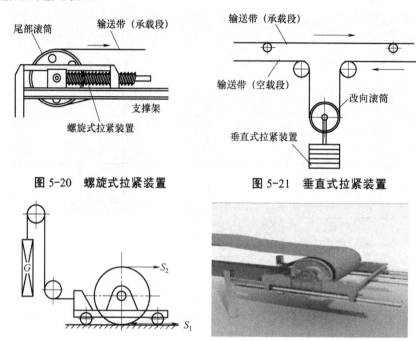

图 5-20　螺旋式拉紧装置　　　　图 5-21　垂直式拉紧装置

图 5-22　车式拉紧装置

5）装料装置

正确地设置受料装置，能够减轻输送带在受料处的磨损，延长其使用寿命。装料装置（图 5-23）应对准输送带中心均匀加料，落差要小，且物料落到输送带上时的料流方向和速度尽量与输送带运行的方向和速度一致。在装料点不允许有物料撒漏和和堆积。

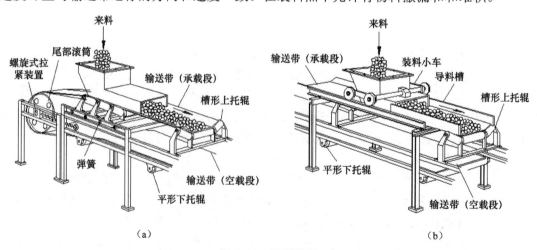

（a）　　　　　　　　　　　　　　　（b）

图 5-23　装料装置

（a）固定装料装置　（b）移动装料装置

6）卸料装置

卸料装置是将输送带上的物料卸下，有端部卸料（图5-24）和中间卸料（图5-25）两种形式。端部卸料从端部滚筒卸出，适合于卸料点固定的场合。中间卸料从带式输送机的某一段将物料卸出，如一条带式输送机有两个中间卸料点，可以用1台移动卸料车来完成。

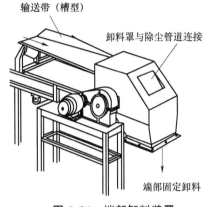

图5-24 端部卸料装置

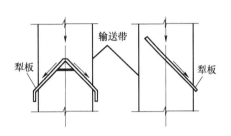

图5-25 中间卸料装置

7）清扫装置

带式输送机在输送物料时，带面会被洒落或粘附上一些物料，需要用清扫装置把它们清除掉，以免带和滚筒及托辊磨损过快，避免因粘料造成输送带跑偏。

常用的清扫装置如图5-26所示。

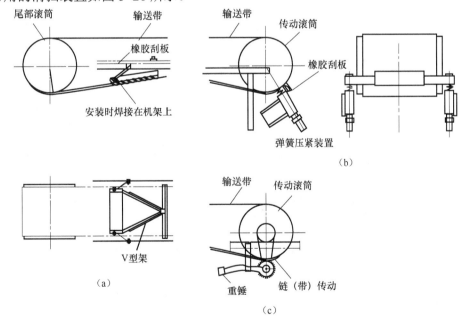

图5-26 清扫装置

（a）V型清扫器 （b）清扫刮板 （c）清扫刷

8）制动装置

对于倾斜放置、正在向上输送物料的带式输送机，如果突然出现停电，可能会出现输送带反向运动，这是绝不能允许的。为了避免发生反向运动，在驱动装置处设置了逆止装置，常用的有带式逆止器、辊柱逆止器和电磁闸瓦逆止器，防止输送带下滑。为了防止输送带由于某种原因被纵向撕裂，一般输送距离超过 30 m 时，沿着输送机全长间隔一定距离（如 25～30 m）安装一个停机按钮。

2. 性能与应用

皮带运输机的优点是生产效率高，不受气候的影响，可以连续作业而不易产生故障，维修费用低，只需定期对某些运动件加注润滑油。但是，皮带运输机不能自行上料，必须采用其他设备为其上料，或者将皮带机受料部分放在砂、石贮仓的下方，使骨料从上方靠自重落在皮带机上进行输送。

实际使用中常采用各种形式的输送带，光滑平皮带机的工作倾斜角为 2°～20°，而采用表面带有沟槽或肋条的波纹带运输机工作倾斜角可达 35°。在有些场合，可根据要求制造出许多特殊结构的皮带运输机，如带裙边的皮带机，带隔板的皮带机等。这些特殊结构皮带运输机的优点是占用场地面积小，输送能力大，因而很受用户欢迎。

5.1.2.2 螺旋输送机

图 5-27 管式螺旋输送机

螺旋输送机是通过控制螺旋叶片的旋转、停止，达到对水泥或粉煤灰上料的控制。预拌混凝土搅拌站用的螺旋输送机一般为管式螺旋输送机，如图 5-27 所示。

1. 构造

图 5-28 是国产 LSY 系列螺旋输送机的结构简图。电机通过驱动装置带动装有螺旋叶片的轴旋转，物料通过装载漏斗装入壳内，也可以在中间装载口装料，物料在叶片的推动下在壳体内轴向移动从卸料口卸出。螺旋输送机的特点是既可实现水平输送，又可实现倾斜输送，倾斜角度可达 60°，且输送能力强，防尘、防潮性能好。因此特别适宜从水泥筒仓到搅拌机或从水泥筒仓到配料机之间的散装水泥或粉煤灰的输送。

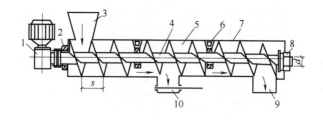

图 5-28 LSY 系列螺旋输送机结构简图

1—驱动装置；2—首端轴承；3—装料漏斗；4—轴；5—壳体；6—中间轴承；
7—中间装料口；8—末端轴承；9—末端卸料口；10—中间卸料口

用于水泥和混凝土添加剂的螺旋输送机，其螺旋管直径一般为 $\phi160～\phi315$ mm，螺旋轴转速范围为 90～300 r/min，输送能力一般为 20～100 t/h。

2．性能与应用

螺旋输送机输送长度在 6 m 以内可不加中间支承座，而长度在 6～18 m 时必加中间支承，如图 5-29 所示，为提高输送能力，常采用变螺距输送叶片的形式。下端加料区段较输送区段螺距小，在加料区段填充量大，随着螺距变大填充量变小可防止高流动粉状物料在输送对侧流，为获得更长的输送距离，可采用螺旋接力的方式，如图 5-30 所示。采用这一方式的前提条件是两螺旋输送机输送生产率相同，同时，为确保两个螺旋输送机工作得更好，前侧工作的螺旋输送机倾角最好比后面工作的螺旋输送机倾角大 1°～2°。

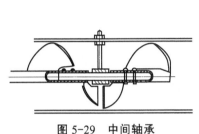

图 5-29　中间轴承

图 5-30　螺旋输送机接力输送

在使用过程中，必须注意螺旋轴轴承的密封与润滑，注重螺旋叶片磨损情况。螺旋叶片磨损后，首先是螺旋体顶面与螺旋管内壁之间的间隙增大，输送效率下降，并且被堵塞和卡死的危险增加，若实测螺旋体外径与管体内壁间隙单边超过 1.5 m，螺旋体应进行修补或更换。在空气湿度非常大的地区，当使用的螺旋输送机要闲置一段时间时，应将螺旋输送机中的存料全部卸尽。国产 LZY 系列螺旋输送机性能参数见表 5-2。

表 5-2　国产 LZY 系列螺旋输送机性能参数

型号 参数 项目	LSY160-2.5	LSY160-4.5	LSY200-6	LSY200-9	LSY200-12
螺旋体直径/mm	160	160	193	193	193
输送长度/m	2.5	4.5	6	9	12
螺旋体转速/(r/min)	100	100	260	260	260
外壳直径/mm	$\phi194$	$\phi194$	$\phi219$	$\phi219$	$\phi219$
工作角度/(°)	≤20	≤20	≤45	≤45	≤45
能力输送/(t/h)	25	25	35	35	35
电机型号	Y100L2-4	Y112M-4	Y132M-4	Y160L-4	Y160L-4
电机功率/kW	3	4	7.5	11	11

5.1.3　物料计量设备

计量设备是混凝土生产过程中的一项关键工艺设备，控制着各种混合料的配比。直接影响混凝土质量。因此，精确、高效的计量设备不仅能提高生产率，而且是生产优质高强混凝土的可靠保证。

5.1.3.1 计量方式的分类

搅拌物料的计量方式一般采用重力计量，也有采用体积计量的。由于混凝土的配合比为重量配比，按体积计量的称量器难以正确的控制配合比，因此，除特殊情况外，骨料和粉料一般采用重力计量，而水和外加剂的容积受外界条件影响很小，两种计量方式均可采用。

根据一个计量斗（也称秤斗或称量斗）中所称量物料种类，计量方式可分为单独计量和累积计量。单独计量是每个计量斗只称一种物料，物料在各自的料斗内称量完毕，集中到一个总料斗后再加入搅拌机。累积计量是每个计量斗可称多种物料，即称完一种物料后，在同一斗中再累加称另一种物料。通常双阶式搅拌装置多采用累积计量，单阶式搅拌装置采用单独计量。单独计量方式计量精度高，但是计量斗太多就难以布置，从而使机构复杂。目前的搅拌设备倾向于将骨料分成粗骨料和细骨料两组，进行累积计量，而水和外加剂等则采用单独计量。

按计量方式可以分为杠杆秤、电子秤和杠杆电子秤三种。杠杆秤的特点是使用可靠、维修方便，可采用手动操作，也可采用自动操作，但这种秤体积大，耗钢量大，表头弹簧、摆锤等制造工艺复杂，因此成本相对较高。电子秤的优点是取消了复杂的杠杆系统，以电子拉力传感器来测量重量，因此结构简单，占空间小，测量和控制容易，自动化程度也极易提高，但须用多个传感器，对传感器要求较高，一个传感器损坏时检查较困难。杠杆电子秤保留了杠杆秤的杠杆部分，而将难造的表头部分改换为转换器，结构简单，可靠性较高，而且可以通过杠杆传动比使传感器受冲击力大大减小。随着传感器技术和微机技术的发展，大部分搅拌站将采用电子秤或杠杆电子秤计量方式。

按作业方式可分为周期分批计量与连续计量，周期分批计量适应于周期式搅拌装置，而连续计量适用于连续式搅拌装置。

无论采用何种计量方式对计量设备的要求首先是准确。一般计量器自身的精度都能达到 0.1%～0.5%，但由于物料下落时的冲击，给料装置与计量斗间有一定距离等原因，计量不到这样的精度，按照《建筑施工机械与设备 混凝土搅拌站（楼）》（GB/T 10171—2016）规定，各种材料的计量精度见表 5-3。

表 5-3　计量精度

配料	在大于称量1/2量程范围内单独配料计量或累积配料计量精度	备注
水泥	±1%	
水	±1%	一等品、合格品为±2%
骨料	±2%	骨料粒径≥80 mm 时为±3%
掺合剂（粉煤灰）	±2%	当水泥和粉煤灰累积计量时，先称水泥后称粉煤灰，累计误差≤±1%
外加剂	±3%	

计量的误差对混凝土的强度影响很大，特别是水灰比计量精度，因为强度与水灰比是线性关系。生产中，假定砂的水分有 3%的波动，原材料计量系统也有 3%的误差，设计水灰比为 2，那么混凝土强度可能出现 20%的误差。所以，在计量时要提高水泥和水的计量精度，并应测定骨料的含水率，以此对搅拌用水进行修正。

对计量设备的第二个要求是快速。采用高性能的称量器，可以使一套计量设备为 2～4 台搅拌机供料，这样大大节省了计量设备的数量。快速与准确两者是矛盾的，为了解决这一矛盾，许多自动计量设备都把称量过程分为粗称和精称两个阶段。在粗称阶段大量给料，缩短给料时间，当给料量达到要求量的90%时，开始精称，在精称阶段小量给料以提高称量精度。

5.1.3.2　骨料计量设备

图5-31　电子秤

骨料的计量大部分采用重力计量法，也有部分情况采用容积计量，例如骨料的散装重量变化较大，或具有较大含水量的轻质骨料就宜采用体积计量法。混凝土搅拌站中，重力计量式计量装置的称重秤一般采用四点支撑式杠杆秤、电子秤、杠杆电子秤或皮带秤。

1. 杠杆秤

杠杆秤的主要组成部分是秤斗和杠杆系统，这两部分均悬挂在贮料斗下面，结构紧凑，占空间小。用来称量骨料的秤斗常常是长方形、敞口的；而用来称量水等液体的秤斗多为圆形，并在斗门设有橡胶垫，以保证密闭。斗门可以人为启闭，也可以采用气缸控制启闭，气缸有利于实现远距离和自动控制。为了称量各种不同的材料和配合各种容量的搅拌机，有各种不同构造和容量的秤斗。表5-4给出秤斗容量参考值。

表5-4　秤斗容量参考值

搅拌机容量/m³		3	1.5	1	0.75
秤斗容量 /m³（kg）	石子	3.25（4 500）	1.6（2 400）	1.1（1 600）	0.85（1 150）
	砂子	2.25（3 000）	1.1（1 700）	0.75（1 200）	0.56（850）
	水泥	1.50（2 000）	0.75（1 200）	0.50（800）	0.38（600）
	水	0.75（1 000）	0.4（700）	0.25（500）	0.20（350）

杠杆系统工作原理如图5-32所示。秤斗以4个吊点挂在主杠杆上。荷载经传力杠杆传至秤杆。主秤杆以吊架与秤杆相连（秤杆的数目可以是1根、2根或4根）。秤杆支点右面的刻度是整数，左面是分数。通过调整砝码的位置，即可得到要求的重量值。平衡重用以调整整个杠杆系统的平衡。如图5-32所示，秤杆落在吊架上，而秤杆被止动闸抬起，脱离吊架，也就脱离了整个杠杆系统。

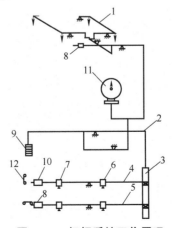

图5-32　杠杆系统工作原理

1—主杠杆；2—主秤杆；3—吊架；4、5—秤杆；6、7—砝码；8、9、10—平衡重；11—零位指示盘；12—止动闸

在称箱中设置 2 根（或 4 根）秤杆有两种目的。其一是为配制 2 种（或 4 种）不同配比的混凝土。这时，把 2 种（或 4 种）配合比所要求的某种材料的重量分别设定在 2 根（或 4 根）秤杆上。在变换配合比时，不用拨动砝码，只需更换秤杆即可，也可以实现远距离控制。其二是为便于累计计量。用一台称量器称量两种物料时，将第一根秤杆的砝码定在第一种物料（如石子）的重量上，而第二根秤杆定在第一、第二两种物料（如石子加砂子）的总重量上。用第一根秤称第一种物料，然后换第二根杠杆秤称第二种料。

在手动或自动化搅拌装置中都常采用累计秤来称量砂和石子。采用累计秤可以节省金属，节省空间，但称量循环时间要相应延长。

为了显示被称物料重量，很多杠杆秤都采用一个带有指针的圆盘表头。表头最大指示范围与搅拌机的出料容量有关，一般容量 1 m³ 搅拌机杠杆秤的称量范围大约定为 2 500 kg。由于大多数圆盘表头指针对碰撞和冲击不太敏感，因此采用弹性测量头（弹簧）进行力的测量，如图 5-33 所示。

在拉杆上向下施加一个力，通过横梁将力分加到 2 个弹簧上。上部弹簧悬挂梁通过螺栓进行预调整，使称量前圆盘指针指向零位。下面横梁带有齿条，齿条与指针轴上的小齿轮啮合并使指针转动。这样，由载荷使弹簧拉伸，齿条与横梁同步下移，通过啮合小齿轮带动指针偏转，在刻度圆盘上可读出重量值。

在有些杠杆秤上，也有使用摆锤式表头的。图 5-34 所示的是一种双摆锤称量表头，这种表头造价较高，但测量精度高，灵敏性好。

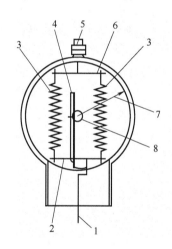

图 5-33　带指针的圆盘表头
1—拉杆；2—横梁；3—弹簧；4—齿条；5—螺栓；
6—弹簧悬挂梁；7—指针；8—小齿轮

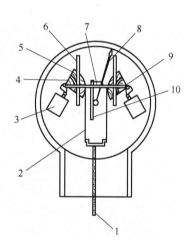

图 5-34　摆锤式表头
1—拉杆；2—钢带；3—摆锤；4—扇形齿板；5—凸轮；
6—齿条导轨；7—横梁；8—指针；9—小齿轮；10—齿条

在拉杆 1 上向下施加一个力，通过一个小横梁传递到 2 条钢带上。钢带分别与 2 个凸轮贴合，带动摆锤摆动而达到力的平衡。表盘内固定着 2 根齿条导轨，在凸轮上固定着 2 个扇形齿板，扇形齿板与导轨齿条相啮合。当载荷向下拉动钢带时，凸轮、扇形齿板和摆锤一起沿导轨向上爬升。横梁连接左右两套摆锤和扇形齿板，在横梁上还固定有一根小齿条，与小齿条啮合的还有一个小齿轮，指针与小齿轮同轴转动。当齿板沿导轨爬升时，同时带着横梁和小齿条上升，并使指针摆动，在表头刻度盘上读出相应称重值。

2. 电子秤和杠杆电子秤

电子秤是一种没有杠杆的计量装置，如图 5-35 所示。电子秤由秤斗和传感器组成，秤斗上安装有气缸控制的弧形斗门，并被直接吊在 3～4 个拉力传感器上。计量完成后，由气缸拉动弧形斗门将料卸入搅拌机或输送装置中。

杠杆电子秤结合了杠杆秤和电子秤的优点，实际物重通过杠杆比进行缩小，缩小后的重量作为拉力作用在拉力传感器上进行称量。图 5-36 所示杠杆电子秤由传感器、杠杆和秤斗组成，该秤斗既作计量斗又作提升斗。物料计量完毕后，秤斗开始提升，至卸料位置时斗门由叉轨打开，将物料卸在搅拌机中。

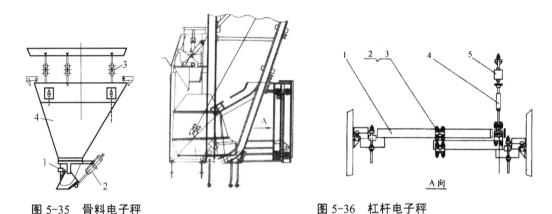

图 5-35   骨料电子秤

1—限位开关；2—斗门所缸；3—传感器；4—秤斗

图 5-36   杠杆电子秤

1—杠杆；2—刀刃；3—刀承；4—调整杆；5—传感器

图 5-37 所示的是一种带悬臂式应变梁传感器的杠杆电子秤。应变梁上贴有应变片，当应变梁上加载时，能使应变片的电阻发生变化，并通过桥式电路将这一电阻变化信号检测输出，并经放大器放大，最后以模拟显示方式或数字显示方式予以显示。检测、显示电路如图 5-38 所示。

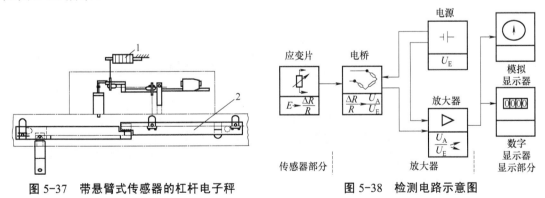

图 5-37   带悬臂式传感器的杠杆电子秤

1—悬臂式传感器；2—杠杆

图 5-38   检测电路示意图

5.1.3.3   粉料计量设备

粉料计量设备用于称量水泥、粉煤灰和粉末状外加剂。目前，混凝土搅拌站中的粉料大多数采用重力法计量。与骨料计量类似，同样可以用杠杆秤、电子秤和杠杆电子秤等计量设备，只是称量斗结构略有不同。

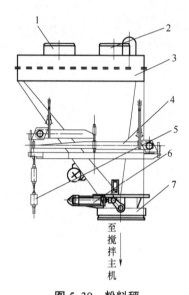

图 5-39　粉料秤

1—进料口；2—排气口；3—料斗；4—杠杆；

5—传感器；6—气缸；7—斗门

图 5-39 为用于粉料计量的电子秤。由于粉料多数采用螺旋输送机进行输送，因此在称量斗上方设置了进料口。进料口与螺旋输送机卸料口之间一般采用连接套连接，该连接套常用具有弹性的软材料制作，以免对计量系统产生影响。物料加入计量斗时，应当让斗中空气顺利排出，为此在计量斗上方留有排气口。为了不污染环境，在计量斗的排气口上常须安装一个过滤器。过滤器要注意经常清理，否则排气不畅会造成计量斗处于超压状态。在超压状态下计量往往会造成水泥重量不足，并导致混凝土强度下降。

计量斗的下部设置了卸料门，卸料门的圆周安装了一圈弹性密封，以防止粉状物料泄漏。卸料门的启闭一般采用气缸控制。为了加快粉状物料的卸料速度，常在计量斗上安装电动或气动式振动器。

水泥、粉煤灰和添加剂都可以进行累积计量，这样可以减少计量设备的数量。在累积计量时，由于水泥的流动性好，应该首先称水泥。粉状物料的计量时间与称量物料的品种数量，添加量和螺旋机的生产率等因素有关，但计量时间一般不超过 40 s。

5.1.3.4　水计量设备

混凝土搅拌站中水的计量方式大体分为四种类型：定时计量、定量计量、重量计量及容积计量。下面仅就定量计量和容积计量进行介绍。

1. 定量计量

定量计量是指用定量控制仪直接控制水量的装置，常见的有自动水表和涡轮流量计。自动水表是一种简单的定量供水装置，图 5-40 是水表的外形图，图 5-41 是其构造简图。

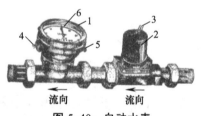

图 5-40　自动水表

1—表盘盖；2—电磁水阀；3、4—控制回路引出线；5—表盖螺钉；6—指针

开始工作前，把表盘盖打开，将表针拨到所需水量刻度上（例如 90 kg），拧紧指针定位螺钉，关上表盖。这时按启动按钮，电磁水阀打开，开始供水。水流经水表时，推动螺旋叶轮旋转。在电磁水阀通电的同时，控制一对小齿轮的电磁铁 Y_2 也通电，使其控制的一对小齿轮与相应的大齿轮啮合。这时叶轮可通过一套传动装置带动指针反向旋转（向刻度小的方向），当转至"0"时，指针轴上的凸轮碰断微动开关 P，电磁水阀关闭，停止供水。与此同时 Y_2 也断电，一对小齿轮复位，指针在回位弹簧的作用下回到原设定水位（90 kg）刻度上，等待下一次配水。

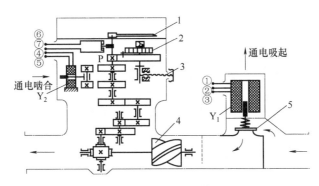

图 5-41　自动水表构造

1—指针；2—指针回位弹簧；3—指针定位螺钉；4—螺旋叶轮；5—电磁水阀

这种方法供水设备误差不超过满刻度值的±2%，具有价格便宜、结构简单、操作方便等优点。缺点是计量精度低，而且自动水表不能超过 80 ℃使用，北方冬季需用热水供水时，自动水表不适宜。

涡轮流量计可用数字定量仪进行自动供水计量，也可用微机进行处理。图 5-42 和图 5-43 为流量数字定量控制仪供水系统图和控制原理框图。当控制仪接收到涡流量计水脉冲信号 f，经放大整形使之变为矩形波，经系数器整定成流量的单位脉冲量，通过计数器减到设定值的 20%时发出脉冲，控制器发出信号使 J_A 释放，关闭大电磁阀；当减到零时发出脉冲，控制器发出信号使 J_B 释放，关闭小电磁阀；停止供水。采用大小电磁阀分时控制，可使供水计量误差达到±0.5%。

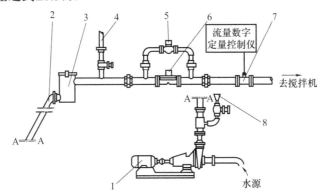

图 5-42　自动水表构造

1—水泵；2—输水管；3—过滤器；4—冲洗管；5—小电磁阀；6—大电磁阀；7—涡轮变速器；8—引水杯

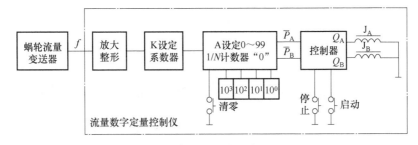

图 5-43　数字定量仪控制原理图

2. 容积计量

容量计量是指通过计量水的容积大小，间接得到水重量的水计量设备。其结构是利用钢板焊成一截面积相同的水箱容器，内装有微型接近开关、排供水电磁阀。其控制过程是，当系统发出排水信号时，排水电磁阀动作，开始排水；当水位降到下限定位处，微型接近开关动作，关闭排水电磁阀，停止排水；延迟一段时间后，供水电磁阀动作，开始供水。

5.1.3.5　外加剂计量设备

混凝土制备过程中，往往要加入一些化学外加剂，如减水剂、泵送剂、缓凝剂、防冻剂等。这些外加剂的使用，可以改善混凝土的性能，并给混凝土施工带来极大方便，因此外加剂成为混凝土中不可缺少的成分。外加剂的用量一般与水泥用量有关，通常为水泥用量的0.1%～2%。

图5-44为外加剂供给系统示意图。外加剂从溶解箱由外加剂泵泵向单向阀，再经电磁阀（全开）进入计量筒。当计量达到约90%设定值时，电磁阀半开；当达到100%设定值时，电磁阀关闭，停止供应。计量筒采用圆筒形透明有机玻璃制作。

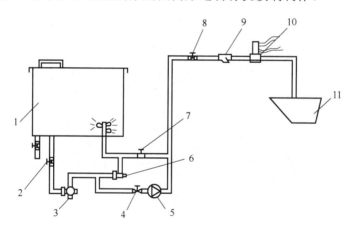

图 5-44　外加剂供给系统示意图
1—外加剂溶解箱；2—一次截止阀；3—外加剂泵；4—二次截止阀；5—单向阀；
6—溢流阀；7—回流阀；8—计量阀；9—滤网；10—电磁阀；11—计量筒

外加剂计量方式有容积计量和重力计量两种。其中容积计量包括活塞浮筒型和电容式料位计型，重力计量则采用物料计量控制仪。

活塞浮筒型原理较简单，玻璃计量筒内设有活塞，活塞上安装一齿条。当外加剂进入计量筒时，活塞上升，齿条通过安装在固定轴上的小齿轮带动电位器转过一个角度，使电阻值发生变化。将因电阻改变引起的电压变化作为模拟量输出，并与设计值比较，从而实现外加剂的计量。

电容式料位计的工作原理是用一根钢管深入外加剂计量筒内作为一个电极，而筒体作为另一个电极，待测液位的液体外加剂是一种介质，液面的升降引起电容的变化，经测量电路转换成直流电流输出，在电容式料位计上显示其容积值。

物料计量控制仪的工作原理是用电阻应变式压力传感器作为测重元件，传感器将感受到的重力信号变成电压传送至物料计量仪，显示液体重量值。

比较上述三种形式，活塞浮筒型原理简单，计量精度较低；电容式位料计结构紧凑、合理，但影响计量精度的因素较多，如介质种类、介质浓度等，可操作性较差；物料计量控制仪的计量筒直接悬吊在传感器上，称量采用机械电子秤，计量精度高且不受介质种类、浓度等因素的影响。

5.1.4 搅拌机

混凝土搅拌机是将水泥、骨料、水、外加剂及掺合料均匀搅拌制备混凝土的专用机械。其在拌合过程中充分利用机构的特点，使各组分的运动轨迹在相对集中区域内互相交错穿插、切割、重组，为混凝土拌合料实现宏观和微观匀质性创造最有利的条件，提高了混凝土产品的工程适应性。

5.1.4.1 搅拌机的类型和特点

由于混凝土搅拌机因施工的规模、工程质量及生产效率的需求不同，搅拌机的种类不同，性能各异，现根据其主要特征分类如下。

1. 按搅拌机的工作性能分类

（1）连续搅拌机，又称连续作用式搅拌机。其作业过程无论是装料、拌合、卸料等工序都是连续不断进行的。即一端加入各种原材料，经过机械内部拌合，从另一端送出混凝土，无须中途停顿。这种搅拌机的特点是：

① 搅拌机开动以后，装料、拌合、卸料可以不间断地进行，能够连续不断地生产出混凝土，因而生产效率高；

② 拌合时间短，混凝土的配比和拌合质量难以控制，材料拌合的均匀性较差；

③ 构造较复杂，制造困难，成本较高。

（2）分批搅拌机，又称为周期作用式搅拌机。其装料、拌合、卸料等工序都为周期性循环作业。这种搅拌机之所以称为分批，是由于已拌好的混凝土卸空后，方可将新料倒入筒内，进行下次的拌制作业。与连续搅拌机相比其特点是：

① 构造简单，而且体积小，制造容易，成本低；

② 在拌合过程中，容易精确地量配材料、改变材料的成分和调整工作循环的时间，易于控制配比和保证拌合质量，是建筑工程中应用最普遍的类型。

2. 按搅拌机的搅拌方式分类

自落式搅拌机和强制式搅拌机。其主要区别是：搅拌叶片和搅拌筒之间没有相对运动的为自落式搅拌机，有相对运动的便为强制式搅拌机。

（1）自落式搅拌机，又称为自由落下式搅拌机，搅拌机工作原理如图5-45（a）、（b）所示。作业时，搅拌筒以适当的速度旋转，物料由固定在搅拌筒内的叶片带至高处，靠自重下落进行搅拌。自落式搅拌机的特点：

① 一般适用于搅拌塑性混凝土；

② 使用比较方便，动力有内燃机和电动机两种；

③ 结构简单，易损件少，所需功率小；

④ 对骨料粒径大小有一定适应性，叶片的磨损程度小；

⑤ 操作方便，使用维护比较容易；

⑥ 由于靠重力自落搅拌，搅拌强度小，而且转速和容量受到限制，生产效率低；

⑦ 扬尘较大。

（2）强制式搅拌机。强制式搅拌机的搅拌筒是固定不动的，由筒内转轴上的叶片旋转来搅拌物料。其搅拌原理如图 5-45（c）～（g）所示。强制式搅拌机的特点是：

① 操纵系统灵活，卸料干净；

② 水平轴（卧轴）式同时具有自落式的搅拌效果；

③ 搅拌时间较短，生产率较高；

④ 适于搅拌干硬混凝土及轻骨料混凝土；

⑤ 回转的叶片能够击碎成块状的材料，所以，最适合于拌合灰浆；

⑥ 结构较复杂，搅拌工作部件磨损快。

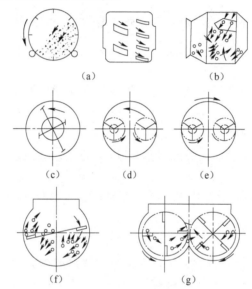

图 5-45　自落式与强制式搅拌机

（a）自落式搅拌机内物料运动状态　（b）自落式搅拌机工作原理　（c）单轴垂直布置的强抽式搅拌机
（d）双轴垂直布置的强抽式搅拌机　（e）双轴垂直布置，筒与轴旋转的强抽式搅拌机
（f）单轴水平布置的强抽式搅拌机　（g）双轴水平布置的强抽式搅拌机

3. 按搅拌机拌合鼓筒的装料容积分类

（1）小型搅拌机，是指工作容积小于 400 L 的搅拌机。工作容积是混凝土搅拌机的规格，一般是以其能装载各种松散材料的总体积来表示。目前，国产小型搅拌机有 100 L、250 L、375 L 等规格。

（2）中型搅拌机，是指工作容积在 400～1 000 L 的搅拌机。目前，国产的中型搅拌机有 400 L、500 L、800 L 等规格。

（3）大型搅拌机，是指工作容积超过 1 000 L 的搅拌机。目前，国产的大型搅拌机有 1 000～2 000 L、2 200～2 400 L、4 500～6 000 L 等规格。

目前，预拌混凝土搅拌站常用的搅拌机主要为强制式搅拌机，本书只介绍强制式卧轴搅拌机的构造及工作原理、常见故障的处理。

5.1.4.2　强制式卧轴搅拌机构造及工作原理

强制式卧轴混凝土搅拌机兼有自落式和强制式两种机型的优点，即搅拌质量好、生产效率高，能耗低，不仅能搅拌干硬性、塑性或低流动性混凝土，还可以搅拌轻骨料混凝土、砂浆或硅酸盐等物料。强制式卧轴混凝土搅拌机在结构上有单卧轴和双卧轴之分。单卧轴型代号用 JD 表示；双卧轴型代号用 JS 表示；主要参数为出料容量 L。

1．强制式双卧轴混凝土搅拌机

强制式双卧轴混凝土搅拌机实物如图 5-46 所示。

图 5-46　强制式双卧轴混凝土搅拌机

双卧轴混凝土搅拌机由搅拌传动系统、上料装置、搅拌筒、供水系统、卸料机构、供油装置、电气控制系统等组成，如图 5-47 所示。

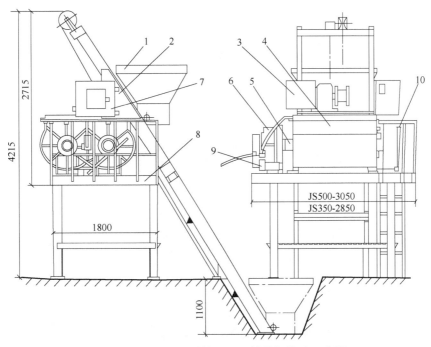

图 5-47　强制式双卧轴混凝土搅拌机构造示意图
1—进料斗；2—上料架；3—卷扬机构；4—搅拌器；5—搅拌装置；
6—传动系统；7—电气系统；8—机架；9—供水系统；10—卸料机构

1）搅拌传动系统

搅拌传动系统由电动机、V 带轮、减速箱、开式齿轮等组成。电动机通过 V 带轮带动二级齿轮减速箱，减速箱两输出轴通过由两个开式小齿轮和两个开式大齿轮组成的两对开式齿轮副分别带动两根水平布置的搅拌轴反向等速回转。

2）搅拌装置

搅拌装置结构如图 5-48 所示。搅拌筒的圆弧部分是焊接而成的，搅拌筒内镶有衬板，均用沉头螺钉与筒体联结紧固；搅拌筒内装有 2 根水平布置的搅拌轴，轴上连接等角度排列的搅拌臂上分别装有侧叶片，可刮掉端面上的混凝土。叶片与衬板之间的间隙根据搅拌机容量而定，一般在 3～5 mm。工作时两轴反向旋转，叶片的反向螺旋运动可使拌合料产生强烈的挤压、对流，并使拌合料产生许多切割面。所以双卧轴混凝土搅拌机在搅拌过程中可使拌合料产生较大的相对运动速度，有较好的力传递效果，拌合料间的位置和距离在任一瞬时都在进行变换。因此，不论塑性和干硬性混凝土都有良好的搅拌效果。

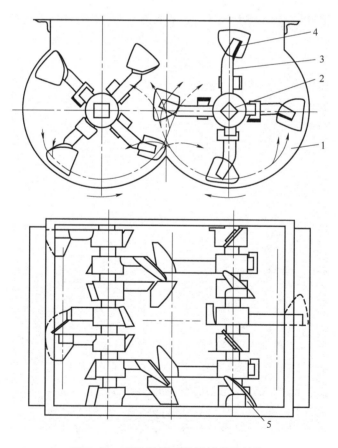

图 5-48　双卧轴搅拌机搅拌装置结构

1—搅拌筒；2—搅拌轴；3—搅拌臂；4—搅拌叶片；5—侧叶片

双卧轴搅拌机搅拌装置实物如图 5-49 所示。

3）上料装置

上料装置如图 5-50 所示。提升卷扬机由制动电机、减速器和钢丝绳卷筒组成，制动电机带动钢丝绳卷筒转运，钢丝绳经过滑轮牵引料斗沿上料架向上爬行，当爬行到一定高度时，料斗底部上的一对滚轮进入上料架水平岔道，斗门自动打开，拌合料经过进料漏斗投入搅拌筒内。

4）供水系统

供水系统大多采用时间继电器控制离心水泵电机运转时间的方式工作。其由电动机、水泵、节流阀及

图 5-49 双卧轴搅拌机搅拌装置实物

管路等组成。搅拌用水由电动机带动水泵抽水，经调节阀和管道注入拌筒，搅拌每罐混凝土所需的水量，由电控系统中的时间继电器控制水泵运转时间来掌握。当按钮旋转到"时控"位置时，水泵会按设定的时间运转和自动停止；当按钮旋转到"手控"位置时，可以连续供水，供冲洗支管和整机用。

5）卸料机构

卸料机构分为手动和气动两种，手动主要用于单机使用的小容量搅拌机（$L \leqslant 500\,L$），气动主要用于搅拌楼（站）中使用的大容量搅拌机（$L \geqslant 500\,L$）。气动卸料装置利用压缩空气和两个气缸，通过杠杆机构和电磁换向阀实现卸料门的开闭。为保证卸料门的开闭位置，设有行程开关。另外通过调整密封板的位置，可保证卸料门的密封，如图 5-51 所示。

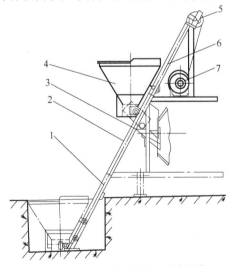

图 5-50 双卧轴搅拌机上料机构

1—下轨架；2—中轨架；3—中间料；4—料斗；
5—滑轮；6—上轨架；7—提升卷扬机

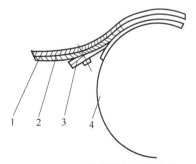

图 5-51 双卧轴搅拌机卸料机构

1—衬板；2—搅拌筒弧板；
3—密封板；4—卸料门

6）电气控制系统

电气控制系统用来控制搅拌传动系统中的电机 M_1、上料装置中的电机 M_2、水泵电机 M_3 的运转。电气控制线路设有自动开关、交流接触器，具有短路保护、过载保护、断相保护的功能。

2. 单卧轴混凝土搅拌机

单卧轴混凝土搅拌机目前使用较多的有出料容量为 350 L 和 500 L 两种机型，主要用于单机作业的场合。单卧轴混凝土搅拌机已从原有的机械型发展到现今广泛使用的液压-机械型（即 JDY）型。单卧轴混凝土搅拌机主要由上料系统、搅拌传动系统、搅拌装置、卸料机构、电控箱及供水、行走、支撑装置等组成。JDY350 单卧轴混凝土搅拌机结构如图 5-52 所示。

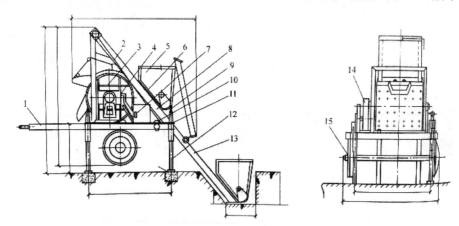

图 5-52　JDY 350 搅拌机构造示意图

1—拖把；2—钢丝绳；3—搅拌筒；4—支座；5—上料口；6—止斗销；7—操纵阀；8—电控箱；9—支腿微调；
10—底盘；11—钢丝长度调整索具；12 支腿；13—上料轨道；14—减速箱；15—皮带轮

1）搅拌装置

搅拌装置由搅拌筒和搅拌轴等组成。搅拌筒由钢板卷制焊接而成，筒内的弧形衬板及侧衬板均用耐磨材料制成，并与筒内壁、侧壁用沉头螺栓连接，使用中可视磨损情况更换。搅拌轴与搅拌筒由转运副支承在支座和减速箱上，搅拌筒相对搅拌轴可以转运。搅拌轴上装有搅拌臂、搅拌叶片及侧叶片（刮板），如图 5-53 所示。

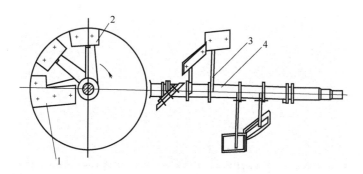

图 5-53　单卧轴搅拌装置示意图

1—侧叶片；2—搅拌叶片；3—搅拌臂；4—搅拌轴

工作时呈螺旋带状布置的搅拌叶片把靠近搅拌筒壁的混凝土拌合料推向搅拌筒的中间及另一端，迫使混凝土拌合料做强烈的对流运动，另外叶片的圆周运动又使拌合料受到挤压、剪切后产生一个分散抛料过程，使拌合料在较短的时间内被搅拌均匀。

2）搅拌传动系统

搅拌传动系统为机械传动系统。电机经 V 带、减速器两级减速后驱动搅拌轴旋转。

3）上料系统

上料系统采用液压缸及增速滑轮组机构，是以液压缸活塞的伸缩，通过滑轮组牵引连接在料斗上的钢丝绳来实现的，料斗沿上料架上升的高度由液压缸活塞的行程决定。该系统结构简单、操作自如方便，减少了机械上料系统带来的冲击，使料斗运行平稳，并解决了料斗上下限位问题。

4）卸料机构

JDY 型搅拌机采用液压倾翻卸料机构，利用卸料液压缸活塞的伸缩倾翻搅拌筒卸料，搅拌筒的倾翻角度由液压缸活塞的行程决定。由于采用了 O 型中位机能手动换向阀，所以搅拌筒可倾翻任意角度及多次换向。该机构具有机械式倾翻所无法比拟的良好使用性能，可针对不同混凝土的运输工具，完成一次卸料或分批卸料，操作自如方便，并解决了搅拌筒卸料时的限位问题。

5）供水系统

JDY 型搅拌机供水系统采用时间继电器控制离心水泵电机供水量的结构，可参照双卧轴供水系统。

5.1.4.3 强制式搅拌机的使用与维护

混凝土搅拌机的正确使用与维护，不仅可以保证发挥机械的最大生产效率，还能大大延长机械的使用寿命。因此，必须严格遵守强制式混凝土搅拌机所规定的安全操作规程及维护保养制度。

1. 试运行

强制式混凝土搅拌机是靠涡轮旋桨的旋转来搅拌物料的。其检查、准备工作如下。

1）试运行前的检查和准备工作

（1）检查电源电压，额定电压为 380 V，压降不得大于 5%。

（2）检查电气箱与电源接线是否正确，接地是否良好，然后接通电源。

（3）检查变速箱润滑油位和油质，并应及时补充或更换。

（4）在各润滑点加注润滑油。

（5）检查各个紧固件的紧固情况，拧紧松动件。

（6）检查上料机构钢丝绳是否紧排在卷筒上，如有松散紊乱应重新绕好。

（7）接通水路前，应先将储满清水的容器置于水泵附近，将吸水阀放入容器内。

2）空载试运行

（1）点动搅拌电机，检查搅拌筒旋转方向。

（2）使搅拌筒作正、反方向旋转，每 2 min 一个循环，反复运转 15 min，查看电机、变速箱及搅拌筒各部件是否正常，在无异常噪声及冲击现象时方可正式开机。

（3）操作进料斗升、降，检查升降过程及上下限位是否可靠。

3）供水系统调试

（1）点动水泵电机，检查旋转方向。

（2）拧开水泵加水螺塞灌入水，使水充满泵腔及进水管，直至能正常吸水为止，再把加水螺塞拧紧。

（3）复查供水精度，可按下列方法进行：预备一个水桶，将水泵出水管引入水桶，预调时间继电器，启动水泵，到设定时间水泵停止后，称量水量，计算出水泵实际排量；如水泵排量误差超过 2%，可调整水泵的调节阀，重复试验，直至合格。

2. 强制式混凝土搅拌机的使用

1）每次使用前的检查内容

机器运行是否平稳，电气接地是否良好，水泵供水量是否符合配比要求，搅拌、提升机构运转是否正常。

2）操作注意事项

（1）使用中要注意物料的加入量，不得超过设备工作的允许容量。

（2）在搅拌过程中因故停机，应马上采用人工及时卸出 50% 的物料，查明原因后再启动。

（3）在运转中，不得检修。

（4）严禁水泵在无水状态下运行，否则将损坏机械密封。

（5）搅拌的混凝土骨料应严格筛选，最大粒径不得超过允许值，以防卡料。每次搅拌时加入搅拌筒的物料，不应超过规定的进料容量，以免动力过载。

（6）搅拌叶片和搅拌筒底及侧壁的间隙，应经常检查是否符合规定要求。当间隙超过标准时，会使筒壁和筒底黏结的残料层过厚，增加清洗时的困难并降低搅拌效率，如搅拌叶片磨损，应及时调整、修补或更换。

（7）必须保证良好的润滑。上料滑轮、铰链轴销，卸料门转轴以及操纵杆等部分，每隔 4~8 h 应润滑一次；电动机轴承每隔 700~1 200 h 应清洗换油；其他转运部分的轴承可每隔 400~600 h 润滑一次；减速箱中润滑油须保持一定的油面高度，如发现箱内油料含有杂质，应更换润滑油。

（8）使用完毕，停止工作时，上料斗应升到高处并用链条锁住。

3）使用后维护保养

强制式混凝土搅拌机维护保养的主要内容包括日常保养、一级保养和二级保养。

Ⅰ. 日常保养

混凝土搅拌机的日常保养工作在每班工作前、工作中和工作后进行。

首先，须清除机体上的污垢及障碍物，保持机体的清洁。然后检视各润滑处的油料及电路和控制设备，并按润滑要求加注润滑油（脂）。加固各连接部的螺栓，加固时用力要均匀、适当。检视钢丝绳的状况，要求钢丝绳不变形、不紊乱，绳头卡结必须牢固。如钢丝绳已经折断一股或节距内的断丝根数达 10% 及绳的表面层钢丝磨损达 40% 以上时，则需更换。钢丝绳表面必须保持一层适量的油膜。

每班工作前，在搅拌筒内加水空转运行 1~2 min 湿润内筒壁，以利于搅拌开始阶段的润滑和避免水泥黏结，同时须检查离合器和制动装置工作的可靠性。

混凝土搅拌机运转过程中，应随时检听电机、减速器、传动齿轮等的声响是否正常，触摸或测试轴承和电机的温升是否过高。应随时注意搅拌装置运转是否正常，搅拌叶片和刮板不应松落。

每班工作结束后，须认真清洗搅拌机。清洗搅拌筒内部时，可在筒内放入石子和清水，运转 10～15 min，然后放出并扫净。随后冲洗喷水管、上料斗、机体外壳等处。冲洗时应注意勿使电机受潮。此外，应仔细清洗搅拌筒外的各部零件上的水泥粘块，否则将影响零件的拆卸或更换。

Ⅱ．一级保养

混凝土搅拌机一般在经过 100 h 后进行一级保养。强制式混凝土搅拌机在一级保养工作中，须检查和调整搅拌叶片和刮板与衬板之间的间隙，上料斗和卸料门的密闭及灵活情况，离合器的磨损程度以及配水系统是否正常。

Ｖ带如发生破裂和脱层不能使用时，应予更换。在一级保养中还须检查和调整两 V 带的平面重合度，即两 V 带轮应保持在同一平面上。

采用链条传动的混凝土搅拌机，须检查链条节距的伸长情况，如有掉链或滑链现象，可调整两个链轮的中心距，如无法消除则需换链。

滑动轴承的间隙一般不能超过 0.4～0.5 mm，油孔要保持畅通。

Ⅲ．二级保养

混凝土搅拌机的二级保养周期，因机型不同而有较大差异，一般为 700～1 500 h。

二级保养中，除进行一级保养的全部工作外，还须拆检减速器、电机和开式齿轮以及测试电机的绝缘电阻等。此外，还须检查机架及进出料的操纵机构，清洗行走轮和转向机构等。

拆检减速器时，要清洗齿轮、轴、轴承及油道，检查齿廓表面的磨损程度，一般齿轮的侧向间隙不大于 1.8 mm，滚动轴承的径向间隙不超过 0.25 mm。当间隙超过上述标准时应予更换。减速器拆检安装完毕后，加注新的齿轮油，并要保证轴承及减速器箱体上、下接口处不能渗油。

拆检电机时，应清除定子绕组上的灰尘，清洗轴承并加注新的润滑脂，检查和调整定子和转子的间隙。为保证电机的绝缘可靠，必须按期测试其绝缘性能。否则需将电机进行干燥处理。

拆检开式齿轮时，需清洗齿轮齿廓、轴及轴承。当小齿轮的齿厚磨损达 20%～25%、大齿轮达 30%时应进行修补或换新。开式齿轮的滑动轴承间隙应调整到 0.08～0.12 mm，磨损过度不能调小时应予更换。

上料离合器的内、外制动带，如磨损过度即需换铆。换铆时，摩擦带与弹簧钢皮要紧密接触，不能有分离或翘曲现象，否则会使离合器在制动时抱合不紧。

混凝土搅拌机的机架发生歪斜变形时，应予修复或校正。上料手柄的摆动角度超过 10°时应调整。

拆检量水器，摆正套管位置，清除吸水管和套管周围以及内杠杆和拉杆上的腐锈，然后刷上防锈漆。各销轴要保证转运灵活，空气阀能灵活启闭。内外杠杆轴承润滑后要很好地密封，以防漏水。

拆检三通阀时，应清除阀腔和管道接口附近的腐锈和水垢，使水路保持畅通。腔中亦可补刷防锈漆。皮碗磨损严重应予更换,安装时要很好地密封以防漏水。

5.1.4.4　强制式搅拌机的常见故障及处理方法

强制式混凝土搅拌机在使用中发生的主要故障、原因及其排除方法,可参照表 5-5 进行。

表 5-5　强制式混凝土搅拌机故障及故障排除

故障	原因	排除方法
搅拌时有碰撞声	拌铲或刮板松脱或翘曲致使与搅拌筒碰撞	加固拌铲或刮板的连接螺栓,检修、调整拌铲、刮板和筒壁之间的间隙
拌铲运转不灵,运转声异常	1. 搅拌装置缓冲弹簧失效 2. 拌合料中有大颗粒物料卡住拌铲 3. 加料过多、动力超载	1. 更换弹簧 2. 清除卡塞的物料并重新调整间隙 3. 按进料容量规定投料
运转中卸料门漏浆	1. 卸料门封闭不严密 2. 卸料门周围残存的黏结物料过厚	1. 调卸料底板下方的螺栓,使卸料门封闭严密 2. 清除残存的黏结物料
上料斗运行不平稳	上料轨道翘曲不平,料斗滚轮接触不良	检查并调整两条轨道,使轨道平直,轨面平行
上料斗上升时越过上止点而拉坏索引机构	1. 自动限位装置失灵 2. 自动限位挡板变形而不起作用	1. 检修或更换限位装置 2. 调整限位挡板
搅拌轴闷车	1. 严重超载 2. 电机 V 带过松	1. 重新调整进料质量,卸出多余物料 2. 调整张紧装置,拉紧 V 带
减速箱噪声严重	1. 箱内有异物 2. 轴承损坏	1. 消除异物,修理或将损坏零件换新 2. 换新轴承
减速箱温度高	1. 油的黏度过高或过低 2. 轴承损坏	1. 放出油,修理或将损坏零件换新 2. 换新轴承
搅拌罐两轴端温度过高	1. 轴承损坏 2. 供油量不足	1. 换新轴承 2. 按规定要求加注润滑油
轴端漏浆	浮动密封损坏	更换新浮动密封

5.1.5　除尘设备

混凝土搅拌站的水泥筒仓在气送水泥时以及骨料与水泥进入混凝土搅拌机进行拌合时,会产生大量的粉尘,这些粉尘将造成周围环境的污染。所以,在混凝土搅拌站要设置除尘设备。

搅拌站的除尘器又可以称为搅拌站仓顶除尘器、水泥仓顶除尘器等。根据其原理可分为振动仓顶除尘器、脉冲反吹式仓顶除尘器、脉冲引风式仓顶除尘器三种。搅拌站脉冲式除尘器是利用气体脉冲对流方式对气体进行过滤除尘,是目前常用的除尘设备。

1. 脉冲反吹除尘器

脉冲反吹袋除尘器如图 5-54 所示;其内部滤芯如图 5-55 所示。

图 5-54　仓顶用脉冲袋除尘器

图 5-55　脉冲袋除尘器滤芯

含尘气体由灰斗（或下部敞开式法兰）进入过滤室，较粗颗粒直接落入灰斗或灰仓，含尘气体经滤袋过滤，粉尘阻留于袋表面，干净气体经袋口到净气室，由引风机排入大气。当滤袋表面的粉尘不断增加，导致设备阻力上升到设定值时，时间继电器输出信号，程控仪开始工作，逐个开启脉冲阀，使压缩空气通过喷口对滤袋进行喷吹清灰，使滤袋突然膨胀，在反向气流作用下，附于袋表面的粉尘迅速脱离滤袋落入灰斗（或灰仓），粉尘由翻板阀排出，完成除尘工作。

脉冲喷吹布袋除尘器的每个脉冲阀出口均安装喷吹管，采用压缩气能源喷射引流，保证滤袋底部的清灰压力，清灰更彻底。除尘可根据用户现场实际情况设计成离线还是在线，高压还是低压，不同尺寸的滤袋或者脉冲阀，灵活设计分布，做出最高性价比设计，处理各种不同性质的粉尘。

2. 机械振打袋除尘器

除尘机械振打清灰布袋除尘器采用最原始的振动清灰方式，利用机械装置阵打或摇动悬吊滤袋的框架，使滤袋产生振动而清落灰尘，圆袋多在顶部施加振动，使之产生垂直的或水平的振动或者垂直或水平的两个方向同时振动。由于清灰时粉尘要扬起，所以振动清灰采用分室工作制。整个除尘器分隔成若干个袋室，顺次地逐室进行清灰，可保持除尘器的连续运转，进行清灰的袋室，利用阀门自动地将风流切断，不让含尘空气进入。以顶部为主的振动清灰，每分钟振动可达数百次，使粉尘脱落入灰斗中。

机械振动清灰布袋除尘器结构简单、运转可靠，适合比重大、无黏性、较干燥的粉尘颗粒。

5.1.6　废水、废渣处理设备

由于预拌混凝土用量越来越大，产生的废弃混凝土及废水量也越来越多。废水中通常含有水泥、砂石和外加剂等强碱性物质，直接排放对周边水土构成污染。此外，废渣中的骨料部分也可以重复利用。因而，以往混凝土搅拌站对废水废渣等的随意处置方式，既破坏了环境，也造成了资源的极大浪费。混凝土搅拌站废水废渣的回收利用是对搅拌车内残留的混凝土料进行分离回收和再利用，且将清洗路面、设备等产生的废水回收达到使用标准后，再掺加到混凝土中的一项技术。该项技术最早可以追溯到 20 世纪 80 年代的日本、德国等，近年来我国混凝土搅拌站也相继引进了废水废渣的回收分离再利用设备。

混凝土废水废渣回收、分类设备通常由供水系统、分离设备、砂石输送与筛分系统和浆水搅拌系统等组成，如图 5-56 所示，主要有如下几种分离设备。

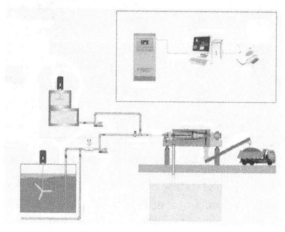

图 5-56　混凝土废水、废渣处理系统示意图

混凝土运输车的清洗过程

1. 沉淀池

沉淀池常按水流方向分为平流式、竖流式及辐流式等三种。预拌混凝土生产企业大部分采用平流式沉淀池。平流式沉淀池的池型一般呈长方形或圆形，废水从池的一端流入，水平方向流过池子，从池的另一端流出。沉淀池的出口设在池长的另一端，多采用溢流堰，以保证沉淀后的澄清水可沿池宽均匀地流入出水渠，流入水塘。预拌混凝土生产企业一般设有五个连续平流式沉淀池，其中两个大池，供洗车直接倒废水和初级沉淀。第三级沉淀池的水质经检测完全达到《混凝土用水标准》（JGJ 63—2006）。

2. 滚筒式分离机

将搅拌车倒车至设有洗车车位处，进行加水滚洗后，将废料浆水直接倒入进料斗，由进料斗流入分离机进行清洗、分离。将分离出来的砂石分别送到出砂口与出石口。溢流出来的浆水经排水沟流向沉淀池，通过三级沉淀后再由水泵抽回，循环使用。

当搅拌车需要清洗时，搅拌筒内预先接入一定量的水，然后倒入接料料斗。由于料斗有一定的角度，砂、石被水冲刷流入滚筛，滚筛有电机带动旋转，并在旋转的同时被水冲刷。由于石子和砂子的粒径大小不同，砂子从滚筛筛孔掉入螺旋输送机内，由输送机送到砂出料口排出，进入砂子料仓。石子则由滚筛运送到石子出料口排出，进入石子料仓。清洗后的污水由溢水口排出，流入沉淀池。滚筒式分离机工作流程图如图 5-57 所示。

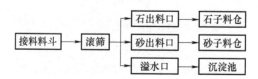

图 5-57　滚筒式分离机工作流程图

3. 螺旋式分离机（以利勃海尔 LRS606 为例）

利勃海尔公司生产的 LRS606 系列残余混凝土回收系统是专门针对预拌混凝土生产和输送过程中产生的残余混凝土回收问题而设计，采用冲洗加旋分的方式对骨料和污水进行分离，分离出的骨料经振动筛筛分，可将砂子和石子分离重新利用，冲洗分离过程中产生的污水经专用管道排泄至装有自动搅拌器的搅拌池中，也可被重复用于搅拌站的生产。

当搅拌车向回收系统倒料时，搅拌车的进料斗会碰触到清洗架上的行程开关，报警器进行 10 s 报警后，螺旋分离机和搅拌车冲洗泵同时开始工作；再延时 3 s 后，回收站进料斗冲洗水泵开始工作，将高压水通过冲洗管路冲入回收站进料斗中；10 s 报警结束后延时 5 s，回收水池中搅拌器开始工作。搅拌车冲洗水泵自动冲水时间为 1 min，加水结束后可根据需要继续转动搅拌车桶体。待桶体洗刷干净后，反转桶体，将残料卸至螺旋分离机的进料斗中，残余混凝土在螺旋分离机的持续旋转作用和进料槽高压水流的冲击下充分分离。清洗后的污水经回流管回流至搅拌池中，砂石等固体物质则随着螺旋分离机的转动逐步被提升至顶端，然后从螺旋分离机的出料口排出至混合砾石箱中，在混合砾石箱处可安装振动分离筛，将砂子和石子彻底分离，重新利用。

4. 滚筒筛+螺旋砂石分离机（以森泰牌为例）

滚筒筛+螺旋砂石分离机（图 5-58），首先钢筋笼筛将石子分离出来，再由螺旋叶将砂分离出来，浆水流入搅拌池不沉淀直接代替部分水掺入搅拌机，实现了搅拌车洗车系统、砂石分离系统、泥浆回收系统的全自动运作。该套系统实现了砂石、浆水高性能一次处理，骨材分级，用水量少，污水、废料全面回收利用，实现了零排放，大大节省了资源，降低了环境污染。

图 5-58 砂石分离机

5.2 搅拌运输车

混凝土搅拌运输车或称搅拌车，是用来运送建筑用预拌混凝土的专用卡车；由于它的外形，也常被称为田螺车，如图 5-59 所示。卡车上装有圆筒形搅拌筒用以运载混合后的混凝土，在运输过程中会始终保持搅拌筒转动，以保证所运载的混凝土不会凝固。运送完混凝土后，通常都会用水冲洗搅拌筒内部，防止硬化的混凝土占用空间。

利用混凝土搅拌运输车辆将预拌混凝土从搅拌站（楼）运送到施工工地，既提高了生产率和施工质量，防止混凝土在运输途中发生分层离析，保证质量，又便于文明施工。

图 5-59　混凝土搅拌运输车

5.2.1　搅拌运输车构造及工作原理

1. 搅拌运输车的整车构造

　　混凝土搅拌运输车由汽车底盘和混凝土搅拌运输专用装置组成。我国生产的混凝土搅拌运输车的底盘多采用整车生产厂家提供的二类通用底盘，现在各主机厂都有混凝土搅拌车专用底盘，其专用机构主要包括搅拌筒、进出料装置、液压系统、前后支架、减速机、操纵机构、清洗系统等。

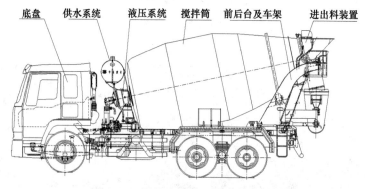

图 5-60　混凝土搅拌运输车整车构造

2. 搅拌运输车的工作原理

　　当搅拌筒是正转时，混凝土将被叶片连续不断地推送到搅拌筒的底部。显然，到达筒底的混凝土又会被搅拌筒的端壁顶推翻转回来，这样在上述运动的基础上，又增加了混凝土上、下层的轴向翻滚运动，混凝土就在这种复杂的运动状态下得到搅拌。当搅拌筒反转时，叶片的螺旋方向也相反，这时混凝土即被叶片引导向搅拌口方向移动，直至筒口卸出。总之，搅拌筒的转动，带动连续的螺旋叶片所产生的螺旋运动，使混凝土获得"切向"和"轴向"的复合运动，从而使搅拌筒具有搅拌或卸料的功能。

　　根据搅拌筒的构造和工作原理，可以对搅拌输送车的各工况描述如下。

　　（1）装料。搅拌筒在驱动装置带动下，做转速为 6～10 r/min 的"正向"转动，混凝土或拌合料经料斗从导管进入搅拌筒，并在螺旋叶片的引导下流向搅拌筒中下部。

（2）搅拌。对于加入搅拌筒的混凝土拌合料，在搅拌输送车行驶途中或现场，使搅拌筒以 8～12 r/min 的转速"正向"转动，拌合料在转动的筒壁和叶片带动下翻跌推移，进行搅拌。

（3）搅动。对于加入搅拌筒的预拌混凝土，只需搅拌筒在运输途中以 1～3 r/min 的转速"正向"转动。此时，混凝土只受轻微的扰动，以保持混凝土的均质。

（4）卸料。改变搅拌筒的转动方向，并使之获得 6～12 r/min 的"反向"转速，混凝土流向筒口，通过固定和活动卸料溜槽卸出。

3. 搅拌运输车主要组成

1）取力系统

国内混凝土搅拌运输车采用底盘发动机取力方式。取力装置的作用是通过全功率驱动器将发动机动力取出，经液压系统驱动搅拌筒，搅拌筒在进料和运输过程中正向旋转，以利于进料和对混凝土进行搅拌，在出料时反向旋转，在工作终结后切断与发动机的动力连接。其驱动控制系统如图 5-61 所示。

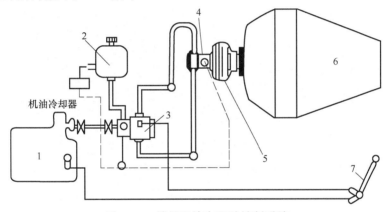

图 5-61　搅拌运输车驱动控制系统

1—发动机；2—油箱；3—油泵；4—液压马达；5—减速器；6—搅拌筒；7—操纵杆

2）液压系统

液压系统的主要功能是将取力器动力转化为液压能（排量和压力），再经马达输出为机械能（转速和扭矩），为搅拌筒转动提供动力。图 5-62 为分体式液压传动系统，图 5-63 为三合一式液压传动系统。

3）搅拌系统

搅拌装置主要由搅拌筒及其辅助支撑部件组成。搅拌筒是混凝土的装载容器，转动时混凝土沿叶片的螺旋方向运动，在不断的提升和翻动过程中受到混合和搅拌。在进料及运输过程中，搅拌筒正转，混凝土沿叶片向里运动。出料时，搅拌筒反转，混凝土沿着叶片向外卸出。叶片是搅拌装置中的核心部件，损坏或严重磨损会导致混凝土搅拌不均匀。另外，叶片的角度如果设计不合理，还会使混凝土出现离析。

（1）搅拌筒的外部结构（自落式斜筒型运输车）。特点：梨型结构，同一筒口进出料，双锥体壳体，底部有法兰连接减速器，环形滚道、护绕钢带等。搅拌筒构造如图 5-64 所示。

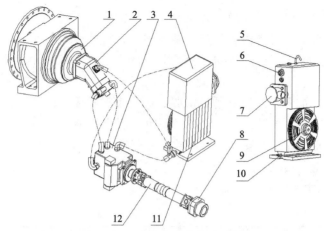

图 5-62　分体式液压传动系统

1—减速器；2—马达；3—油泵；4—油箱；5—透气管；6—油标；7—滤清器；
8—PTO；9—冷却风扇；10—温控器；11—冷却器；12—传动轴

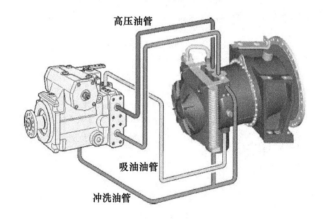

图 5-63　三合一式液压传动系统

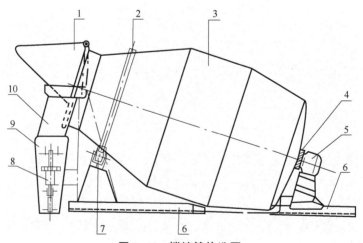

图 5-64　搅拌筒构造图

1—装料斗；2—环形滚道；3—滚筒壳体；4—连接法兰；5—减速器；
6—机架；7—支承滚轮；8—调节机构；9—活动卸料溜槽；10—固定卸料溜槽

（2）搅拌筒的内部结构。搅拌筒内部有两条带状螺旋叶片，辅助搅拌叶片，如图 5-65 所示。

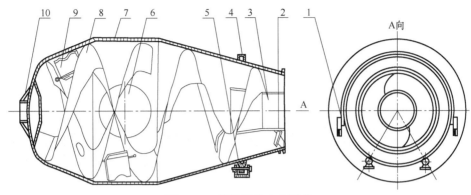

图 5-65　搅拌筒的内部结构
1—夹卡套；2—辅助叶片；3—进料管；4—滚道；5—托轮；
6—人孔；7—筒体；8—叶片；9—辅助搅拌叶片；10—连接法兰

螺旋叶片的螺距大小不同，出料速度也不同。螺距大，叶片圈数少，出料速度快，但叶片磨损大；螺距小，叶片圈数多，出料速度相对较慢，磨损小。搅拌筒的内部螺旋如图 5-66 所示。

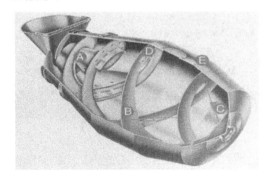
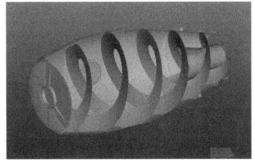

图 5-66　搅拌筒的内部螺旋

（3）筒口结构。筒口被进料导管分隔为两部分。中心为进料口，环形空间为出料口。进料导管的作用：防止混凝土外溢，保护筒壁和叶片，形成卸料通道。搅拌筒的筒口结构如图 5-67 所示。

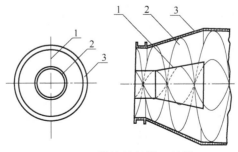

图 5-67　搅拌筒的筒口结构

1—螺旋叶片；2—进料导管；3—筒壁

4）搅拌筒的装料和卸料机构

加料斗为广口漏斗，斗体为半锥体，固定卸料溜槽、活动卸料溜槽形成卸料通道，如图 5-68 所示。

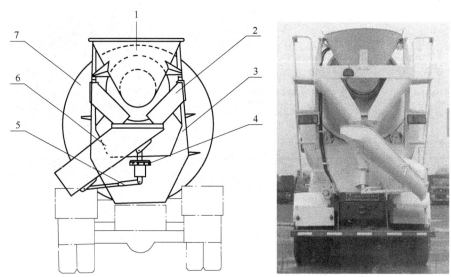

图 5-68　搅拌筒的加料和卸料装置
1—加料斗；2—固定卸料溜槽；3—门形支架；4—活动溜槽调节转盘
5—活动溜槽调节臂；6—活动卸料溜槽；7—搅拌筒

5）供水系统

供水系统的主要作用是清洗搅拌筒，有时也用于运输途中进行干料搅拌。清洗系统还对液压系统起冷却作用。供水系统分为液压供水方式和气压供水方式，液压供水方式由水泵、驱动装置、水箱和量水器等组成，气压供水方式由密闭压力水箱、闸阀和水表等组成。

6）散热系统

散热系统是对液压泵在工作过程产生的热量通过散热片和风扇散发出去，避免高温造成液压系统损坏和工作失常。

5.2.2　搅拌运输车的维护与修理

混凝土搅拌运输车作为运输用汽车，在维护和修理方面必须遵照交通部相关运输车辆的规定，执行"定期检测、强制维护、视情修理"的维护和修理制度。在这个大前提下，再结合混凝土搅拌运输车的实际情况，做好维护和修理。在日常维护方面，混凝土搅拌运输车除应按常规对汽车发动机、底盘等部位进行维护外，还必须做好以下维护工作。

1. 清洗混凝土贮罐（搅拌筒）及进出料口

由于混凝土会在短时间内凝固成硬块，且对钢材和油漆有一定的腐蚀性，所以每次使用混凝土贮罐后，洗净黏附在混凝土贮罐及进出料口上的混凝土是每日维护必须认真进行的工作。其中包括：

（1）每次装料前用水冲洗进料口，使进料口在装料时保持湿润；

（2）在装料的同时向随车自带的清洗用水水箱中注满水；

（3）装料后冲洗进料口，洗净进料口附近残留的混凝土；

（4）到工地卸料后，冲洗出料槽，然后向混凝土贮罐内加清洗用水 30～40 L；在车辆回程时保持混凝土贮罐正向慢速转动；

（5）下次装料前切记放掉混凝土贮罐内的污水；

（6）每天收工时彻底清洗混凝土贮罐及进出料口周围，保证不粘有水泥及混凝土结块。

以上这些工作只要一次不认真进行，就会给以后的工作带来很大的麻烦。

2．维护驱动装置

驱动装置的作用是驱动混凝土贮罐转动，它由取力器、万向轴、液压泵、液压马达、操纵阀、液压油箱及冷却装置组成。如果这部分因故障停止工作，混凝土贮罐将不能转动，这会导致车内混凝土报废，严重的甚至使整罐混凝土凝结在罐内，造成混凝土搅拌运输车报废。因此，驱动装置是否可靠是使用中必须高度重视的问题。为保证驱动装置完好可靠，应做好以下维护工作。

（1）万向转动部分是故障多发部位，应按时加注润滑脂，并经常检查磨损情况，及时修理更换。车队应有备用的万向轴总成，以保证一旦发生故障能在几十分钟内恢复工作。

（2）保证液压油清洁。混凝土搅拌运输车工作环境恶劣，一定要防止污水泥沙进入液压系统。液压油要按使用手册要求定期更换。检查时一旦发现液压油中混入水或泥沙，就要立即停机清洗液压系统、更换液压油。

（3）保证液压油冷却装置有效。要定时清理液压油散热器，避免散热器被水泥堵塞，检查散热器电动风扇运转是否正常，防止液压油温度超标。只要保证液压油清洁，液压部分一般故障不多；但生产厂家不同，使用寿命则不一样。

3．注意轮胎的维修

混凝土搅拌运输车同其他车辆一样，一定要注意轮胎的维修与保养。

5.2.3　搅拌运输车常见故障及排除方法

在混凝土搅拌运输车的日常使用过程中，或多或少会出现一些问题，有些属于真正的机械问题，另一些则是可以简单处理的小问题，掌握了混凝土搅拌运输车的使用常识，合理地保养车辆，才能在车辆使用过程中得心应手，安全驾驶。混凝土搅拌运输车可能出现的故障及排除方法见表 5-6。

表 5-6　搅拌运输车常见故障及排除方法

可能再现的故障	原因分析	排除方法
搅拌筒不能转动	发动机供油不足造成输出功率不足	更换滤清器，检修油管，检查油箱中的油是否充足，检查油箱的吸油接头是否漏气
	液压油脏，手动伺服阀中的内泄或阻尼孔堵塞，使液压泵压力不足，液压马达内泄	更换液压油，清洗液压油箱、液压泵、液压马达，更换密封圈
	手动伺服阀油泵操纵摆杆内销轴被剪断，液压管路损坏，操纵失灵	若混凝土已装入搅拌筒，而故障又不能立即排除，应采用应急油管连接将混凝土卸出，或立即打开搅拌筒的人孔，用锄头、铁锹等工具清除混凝土，同时用高压水枪冲洗，使混凝土不至于在筒内凝固，然后检修手动伺服阀、液压管路、操纵机构

续表

可能再现的故障		原因分析	排除方法
噪声	油泵吸气	吸油滤清器堵塞	清洗或更换滤清器
	油生泡沫	油量不足	补油
		滤清器堵塞	清洗或更换滤清器
	油温过高	连续工作时间过长	停机冷却
	液压马达有噪声	液压马达中有铁屑等杂物	清洗或检修
	液压泵有噪声	液压泵中有铁屑等杂物	清洗或检修
	减速机有噪声	减速机内有杂物	更换齿轮油或检修
		磨损严重	检修
进料斗堵塞		进料搅拌不均匀，出现"生料"放料过快	堵塞后用工具捣通，控制放料速度
进料斗漏料		进料斗的橡胶圈磨损	用相同厚度大小尺寸适宜的橡胶板更换
搅拌筒转速慢		液压油脏，吸油不足	清洗或更换液压油箱吸油滤清器
		液压系统漏油	检修或更换密封垫或涂密封胶
		操纵机构卡死	检修
		输出功率不足	检修
搅拌筒转动不出料		混凝土坍落度太低	加适量水，以 15 r/min 转动几分钟，然后反转出料
		叶片磨损严重	修复或更换
操纵机构不灵活		操纵手柄锈蚀或另一端卡死	校正，去除铁锈后加注黄油
搅拌筒上下跳动		滚道和托轮磨损不均匀	修复或更换

5.3　泵送设备

5.3.1　输送泵概述

混凝土输送泵（简称混凝土泵）是沿管道作水平与垂直输送混凝土拌合物的一种专用机械。

1. 混凝土输送泵的分类

（1）按其驱动方法可分为挤压式混凝土泵和液压活塞式混凝土泵。

挤压式混凝土泵主要由料斗、鼓形泵、驱动装置、真空系统和输送管等组成。主要特点是：结构简单、造价低，维修容易且工作平稳。由于输送量及泵送混凝土压力小，输送距离短，目前已很少采用。

液压活塞式混凝土泵主要由料斗、混凝土缸、分配阀、液压控制系统和输送管等组成。通过液压控制系统使分配阀交替启闭。液压缸与混凝土缸连接，通过液压缸活塞杆的往复运动以及分配阀的协同动作，使两个混凝土缸轮流交替完成吸入与排出混凝土的工作过程。目前国内外均普遍采用液压活塞式混凝土泵。近年来，我国在高层建筑施工、地下与基础工程施工、高架路施工、隧道等工程施工中，采用了泵送混凝土并显示出良好的技术经济效益。

（2）按泵能否移动可分为：固定式混凝土泵、拖式混凝土泵和车载式混凝土泵。其中拖式混凝土泵与车载式混凝土泵应用较多，如图 5-69、图 5-70 所示。

图 5-69　拖式混凝土泵

图 5-70　车载式混凝土泵

（3）按换向阀的形式可分为：蝶阀、闸板阀、S 阀、C 阀、T 阀等，目前使用较多的是双缸工作的闸板阀与 S 形管阀，如图 5-71、图 5-72 所示。

图 5-71　闸板阀

图 5-72　S 阀

2. 混凝土输送泵的特点

（1）混凝土的输送和浇筑作业是连续的，施工效率高，工程进度快。

（2）机械化程度高，减少人工。

（3）泵送工艺对混凝土质量要求比较严格，再加上连续作业，混凝土不易离析，混凝土坍落度损失不大，因此容易保证工程质量。

（4）对施工作业面的适应性强，作业范围广，输送管道既可以铺设到其他方法难以到达的地方，又能使混凝土在一定压力下填充浇筑到位，满足各种施工要求。

（5）在正常泵送条件下，混凝土在管道中输送不会污染环境，符合环保要求。

3. 混凝土输送泵的工作原理

混凝土输送泵采用电机或柴油机驱动泵送系统，通过液压系统恒功率控制自动调节混凝土输送泵的输送量，也可用手动控制来选择混凝土输送量。

泵送系统主要由料斗、搅拌机构、混凝土分配阀、混凝土输送缸、洗涤室以及主油缸等构成。

输送泵工作原理如图 5-73 所示。当液压系统压力油进入一主油缸时，活塞杆伸出，同时通过密封回路连通管的压力油使另一活塞杆回缩。与主油缸活塞杆相连的混凝土输送活塞回缩时在输送缸内产生自吸作用，料斗中的混凝土在大气压力作用和搅拌叶片的助推作用下通过滑阀吸入口被吸入输送缸。同时，另一主油缸在油压的作用下，推动主油缸的活塞杆伸出并同时推动混凝土活塞压出输送缸中的混凝土，通过滑阀输送口 Y 字管进入混凝土输送管。动作完成后，系统自动换向使压力油进入另一主油缸，完成另一次不同输送缸的吸、送行程。如此反复，料斗里的混凝土就源源不断地被吸入和压送出输送缸，通过 Y 字管和出口连接的管道到达作业点，完成泵送作业。

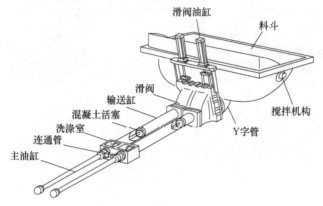

图 5-73　输送泵工作原理

5.3.2　混凝土泵车概述

将泵直接安装在汽车的底盘上，且带布料装置或称布料杆（由臂架及输送管道组成）。这种形式的输送泵，称为泵车（图 5-74）。

图 5-74　泵车

1. 泵车的用途

泵车的机动性很好，在泵送距离不大时，施工前后不需要铺设和拆卸输送管道。在城市建设中，可缩短辅助时间，节省劳动力，提高生产效率和降低工程成本。但泵车本身构造复杂，体积较大，其使用受到施工现场条件和道路的限制。

泵车具有行驶功能、泵送功能及布料功能。

2. 泵车的分类

（1）按使用范围分为：通用型、专用型、经济型、一机多能型及智能型。

（2）按臂架长度分为：短臂型、长臂型及超长臂型。常见规格有：16（18）、24、28、32、37（36/38）、42 、45（44）、48（47/46）、52、56（55/58）、63（62/61）。

（3）按分配阀的形式分为：闸板阀泵车及管式分配阀泵车（"S"阀）。

3. 泵车的特点

1）泵车使用的优点

（1）自带臂架进行布料，辅助时间短。

（2）布料方便快捷，泵送速度快，工作效率高。

（3）自动化程度高，可由一人操作，配备遥控，操作方便。

（4）机动性能好，设备利用率高。

2）泵车使用的局限性

（1）泵送高度受臂架长度限制。

（2）施工所需场地较大。

（3）对混凝土的要求比拖泵高。

5.3.3　泵车构造与工作原理

1. 泵车构造

泵车是将泵送混凝土的泵送机构和用于布料的液压卷折式布料杆（也称臂架）和支撑机构集成在汽车底盘上，集行驶、泵送、布料功能于一体的高效混凝土输送设备，适用于城市建筑、住宅小区、体育场馆、立交桥和机场等建筑施工时混凝土的输送。

混凝土泵车主要由五部分组成：底盘部分、臂架系统、泵送系统、液压系统和电控系统部分，如图 5-75 所示。

底盘部分
臂架系统
液压系统
电控系统
泵送系统

图 5-75　混凝土泵车整体结构

2. 泵车工作原理

汽车底盘行驶时实现泵车在各场地之间的运转，工作时为泵车提供动力，将汽车发动机的动力经分动箱传力带动液压泵产生压力油，从而驱动主油缸带动两个输送活塞，产生交替往复运动，并通过分配阀与主油缸之间的协调动作，将混凝土不断地从料斗吸入输送缸，再加压经过分配阀泵入附在布料杆上的输送管道内，最后从布料杆顶端软管源源不断地泵出。由于布料杆装在可旋转的转台上，且各节臂可灵活折叠和展开，故混凝土可随着布料杆的四处移动而直接送达布料杆工作范围内的任意点，无须另配管道即可完成混凝土的输送、布料工作，且在某地方作业完后可迅速转移到另一地方继续作业，设备利用率高。

3. 泵车各组成部分

1）汽车底盘部分

泵车底盘部分的基本构造可参见汽车使用手册，主要包括底盘和分动箱两部分。底盘主要起支承、驾驶及运行作用，如图5-76所示。分动箱是行驶和泵送的状态切换机构，如图5-77所示。

混凝土泵工作原理

图 5-76　泵车底盘构造

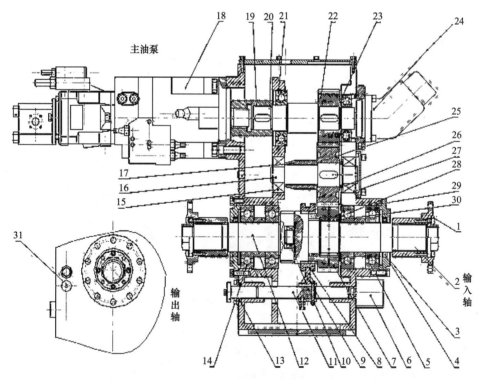

图 5-77　泵车底盘分动箱构造

1—联结盘；2—输入轴；3—轴承盖；4—密封圈；5—输入轴轴承；6—汽缸；7—空套齿轮；8—离合套；9—拨叉；10—过桥轴承；11—拨叉杆；12—输出轴；13—静密封圈；14—输出轴轴承；15—二轴小轴承；16—二轴；17—过渡套；18—油泵；19—联结套；20—三轴；21—三轴大轴承；22—三轴齿轮；23—三轴小轴承；24—臂架泵；25—二轴齿轮；26—挡圈；17—二轴大轴承；28—一轴挡圈；29—箱体；30—滚针轴承；31—油标

2）臂架系统

臂架分为数节，每节由高强度钢板焊接而成，起到支撑混凝土输送管的作用。臂架的运动由节与节之间的液压缸推动。臂架的回转靠臂架基座上的回转支撑和回转机构进行驱动。臂架的动作可由遥控器或比例阀操纵手柄进行控制。

臂架的作用：完成混凝土的输送、布料，并支撑整车，保证其稳定性。

结构组成包括布料杆和转塔，如图 5-78 所示。布料杆包括臂架、液压油缸、输送管和连接件，转塔包括转台、回转机构、固定转塔和支腿支撑。

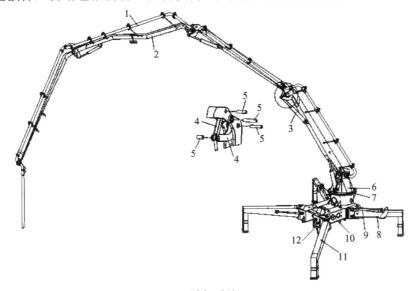

图 5-78　臂架系统

1—输送管；2—臂架；3—臂架油缸；4—连杆；5—铰接轴；6—转台；7—回转机构；
8—前支腿；9—前支腿展开油缸；10—固定转塔；11—后支腿；12—后支腿展开油缸

混凝土泵车固定
及臂架伸展

Ⅰ. 布料杆

布料杆包括臂架、液压油缸、输送管和连接件，如图 5-79 所示。其折叠形式有：回转型、Z 型（或 M 型）、S 型（或 R 型）和综合型，如图 5-80 所示。布料杆上的臂架、油缸、泵管和扣件如图 5-81 所示。

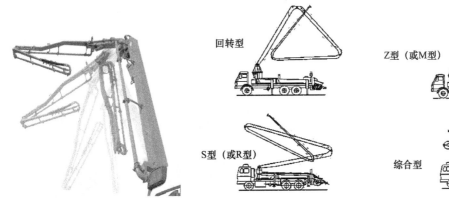

图 5-79　布料杆构造　　　　　　图 5-80　布料杆折叠形式

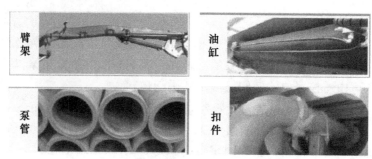

图 5-81　布料杆上的臂架、油缸、泵管、扣件

Ⅱ．转塔

转塔包括转台、回转机构、固定转塔和支腿支撑，如图 5-82 至图 5-84 所示。

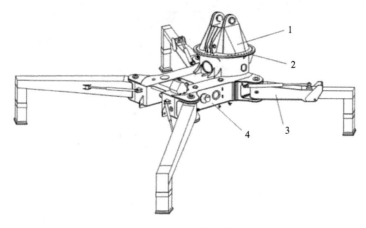

图 5-82　转塔构造

1—转台；2—回转机构；3—支腿支撑；4—固定转塔

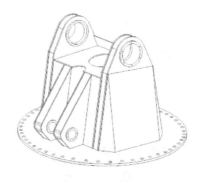

图 5-83　转台

图 5-84　组成转塔的转台、回转机构、前支腿、固定转塔

（1）转台上部用臂架连接套与臂架总成铰接，下部用高强度螺栓与回转支撑外圈固连，主要承受臂架总成的扭矩和弯矩，同时可带动臂架总成一起在水平面内旋转，如图 5-83 所示。

（2）回转机构集支撑、旋转和连接于一体，具有高强度和刚性、很强的抗倾翻能力、低而恒定的转矩。它由高强度螺栓、回转支撑、液压马达减速机、传动齿轮和过渡齿轮（有时无此件）组成，如图 5-85 所示。

（3）固定转塔如图 5-86 所示。

（4）支腿的作用是将整车稳定地支撑在地面上，直接承受整车的负载力矩和重量，如图 5-87 所示。

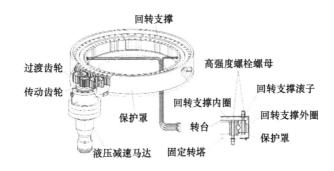

图 5-85　回转机构

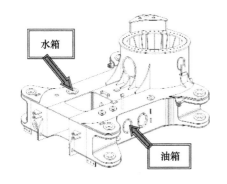

图 5-86　固定转塔

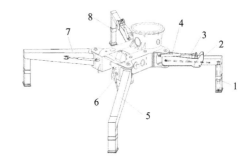

图 5-87　支撑支腿结构

1—支撑油缸；2—右前支腿；3—前支腿伸缩油缸；4—前支腿展开油缸；

5—右后支腿；6—后支腿展开油缸；7—左后支腿；8—左前支腿

3）泵送系统

泵送系统是混凝土泵车的执行机构，用于将混凝土沿输送管道连续输送到浇筑现场。泵送系统由料斗、泵送机构、S 阀总成、输送管道和润滑系统组成。

（1）料斗主要用于储存一定量的混凝土，保证泵送系统吸料时不会吸空和连续泵送。通过筛网可以防止大于规定尺寸的骨料进入料斗内。在停止泵送时，打开底部料门，可以清除余料和清洗料斗，如图 5-88 所示。

（2）泵送机构如图 5-89 所示。

（3）S 阀总成如图 5-90 所示。

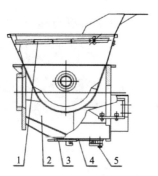

图 5-88　料斗结构

1—筛网；2—斗身；3—料门板；4—O 形圈；5—小轴

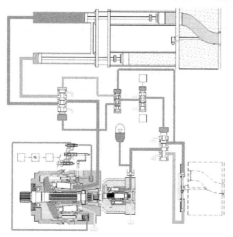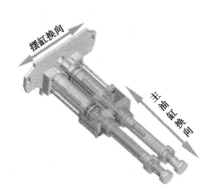

图 5-89　泵送机构

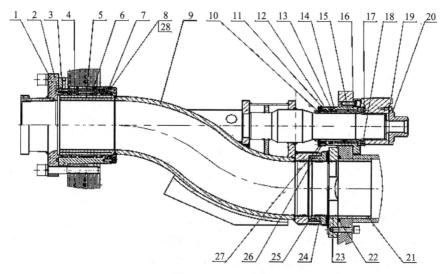

图 5-90　S 阀总成

1—出料口；2—O 形圈；3—轴承座；4—Yx 型密封圈；5—耐磨套；6—尼龙轴承；7—J 型防尘圈；

8—橡胶垫；9—S 管总成；10—O 形圈；11—防尘圈；12—端面轴承套；13—密封圈；14—轴承座；15—轴承；

16—O 形圈；17—内花键齿；18—销；19—O 形圈；20—异型螺母；21—过渡套；22—O 形圈；

23—装眼镜板；24—切割环；25—橡胶弹簧；26—橡胶垫；27—压板；28—压板

（4）搅拌机构如图 5-91 所示。

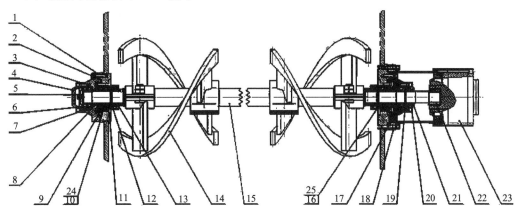

图 5-91　搅拌机构

1—轴承座；2—O 形圈；3—密封垫；4—端盖；5—轴端压板；6—轴承；7—垫环；8—密封圈；9—骨架唇型密封；
10—密封盖；11—防尘圈；12—O 形圈；13—轴套；14—搅拌叶片；15—搅拌轴；16—密封挡圈；17—轴承；
18—马达座；19—挡圈；20—毡圈；21—密封端盖；22—花键套；23—液压马达；24—密封垫；25—压环

（5）摆摇机构如图 5-92 所示。

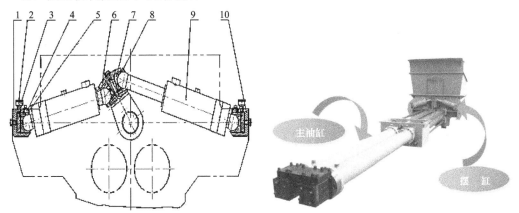

图 5-92　摇摆机构

1—左油缸座；2—承力板；3—油杯；4—下球面轴承；5—限位挡板；6—摇臂；
7—上球面轴承；8—球头挡板；9—摆阀油缸；10—右油缸座

（6）润滑系统如图 5-93 所示。

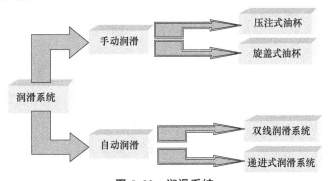

图 5-93　润滑系统

4）液压系统

目前国内外混凝土泵车全部采用液压传动。它主要由液压泵、液压马达、液压缸、蓄能器、过滤器、冷却器、阀门、压力表、油管及油箱等组成。液压系统分为四个子系统，每个子系统各有一个液压泵驱动。

（1）主液压系统。其功能是使主液压缸和混凝土分配阀换向液压缸工作，并通过控制元件使各液压缸的动作顺序进行，保证正常泵送混凝土。

（2）臂架液压系统。臂架液压泵采用斜轴式柱塞泵。两个手动三位四通换向阀操纵支腿水平液压缸和支腿垂直液压缸，截止阀和双向液压锁锁定支腿工作状态。

（3）搅拌液压系统。其主要由齿轮泵、液压马达和集流块等组成。当搅拌叶片被骨料卡住时，液压马达进口油路的油压升高，达到 11 MPa 时反转溢流阀打开，压力油经单向阀使液控弹簧复位二位四通阀换向，这时液控二位四通阀随着换向使液压马达的出油口变为进油口，液压马达反转；当搅拌叶片的卡阻骨料排除后，各阀恢复到原来状态，液压马达正转。

（4）冷却及水洗液压系统。用齿轮泵输送冷却液压油或驱动水泵工作，由手动三位四通阀控制。冷却时，油箱内的液压油被齿轮泵输送到油冷却器进行冷却和净化。水洗时，压力油经管路进入水泵换向阀驱动往复式液压缸，与液压缸活塞共活塞杆的往复式水泵活塞随之运动，于是水泵工作。往复式液压缸由先导换向阀和两个液控水泵换向阀控制其往复运动。

5）电控系统

混凝土泵车的电控系统分为 4 个部件：电控柜、操作盒、泵车配件遥控器和传感器。

（1）电控柜：包括 SYMC、SYLD、SYMCEB 和中央分线盒，如图 5-94 所示。

（2）操作盒：包括小操作盒和检修操作盒，如图 5-95 所示。

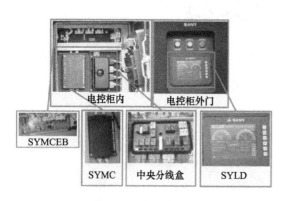

图 5-94　电控柜

图 5-95　操作盒

（3）遥控器：包括泵车配件接收器和泵车配件发射器，如图 5-96 所示。

（4）传感器：包括臂架下放到位开关、支腿到位感应开关、泵送行驶位置感应开关、油温传感器、泵车配件旋转机械编码器和倾角传感器，如图 5-97 所示。

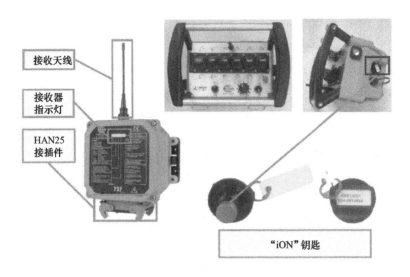

接收天线

接收器指示灯

HAN25接插件

"iON"钥匙

图 5-96　遥控器（727）

泵车配件旋转机械编码器

支腿到位感应开关

油温传感器

泵送行驶位置感应开关

倾角传感器

臂架下放到位开关

图 5-97　传感器

5.3.4　泵车安全操作注意事项

1. 应用安全注意事项

（1）不得在末端软管后再连接管道。

（2）臂架不得用于起吊重物。

（3）禁止对泵车进行可能影响到安全的修改（如更改安全压力、运行速度设定、改用大直径输送管及更改控制程序等）。

（4）操作人员必须佩戴好安全帽，并遵守安全法规。

（5）只有臂架及支腿都处于完全收拢状态才能移动泵车。

2. 支撑安全注意事项

（1）车身应水平，任意方向的倾斜不得超过 3°。

（2）应打开支腿到规定的位置，并确定支撑牢靠。

（3）张开支腿时，不要站在支腿伸展范围内，以免夹伤。

（4）必须按要求支撑好支腿后才能操作臂架。

（5）必须将臂架收拢放于臂架主支撑上后才能收支腿。

（6）出现稳定性降低的因素时必须立即收拢臂架。

3. 伸展臂架安全注意事项

（1）臂架下方是危险区域，防止混凝土等掉落伤人。

（2）臂架不能在大于 8 级风力的天气中使用。

（3）在末端软管规定的范围内（末端软管长度的两倍）不得站人。

（4）切勿折弯末端软管，末端软管不能没入混凝土中。

（5）在高压线附近作业时要小心触电的危险。臂架工作时，与高压线的安全间距为 5 m。不同电压的安全距离见表 5-7。

表 5-7　臂架与高压线之间的安全距离

额定电压	安全距离/m
至 1 kV	1.0
1～110 kV	3.0
110～2 200 kV	4.0
220～380 kV	5.0
380 kV 以上	5.0

4. 泵送及维护安全注意事项

（1）泵车运转时，不可打开料斗筛网及水箱盖板等设施。

（2）泵送时，必须保证料斗内的混凝土在搅拌轴的位置之上，防止因吸入气体而引起的混凝土喷射。

（3）堵管时，一定要先反泵释放管道内的压力，才能拆卸输送管道。

（4）进行维护前必须先停机，并释放蓄能器压力。

5. 控制面板

操作时使用如图 5-98 所示的控制面板。

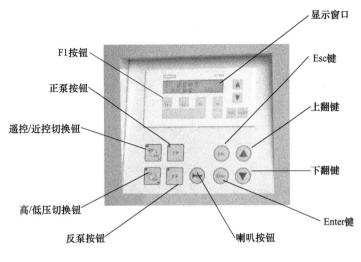

图 5-98 控制面板示意图

5.3.5 泵车常见故障及排除方法

1. 泵送系统液压油温过高

预拌混凝土臂架式泵车在连续作业的过程中，往往伴有换向压力冲击，同时泵送系统换向较为频繁。泵送液压系统主油路是闭式回路，一般都处于大流量状态或者高压状态，由两个串联的主液压缸和一个双向变量轴向柱塞泵组成，一旦泵送系统出现故障，必然会引起预拌混凝土泵车的油温过高。油温过高主要原因是由于元件的调整、保养、操作不当，或者制造和设计存在问题。具体来说，可能有以下一些原因：第一，液压系统内部泄漏情况过于严重；第二，溢流阀不卸荷或者调定压力过高；第三，冷却器散热片散热不良，积尘过多；第四，冷却器风扇停转；第五，冷却器出现阻塞现象；第六，低压溢流阀调定压力过高或者出现损坏；第七，臂架液压系统没有卸荷；第八，液压油自身的油量不够，当油温升高过快，或者液压油温度高于 30～80 ℃这个正常工作温度时，应该按照经验及时查找故障原因，以便采取相应的修理措施。

2. 搅拌系统常见故障及排除

1）搅拌系统漏浆

混凝土泵车一般都装有润滑设备，以预防搅拌轴处有水泥浆漏出，泵送系统分配阀每往返运动一次就能够完成一次输送润滑油脂，然后再将润滑油通过润滑脂分配阀送到搅拌轴轴承内，这样一来，就能够有效地起到密封和润滑的作用。

一旦发现搅拌轴处出现漏浆现象，应立即检查滤油网是否堵塞，润滑脂油管接头是否有油，润滑脂供给系统是否正常，润滑脂分配阀是否失去分配功能。如果磨损是由于搅拌系统使用时间较长导致，那么应该及时更换元件及进行有效的保养。

2）搅拌轴转动故障

由液压马达驱动搅拌轴，通过对混凝土进行二次搅拌，来进行混凝土缸喂料。一旦发现搅拌轴不转或者转速明显下降，应该立刻检查搅拌液压马达是否正常工作，搅拌液压系统压力是否处于合理的范围，或者适当地加快搅拌轴的转速。

3. 输送管堵塞与排除

预拌混凝土泵车输送管发生堵塞的部位大多是在容易振动的锥管和弯管处，沿着输送管路用小铁棒进行敲打，如果声音清脆，且输送声音为沙沙声，则说明无堵塞现象；如果声音沉闷，且输送声音为刺耳声，说明该处是堵塞处。此时出现输送压力逐渐提高，泵送动作停止，料斗料位不下降，管道出口端不出料，泵机发生振动，管路伴有强烈振动及位移等现象。反泵可操作，但转入正泵后又出现堵塞。

如果预拌混凝土泵车输送管发生轻度堵塞，那么首先应该查明堵塞部位，然后用抖动、木槌敲击的方法击松混凝土，重复正泵、反泵操作，将混凝土逐步吸出至料斗中，然后再将其进行重新搅拌后泵送。如果通过这些措施还不能排除堵塞问题，那么就要采取拆管的方法，将混凝土堵塞物排尽，堵塞部位的输送管拆除之后，方可接管，以避免再次堵塞。

4. 完善好混凝土泵车的维护保养

混凝土泵车的维护保养主要包括精度检查、定期检查、定期维护、日常维护以及设备冷却系统维护和设备润滑系统维护。日常维护保养混凝土泵车，必须做到规范化和制度化，这也是预拌混凝土泵车维护的基础工作。预拌混凝土泵车定期检查也被称为定期点检，它通过人的感官、仪器和工具的检查，是一种有计划的预防性检查；定期维护保养应该按照预先制定好的物资消耗定额和工作定额进行考核。要坚持执行预拌混凝土泵车维护规程，以延长预拌混凝土泵车的使用寿命，保证预拌混凝土泵车处于一个安全、舒适的工作环境。同时，要注意提高预拌混凝土泵车操作人员的素质，这是搞好预拌混凝土泵车管理工作的关键。培养员工的安全意识，采取灵活多样的培训方式定期进行员工培训，提供进修学习的机会，鼓励相关工作部门的相互交流，以此降低事故发生的频率。

5. 加强预拌混凝土泵车使用和维护管理工作

在预拌混凝土泵车维护管理中，一是严格周检制度和润滑制度。采用看、听、摸、嗅等方法对预拌混凝土泵车进行细致的日常检查，定点、定质、定量、定时、定期对预拌混凝土泵车进行润滑保养和卫生清扫，努力做到沟见底、轴见光、设备见本色。二是加大培训力度，提高预拌混凝土泵车维护保养意识。通过对职工应知、应会培训，熟练掌握预拌混凝土泵车的性能、结构、用途、原理及使用方法，提高生产技能和安全技能，降低设备故障率。三是从日常点滴做起，形成以班保天、以日保旬、以旬保月、以月保年的管理模式。责任落实到人，管理保养共担，有力地促进预拌混凝土泵车的长周期运行，为完成各项生产任务奠定坚实基础。

施工现场混凝土泵送

预拌混凝土生产试验室

任务 6

6.1 试验室职责及环境条件

6.1.1 试验室职责

预拌混凝土生产企业试验室是企业质量管理、技术开发、成本控制和处理外部技术事务的关键部门，对企业的经济效益和成败影响极大，因此，企业必须牢固确立试验室在企业质量管理体系中的核心地位和作用。

检测试验工作是质量管理中的重要组成部分，也是产品质量科学控制的重要技术手段。客观、准确、及时的检测试验数据，是指导、控制和评价产品质量的科学依据。通过检测试验，可以合理地选择原材料，优化原材料的组合，提高混凝土工程质量，降低生产成本；通过检测试验，可以提高混凝土工程内在和外观质量；通过检测试验，可以正确掌握新材料在混凝土中的应用，为寻求企业获得更好的经济效益起到极为重要的作用。

试验室的人员素质、试验设备、检测能力、技术管理水平的高低，决定和代表了预拌混凝土生产企业的管理水平和企业形象。地方主管部门、质量体系认证机构、建设单位、工程监理及需方等，无不把试验室作为重点检查和考评对象。因此，加强试验室的投入与管理，配备完善且技术先进的试验仪器设备，组建一支技术优异的检测试验团队，不断提高检测试验水平，为顾客提供更好的产品和服务，对企业的生存与发展具有十分重要的意义。

试验室的具体职责范围如下。

（1）承担本企业的砂、石、水泥及混凝土等检测试验项目及混凝土生产配合比试配及调整。

（2）负责检测项目的抽样、测试、数据整理，填写检测报告及对检测报告的复核。

（3）为所承担检测项目、检测报告出具证书，维护检测纪律，有权拒绝任何人或部门对检测工作或检测结论的干预和不合理要求。

（4）负责本室设备保管、使用、检定、调试、维护与保养。

（5）负责收集保管有关检测标准、规范与规程等资料及质检报告、仪器档案的归档。

（6）对本企业各生产环节进行质量检查与监督。

（7）负责本企业生产产品的出厂检验与统计评定。

（8）为本企业用户提供技术服务。

预拌混凝土搅拌站试验室如图 6-1 所示。

图 6-1　预拌混凝土搅拌站试验室

6.1.2　试验室环境条件

（1）试验室环境条件是检测试验活动中非常重要的一个子系统，对试验结果、试验人员的健康与安全都有重要影响。因此，试验室应具备与所开展试验项目相适应的场所，房屋建筑面积和工作场地均应满足试验工作需要。

（2）各试验项目应根据不同的试验需求、仪器设备的数量和大小、需要的操作空间和试验流程合理布置，充分考虑使用功能和各室之间的关系，应能确保试验结果的有效性和准确性，确保相邻区域内的工作互不干扰，不得对检验质量产生不良影响。

（3）试验环境应有利于试验工作的顺利进行，电器管线布置要整齐且具有安全、防火措施；废试件处理应满足环保部门的要求。

（4）各专项试验室必须严加管理，应有停水、停电的应急措施，与试验无关的物品不得存放在试验室内，保持试验室的整齐清洁。

（5）试验室的建筑与设施，应能保证环境条件符合国家标准中规定的温度和湿度要求，并做好记录，条件许可时应配备自动记录仪。检测试验环境条件的技术要求见表 6-1。

表 6-1　检测试验环境条件技术要求

项目		温度、湿度控制要求	
		温度/℃	相对湿度/（%）
骨料室		15～30	—
水泥室		20±2	≥50
精密天平室		20±2	≥50
混凝土室	试配、成型	20±5	—
	外加剂检验	20±3	—
外加剂室	密度	20±1	60±5
	pH 值及其他	20±3	60±5
水泥养护池		20±1	—
水泥标养箱		20±1	≥90
标准养护室		20±2	≥95
力学室		20±5	—
混凝土收缩检验及恒温、恒湿箱		20±2	60±5

（6）试验工作场所应配备必要的消防器材，存放于明显和便于取用的位置，并应有专人负责管理。

（7）试验产生的废弃物、废水、震动和噪声的处置，应符合环境保护和职业健康方面的有关规定。

（8）为保证试验操作有足够的空间，试验室的总建筑面积不应小于200 m²。应设立独立的试验操作间，包括水泥室、养护室、力学室、天平室、留样室与试配室等，并有专用的办公室和资料室，试验操作间和办公室不得混用。

6.2 组织机构及人员配备

6.2.1 组织机构

一个工作卓有成效的试验室，在确保质量的前提下所降低的综合成本将远远大于再加强试验室资源投入和管理的费用，从而取得明显的经济效益。所以，在企业的行政组织机构中，必须牢固确立试验室在企业质量管理体系中的核心地位和作用，为使试验室各项工作顺利开展，并发挥应有的作用，企业应提供适宜的资源。

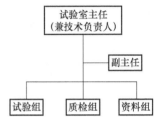

预拌混凝土生产企业试验室工作范围大，为便于管理，应设置一个合理的组织机构。试验室组织机构设置可参考图6-2。

图6-2 试验室组织机构设备图

6.2.2 人员配备

1. 人员配备

由于预拌混凝土生产企业是全天候服务的行业，因此试验室作为质量控制和主管的主要部门，应该根据生产规模、工作范围和工作量的需求，科学合理配备相关技术人员，确保检测试验、混凝土生产质量控制、出厂检验和交货检验等工作的正常有序开展。对于混凝土年产量30万~40万 m³的搅拌站，试验室人员配备参考如下。

（1）管理人员：试验室主任（兼技术负责人）、副主任各1人。

（2）试验组：检测试验人员应不少于6人。

（3）质检组：出厂检验2~4人，现场服务人员（调度、交货）8~10人。

（4）资料组：资料员2人。

2. 人员素质要求

质量是企业的生命，预拌混凝土生产质量主要依靠试验室来管理和控制。一个试验室的水平高低，很大程度上取决于人员素质与水平，人员素质与水平是保证质量的重要因素，试验室在选任人员时，要注重学历和考察实际的专业能力。

1）试验室主任（兼技术负责人）

应具有相关专业中级以上技术职称，多年的试验工作经验；熟悉预拌混凝土生产工艺，能够根据原材料设计符合有关标准和合同规定的混凝土；具备较丰富的质量管理经验和良好的职业道德；有一定的组织能力，能坚持原则，熟知有关和各项标准和质量法规，业务上有较高的水平。

2）试验室副主任

具备初级以上技术职称，具有良好职业道德，经过专业训练，熟悉混凝土配合比设计和检测技术，熟知有关的标准和规章制度，坚持原则，责任心强。

3）试验员

（1）具有一定的文化水平，工作认真，实事求是，熟悉控制项目、指标范围及检测方法。

（2）能够熟练操作试验设备，客观、准确地填写各种原始记录。

（3）应及时更新知识，并取得建设行政主管部门核发的岗位证书。

4）出厂检验员

具有一定的文化水平，责任心强，熟悉混凝土配合比设计、检验规则及混凝土拌合物性能测试，具有较高的混凝土生产配合比调整能力，经专门培训、考核，取得岗位合格证书。

5）交货检验员

具有一定的文化水平，责任心强，熟知预拌混凝土检验规则及混凝土拌合物性能测试，经专门培训、考核合格后上岗。

6）资料员

具有一定的文化水平，应熟悉现行国家、行业有关档案资料管理基础知识和要求，能够严格执行档案资料管理制度，及时、规范地完成各种资料填写、汇总、试验报告的打印和整理归档等工作。

3. 人员管理

（1）应建立检测试验人员管理制度，加强人员考勤管理，确保人员实际在岗和相对稳定，关键骨干人员的调动应征求试验室主任意见。

（2）建立健全人员档案（一人一档），内容包括：劳动合同、职务任命文件、岗位资格证书、技术职称、培训与考核记录、简历、学历证、身份证、科研成果、学术论文等。

（3）加强检测试验人员职业道德培训和教育，严格遵守国家法律法规和行业管理规定，规范开展检测试验工作。

6.3 试验仪器设备

预拌混凝土生产企业专项试验室，应按照相关产品、检测方法标准、行业和地方规定，确定应具备的原材料、混凝土性能检测试验项目参数。

6.3.1 试验项目

试验室至少应具备表6-2所列的检测试验能力。

表6-2　预拌混凝土企业专项试验室检测能力一览表

材料名称	检测试验项目
水泥	安定性、凝结时间、强度、胶砂流动度、细度等
砂	颗粒级配、含泥量、泥块含量、含水率、堆积密度、表观密度、密度、人工砂应增加压碎值指标、石粉含量（亚甲蓝法）等
石	颗粒级配、含泥量、泥块含量、含水率、堆积密度、表观密度、密度、压碎值指标、针片状颗粒总含量等
粉煤灰	细度、烧失量、需水量比、含水量等
矿渣粉	流动度比、比表面积、烧失量、活性指数、含水量等
外加剂	减水率、含固量、抗压强度比、含气量、凝结时间、细度、限制膨胀率与干缩率、pH 值、泌水率、水泥净浆流动度等
混凝土	配合比设计、表观密度、坍落度、含气量、泌水性、凝结时间、抗压、抗折、抗渗、抗冻、氯离子含量、回弹法测强度等

6.3.2　试验仪器设备

试验仪器设备是试验室开展各项检测活动必不可少的工具和手段，对仪器设备从选型、购置、验收、安装、调试、使用、维护乃至整个寿命周期进行全过程的系统管理，是保证检测数据准确、可靠的必需条件。为此，预拌混凝土生产企业应按照有关现行国家标准规定，配置精度符合要求的试验仪器设备，并保持其正常运转。

1. 一般要求

（1）各种计量试验仪器设备应经省或市级计量检定机构检定或校准，并保留检定或校准证书。

（2）在用试验仪器设备的完好率应达到 100%，布置摆放合理。

（3）对大型、精密、复杂的试验仪器设备应编制使用操作规程，并悬挂在操作环境易见的位置。

（4）对主要试验仪器设备做好使用、维护保养记录。

（5）应建立试验仪器设备周期校准或检定台账和档案。

（6）严格执行国家标准，不符合要求的试验仪器设备必须依据新标准更换。

（7）试验仪器设备宜分为 A、B、C 三类，并分类管理，见表6-3。

表6-3　预拌混凝土企业主要试验仪器设备的配备

分类	主要试验仪器设备名称
A 类	*2 000 kN 压力试验机、*300 kN 压力试验机、*5 000 N 抗折试验机、台秤、案秤、混凝土含气量测定仪、混凝土贯入阻力仪、砝码、游标卡尺、*恒温恒湿箱（室）、干湿温度计、*冷冻箱、试验筛（金属丝）、天平、千分表、百分表、*回弹仪
B 类	*抗渗仪、雷氏夹、透气法比表面积仪、砝码、游标卡尺、高精密玻璃水银温度计、钢直尺、测量显微镜、*低温试验箱、水泥维卡仪、*水泥净浆搅拌机、*水泥胶砂搅拌机、*水泥胶砂振实台、水泥流动度仪、混凝土标准振动台、水泥抗压夹具、水泥胶砂试模、干燥箱、混凝土试模、水泥负压筛析仪、pH 值酸度仪、压力泌水仪、贯入阻力仪、试验筛、*高温炉
C 类	钢卷尺、寒暑表、低准确度玻璃量器、普通水银温度计、雷氏夹测定仪、金属容量筒、沸煮箱、针片状规准仪、振筛机、混凝土搅拌机、压碎指标测定仪、坍落度筒

注：带"*"设备为应编制使用操作规程和做好使用记录的设备。

A、B 类在启用前应进行首次校准或检定，并应制订周期校准或检定计划，按计划执行。

A 类试验仪器设备校准或检定周期应根据相关技术标准和规范的要求及仪器设备出厂技术说明书等，并结合试验实际情况确定。

① 本单位的标准物质。

② 精密度高或用途重要的试验仪器设备。

③ 使用频繁，稳定性差，使用环境恶劣的试验仪器设备。

B 类试验仪器设备校准或检定周期应根据试验仪器设备使用频次、环境条件、所需的测量准确度以及由于试验仪器设备发生故障所造成的危害程度等因素确定。

① 对测量准确度有一定要求，但寿命较长、可靠性较好的仪器设备。

② 使用不频繁，稳定性较好，使用环境较好的仪器设备。

C 类试验仪器设备首次使用前应校准或检定，经技术负责人确认可作用至报废。

① 只作一般指标，不影响检测试验结果的仪器设备。

② 准确度等级较低的工作测量器具。

（8）当试验仪器设备出现下列情况之一时，应进行校准或检定：

① 可能对检测结果有影响的改装、移动、修复和维修后；

② 停用超过校准或检定有效期后再次投入使用；

③ 试验仪器设备出现不正常工作情况；

④ 使用频繁或经常携带运输到现场的以及恶劣环境下使用的仪器设备。

（9）当试验仪器设备出现下列情况之一时，不得继续使用：

① 仪器设备指示损坏、刻度不清或其他影响检测精度；

② 仪器设备的性能不稳定，漂移率偏大；

③ 当仪器设备出现显示缺损或按键不灵敏等故障；

④ 其他影响检测结果的情况。

2. 仪器设备的配备

预拌混凝土生产企业试验室仪器设备的配备，应根据有关标准规范、行业规定、检测试验参数，配备必要的检测仪器设备和辅助工具，确保试验仪器设备性能良好，精度符合要求。主要试验仪器设备的配备可参考表 6-3。

图 6-3　TYE-2000 型水泥
混凝土压力试验机

3. 试验仪器设备的使用操作规程

1）TYE-2000 型水泥混凝土压力试验机（图 6-3）操作规程

（1）使用前应先检查油箱内油液是否充足（可查看油标尺），如不足，应添加至可使用状态。

（2）检查、调整转换阀所指量程位置，可根据试件的最大荷载选择量程。（顺时针转，试验力为 0～800 N，逆时针转为 0～2 000 N）

（3）开机空运转，观察有无异常现象。

（4）将试件擦拭干净，测量尺寸，并检查其外观。试件尺寸测量精确至 1 mm，并据此计算试件的承压面积。如实测尺寸与公称尺寸之差不超过 1 mm，可按公称尺寸进行计算。试件承压面的不平度应为每 100 mm 不超过 0.05 mm，承压面与相邻面的不垂直度不超过±1°。

（5）将试件安放在下压板上，试件的承压面与成型时的顶面垂直。试件的中心应与试验机下压板中心对准，并紧固上压板。

（6）接通电源，按下启动按钮，关闭回油阀，缓慢打开送油阀，使活塞浮起，此时系统自动清零。

（7）调整送油阀开度，控制加荷速度为：混凝土强度低于 C30 时，取每秒 0.3～0.5 MPa；混凝土强度高于或等于 C30 时，取每秒 0.5～0.8 MPa。当试件接近破坏而开始迅速变形时，停止调整试验机油门，直至试件破坏，然后记录破坏荷载。

（8）试验结束后，关闭电源，清理仪器及现场。

2）NYL-300C 型压力试验机操作规程（图 6-4）

（1）根据试件选用量程范围，挂好铊并对准刻线。

（2）调整缓冲阀使之与量程范围相适应。

（3）转动总开关接通电源（此时绿灯亮）。

（4）开动油缸电机，拧开送油阀使活塞上升一段，然后调指针对零后停止油泵电机。

（5）启动加载速度指示器电机，并迅速调到适当的位置，此时指示盘保证一定的速度旋转（用秒表测定）。

（6）放好试件，启动油泵电机（红灯亮），迅速将送油阀手柄调到相应的位置，应保证试件加荷时指针与指示盘同步旋转，直至试件被压碎，关闭送油阀，并停止油泵电机加载速度指示电机。

（7）记录试验数据，打开回油阀，然后拨回。

（8）关闭加载速度指示器旋钮，清除破碎的试件，保持室内清洁。

3）DKZ-5000 型水泥抗折强度试验机（图 6-5）操作规程

图 6-4　NYL-300C 型压力试验机　　　　图 6-5　DKZ-5000 型水泥抗折强度试验机

（1）打开电源开关，接通电源。

（2）调整零点（调整配重铊，使游铊在"0"位上，主杠杆处于水平）。

（3）清除夹具上圆柱表面黏着的杂物，将试件放入抗折夹具内，调整夹具将试件夹紧，使杠杆产生一个仰角（仰角大小根据试件存放天数和操作经验决定）。

（4）按启动按钮，指示灯（绿）亮，电机带动丝杆转动，游移码移动载入，当加到一定数值时，试件折断，主杠杆一端定位触杆压开微动开关，电机停止转动游铊，记录此时数值。

（5）按压游码上的按钮，推动游码回到"0"位。

（6）试验完毕关闭电源，使主杠杆回复到"0"位，并把仪器清理干净，用防尘罩盖好。

4）YH-40B 型恒温恒湿养护箱（图 6-6）操作规程

（1）箱体就位静止 24 h 后，接好地线，调好水平，向水箱加清洁凉水，水位必须超过加热管，并向湿控仪传感器茧型塑料盒内加蒸馏水，将纱布一头放入盒内。

（2）打开侧门，拿掉增湿器喷嘴，取下透明水箱，逆时针旋下水箱底盖，加满蒸馏水，旋紧盖后放回增湿器上，打开电源开关，将喷雾器旋钮调节到最大位置。

（3）检查湿控仪给定值，出厂时温度、湿度给定值已调好（上限 21 ℃，下限 19 ℃，湿度≥90%）。

（4）接通电源，打开电源开关，使仪器开始工作，待箱内温度、湿度达到给定值后再放入试件。

5）HT1000 型回弹仪（图 6-7）试验操作规程

（1）将回弹仪的弹击杆顶住混凝土测试面（或其他物体表面），轻压尾盖，定位钩脱开导向法兰，慢慢抬起仪器，在压缩弹簧作用下，弹击杆伸出，挂钩与弹击锤挂上，同时，导向法兰将指针滑块带到零位，即指针滑块上刻线与刻度尺零线重合。

（2）将已伸出的弹击杆圆球面对准混凝土试件测面上的测点，均匀缓慢推压回弹仪，弹击杆被压入回弹仪，弹击拉簧被拉伸；当仪器推压到一定位置时，导向法兰上的挂钩背部与尾盖调整螺栓端面接触并开始转动，到挂钩脱开弹击锤的瞬间，弹击拉簧拉伸长度达到设计规定的长度 140 mm，此时回弹仪已具有了标称动能 9.8 N·m（1kgf·m），弹击锤处在一触即发状态。

（3）继续推压回弹仪，直至弹击锤与挂钩脱开，在弹击拉簧力的作用下，弹击锤沿中心导杆向弹击杆飞速冲击，在这一操作过程中，弹击锤与弹击杆进行多次碰撞，因此，操作者应继续压住回弹仪并保持仪器中轴线垂直于混凝土测试表面，不晃动。

（4）当弹击锤与弹击杆第一次碰撞后回跳时，将示值系统的指针滑块带到一定位置，此后弹击锤进行衰减回弹，应继续压住回弹仪，并从指针滑块刻线所对应的读尺刻线读取回弹值 R_i，若不便读数，应随即按下按钮锁住机芯，保留指针滑块的位置，然后将回弹仪拿到易于读数处读取回弹值。

（5）在操作回弹仪进行测试的全过程中，都应保持持握仪器姿势的正确。操作的基本要领是：缓慢均匀用力推压，扶正垂直对准测试表面，不晃动。

图 6-6　YH-40B 型恒温恒湿养护箱

图 6-7　HT1000 型回弹仪

6）混凝土抗渗仪操作规程（图6-8）

（1）将养护好的试件提前一天取出，晾干表面。

（2）将注水嘴的螺帽拧下，打开各个阀门，把漏斗置于注水嘴上，然后注水入蓄水箱至满，并启动水泵，要求试模座底内也充满水（作用为排除管路系统内的空气），这时可将6个通向试模的阀门关上。

图6-8　混凝土抗渗仪

（3）将试件侧面涂上密封材料，随即在螺旋器或压力试验机上将试件压入经烘箱预热（40℃左右）过的试件套中，稍冷却后，即解压力，然后连同试模可靠地装固在抗渗仪的试模座上。

（4）插上电源，将压力表上限指针调到0.1 MPa位置，下限指针调到0.075 MPa位置，从而使电控制系统保持试验水压在此范围内。

（5）启动电源（打泵），让水泵工作15 min左右。打开小水阀，关闭"0"号阀门，直到小水嘴水流成线后再打开1～6号截门，并将小水阀关闭。注意观察当试模与模座间有水溢出时，用内六角扳手把试模四周的螺钉拧紧。

（6）试验时，水压从0.1 MPa开始，以后每隔8 h增加水压0.1 MPa，并随时注意观察试件端面的渗水情况。

（7）在试验过程中，如发现水从试件周边渗出，则应停止试验，重新密封。

（8）当6个试件中有3个试件的端面有渗水时，即可停止试验，记下当时的水压。

（9）混凝土抗渗等级以每组6个试件中4个试件未出现渗水时的最大水压力计算。

（10）试验结束后，切断电源，打开"0"号阀门卸压，然后取下试模和试件。

（11）清洗试模和模座，涂上防锈油以备下次使用。

7）水泥净浆搅拌机操作规程（图6-9）

（1）先把三位开关（1 K、2 K）都置于停，再将时间程控器插头插入面板的"程控输入"插座，然后方可接通电源。

（2）搅拌前先检查时间程控器及搅拌机有无异常，若无异常即可进行试验。

（3）把1 K开关置于自动位置，每次自动程序结束后，必须将1 K置于停，以防停电后程控器误动作。

（4）拌合前先把搅拌锅和搅拌叶片用湿布擦拭，将拌合水倒入锅内，然后在5～10 s内小心地将称好的水泥加入搅拌锅内，再扳动手柄将锅升到固定位置，开动机器进行搅拌。

（5）搅拌完成后，扳动手柄将搅拌锅放下，取下搅拌锅，取出水泥净浆，进行测定。

（6）将搅拌锅冲洗干净，恢复原状，关掉电源。

8）JJ-5型行星式水泥胶砂搅拌机（图6-10）操作规程

（1）接通电源，使搅拌机处于待工作状态。

（2）搅拌前先检查时间程控器及搅拌机有无异常，若无异常即可进行试验。

（3）将标准砂倒入仪器上的塑料筒内。

（4）拌合前先把搅拌锅和搅拌叶片用湿布擦拭、将拌合水倒入锅内，然后加入水泥，把锅放在固定架上，扳动手柄将锅升到固定位置，开动机器进行搅拌。

（5）搅拌完成后，扳动手柄将搅拌锅放下，取下搅拌锅，取出水泥砂浆进行装模。

（6）将搅拌锅冲洗干净，恢复原状态，关掉电源。

图 6-9　水泥净浆搅拌机

图 6-10　JJ-5 型行星式水泥胶砂搅拌机

9）ZS-15 型（ISO）水泥胶砂振实台（图 6-11）操作规程

（1）操作前应拿掉定位套，检查各部分是否运动自如，电控部分是否正常，加注润滑油后开机空转，待一切正常后方可使用。每次使用前必须拿掉定位套。

（2）接通电源前，带锁开关 SW 处于关闭状态（即按钮弹出位置）。按下开关并锁住，电机运转，电子计数器从零计数，当到 60 次时停转。

（3）胶砂制备后立即进行成型。将空试模和模套固定在振实台上，用一个适当的勺子直接从搅拌锅里将胶砂分两层装入试模，开始振实。

（4）有油杯的地方加注润滑油，凸轮表面涂薄层机油以减少磨损。

（5）使用后应清扫仪器上的各种杂物，保持清洁，并将定位套放于原位，以免台面受力而影响中心位置。

10）NLD-3 型水泥胶砂流动度测定仪（图 6-12）操作规程

图 6-11　ZS-15 型（ISO）水泥胶砂振实台

图 6-12　NLD-3 型水泥胶砂流动度测定仪

（1）将插头插入计数器对应孔内后，接通计数器电源。

（2）将拌好的水泥胶砂分两层迅速装入模内，第一层装至截锥圆模高约三分之二处，用小刀在相互垂直的两个方向上划 5 次，再用捣棒自边缘至中心均匀捣压 15 次。

（3）继续装第二层胶砂，装至高出截锥圆模 20 mm，同样用小刀在相互垂直的两个方向上划 5 次，再用捣棒自边缘至中心均匀捣压 10 次。捣压力量应恰好足以使胶砂充满截锥圆模。捣压深度第一层捣至胶砂高度的二分之一，第二层捣至不超过已捣实的底层表面。

（4）捣压完毕，取下模套，将小刀倾斜，从中间向边缘分两次已近水平的角度抹去高出截锥圆模的胶砂，并擦去落在桌面的胶砂。将截锥圆模垂直向上轻轻提起移去。立即按计数器的启动按钮，开动跳桌，完成一个周期即25次跳动。

（5）跳动完毕，用300 mm量程的卡尺测量胶砂地面互相垂直的两个方向扩展直径，计算平均值，取整数，用mm表示。该平均值即为水泥胶砂流动度。

（6）如果跳桌在24 h内未被使用，先空跳一个周期25次。

11）FYS150型负压筛析仪（图6-13）操作规程

（1）将仪器安放在平整且水平的地面上，打开后门，检查所有零部件是否都已装好，注意使各连接管口保持紧密状态，然后将电源插头插入220 V插座内，并有可靠接地，仪器即可投入使用。

（2）打开各个功能开关，设定试验所需要的时间，启动仪器开始工作，如果工作负压超出了-4 000～-6 000 Pa，应旋动调压旋钮将负压调节到规定范围内。

（3）进行筛分时先用天平称出试样，将试样倒入筛内并盖上筛盖，然后启动仪器，待停机后取下试验筛，将筛余物倒入天平称量，计算筛析结果。

图6-13 FYS150型负压筛析仪

6.3.3 试验仪器设备标识及档案管理

1. 试验仪器设备标识管理

实验仪器设备的标识管理是检查仪器设备处于受控管理的措施之一。试验室所有试验仪器设备均应有明显的标识来表明其状态。标识方式包括管理卡和使用状态两种。

1）管理卡标识

仪器设备的管理卡标识内容包括：设备名称、设备编号、规格型号、出厂编号、生产厂家、购置日期、管理人员等。

管理卡可用硬质材料和普通纸张塑封制作，不易变形即可，固定在仪器设备上；对于小型仪器，可做成小吊牌系在仪器设备上。

2）使用状态标识

仪器设备的使用状态标识分为：合格、准用和停用三种。具体应用范围如下。

Ⅰ．合格标志（绿色）

（1）计量检定合格者。

（2）设备不必检定，经检查其功能正常者（如计算机、打印机）。

（3）设备无法检定，经对比或鉴定适用者。

Ⅱ．准用标志（黄色）

（1）多功能设备某些功能已丧失，但所用功能正常，且经校准合格者。

（2）设备某一量程精度不合格，但所用量程合格者。

（3）降级使用者。

Ⅲ．停用标志（红色）

（1）仪器、设备损坏者。

（2）仪器、设备经计量检定不合格者。

（3）仪器、设备性能无法确定者。

（4）仪器、设备超过检定周期者。

2. 试验仪器设备档案管理

为掌握仪器设备的技术状态，便于调查和分析检测试验事故的原因，仪器设备应从购买环节开始建立档案，并实施动态管理，及时补充相关的信息和资料内容。

（1）每年年初，仪器设备管理人员应清查仪器设备，根据清查结果更新"试验仪器设备台账"；仪器设备完成周期检定或校准后，应及时更新"试验仪器设备周期检定或校准登记表"；"试验仪器设备使用记录"应按年度更换；并将上一年的移交资料室保存。

（2）试验仪器设备宜按一机一档的方式建立档案。

（3）同类型的多台（件）小型仪器设备可集中建立一套档案，如千分表、温度计等，但每台（件）应建立唯一管理标识。

（4）仪器设备档案的内容一般包括如下内容。

① 仪器设备履历表：设备名称、编号、规格型号、生产厂家、购置日期、购置价格、测量范围、准确度、调配情况、管理人员等。

② 仪器设备的装箱单、说明书、合格证等技术文件。

③ 仪器设备的验收记录、历次检定或校准证书、报告记录。

④ 仪器设备的操作规程、历史使用记录、维护保养、维修记录等。

6.4　试验室人员岗位职责

岗位责任制是试验室的一项重要制度，对各级人员的职责和权限作出明确的规定，使各级人员在不同岗位上同心协力、各负其责、相互配合、共同做好相关工作。当发生问题时可以及时查明原因，分析责任，以便今后工作的改进。

6.4.1　试验室主任（兼技术负责人）岗位职责

（1）在总工程师直接领导下，贯彻执行国家、部委和行业的各项技术标准。

（2）制定本部门的工作制度和人员岗位职责。

（3）负责与工地技术人员接洽，掌握工程技术要求，办好技术洽谈，制定技术方案，做好技术交底，确保混凝土质量。

（4）负责按规定对原材料和试块进行测试，出具相应的试验报告和各种资料，数据准确，内容齐全。

（5）负责试验室技术、行政管理工作，由于试验室的失误造成的混凝土质量事故，要承担直接责任。

（6）负责常用混凝土配合比理论计算、试配及生产配合比的确定工作。

（7）对于出具的配合比必须细致、全面考虑公司混凝土生产、运输和泵送的实际情况。

（8）参与新产品的研制和开发，推广新技术，应用新工艺，降低生产成本。

（9）协助原材料合同的签订，监督原材料的质量。

（10）负责处理生产过程中的质量问题，提出处理措施。

（11）监督材料员、试验员按规定进行原材料的进场检查和过程检验。

（12）协助经营部门、财务部门进行混凝土成本核算。

（13）负责定期组织混凝土质量分析会，汇总各部门意见，制定纠正和预防措施，并监督实施。

（14）负责检查试验设备、仪器的日常使用和日常保养，提高利用率和完好率。

（15）鼓励技术人员参加技术学习，提高业务素质，利用新技术，提高经济效益。

6.4.2　试验室副主任岗位职责

（1）严格执行公司制定的有关规章制度，协助主任做好试验室的日常管理工作。

（2）及时掌握新规范、新方法，努力提高专业技术水平，指导、监督试验人员正常开展各项检测试验工作。

（3）审核试验报告，对所签发的试验报告正确性负责。

（4）经常开展混凝土生产配合比的验证工作，当原材料有显著变化且不能满足设计和施工要求时，应及时向主任汇报。

（5）负责制定特制品混凝土的"作业指导书"，并做好实施指导工作。

（6）加强混凝土生产过程的监视，指导出厂试验人员做好生产配合比的调整工作。

（7）熟悉本岗位的工作内容，努力学习专业知识，不断提高解决疑难问题、处理质量问题的能力。

（8）定期对原材料质量和混凝土质量进行分析，分析一个统计期内原材料和混凝土的质量变化，提出存在的问题和改进措施。

（9）对试验仪器设备进行不定期检查，确保仪器设备的正常运转。

（10）对试验仪器设备进行"三色"标识和标识的维护更新。

（11）检查检测工作环境卫生，确保仪器设备摆放有序。

（12）负责及时完成主任交办的其他工作。

6.4.3　质检组长岗位职责

（1）负责混凝土出厂检验和交货检验的具体管理工作，配合车辆调度，确保混凝土浇筑的连续供货。

（2）熟悉混凝土配合比设计和拌合物性能试验方法，根据骨料含水率，负责将"生产用混凝土配合比调整通知单"及时下达到生产部。

（3）负责生产时的配合比计量输入复核，确保数据准确无误，并做好混凝土的"开盘鉴定"工作，严格按有关规定调整配合比，保证出厂和交货混凝土拌合物状态符合要求。

（4）负责出厂检验和交货检验人员的工作安排，供应过程中应随时与他们保持联系，确保供应速度与施工速度相协调。

（5）随时监督检查生产配合比计量、原材料的使用、搅拌时间及混凝土出厂检验试件的留置是否符合要求，发现异常问题及时处理，必要时向主任、质量负责人汇报。

（6）发现生产过程中存在重大问题时，有权暂停生产，并及时向生产部的技术负责人汇报，以便问题得到尽快解决或处理。

（7）严格按照合同要求和有关标准规范，控制混凝土生产质量，把好出厂检验和交货检验关，有混凝土出厂质量否决权。

（8）指导、监督班组其他人员工作质量，对人员的工作表现及时考核，提出奖惩建议和意见。

（9）认真做好"站内值班记录"，做好换班时的交接工作。

质检组长使用单据见 6-4 和表 6-5。

表 6-4　混凝土生产配合比（开盘鉴定）单

任务编号：　　　　　　　　生产线：　　　　　　　　通知日期：

工程名称					浇筑部位			
强度等级					设计坍落度			
水泥品种					掺合料			
砂子			石子		外加剂			
搅拌时间	号站		号站		其他要求			
混凝土配合比/（kg/m³)								

材料名称	胶凝材料			砂	石	水	外加剂	
	水泥	粉煤灰						
材料用量 每 m³								
材料用量 每盘								
砂石含水率								
仓号								

鉴定内容	实测坍落度		mm	工作性情况		试块编号		鉴定人	鉴定时间
	1. 混凝土配合比及其他技术要求是否与"生产任务单"相符						是/否		
	2. 原材料是否与本通知单相符						是/否		
	3. 输入微机的各种材料是否与本通知单相符						是/否		
配合比批准人						签发人			

表 6-5 混凝土配合比通知单

编号：　　　　　　　　　　　　　　　　　　通知日期：

委托单位			工程部位			
工程名称			强度等级		坍落度/mm	
水泥品种			砂		石子	
外加剂			掺和料			
技术要求						

混凝土配合比/（kg/m³）									
材料名称	胶凝材料			砂子	石子	水	外加剂		
	水泥	粉煤灰							
试验编号									
材料用量									
比例									

备注：

批准人：	审核人：	试验单位：

6.4.4 试验组长岗位职责

（1）全面负责试验组的日常管理工作，确保检测及时、数据准确真实、记录清晰完整。

（2）随时了解原材料进厂情况，领导试验人员按现行国家标准、规范进行原材料进厂的复检工作。

（3）负责按要求开展试验员间和试验室间的能力对比试验，认真分析产生误差的原因，努力提高检测水平和精度，并妥善保存相关记录备查。

（4）必须做到原材料的试验批次和数量与进厂台账、见证取样单、试验台账、试验委托单及试验原始记录相一致。

（5）随时检查主要试验仪器设备的运转情况，按要求做好运转记录和检测环境有温度、湿度要求的记录。

（6）对试验数据的真实性、正确性负责，及时组织试验人员进行不同龄期试件的试验。

（7）严格按操作规程使用仪器、设备，做到事前检查，事后维护保养，保持检测环境清洁卫生。拒绝与检测无关的物品放入室内。

（8）试验原始记录要做到字迹清晰，不得涂改，妥善保管质量记录，及时移交资料室存档。

（9）加强原材料的检验工作，紧盯原材料质量变化，了解生产情况，经常开展"生产用混凝土配合比"的验证工作，充分发挥以试验指导生产的作用。

（10）负责按地方主管部门规定要求，及时将材料送有相关资质的对外检测机构检验。

（11）及时向资料室提供试验原始记录，配合资料室做好技术资料工作，保证需方满意。

（12）应随时向主任、质量负责人汇报检测工作情况。

6.4.5　试验员岗位职责

（1）严格遵守劳动纪律和各项规章制度，服从领导。

（2）加强标准规范和试验方法的学习，不断提高检测水平。

（3）掌握所用仪器设备性能、操作规程和操作程序，正确使用和保管。

（4）按规定的检测方法进行检测，坚持检测程序。

（5）认真做好检测记录（见下述各试验原始记录表），对试验数据的正确性负责。

（6）对检测结果在试验报告上签字确认。

（7）有权拒绝行政或其他方面对正常检测工作的干预，有权越级向上级领导反映违反规程或对检测数据弄虚作假的现象。

（8）负责做好主要检测设备的使用运转记录，对有温度、湿度要求的环境记录。

（9）负责混凝土试件的脱模、编号、养护和试验工作。

（10）负责所用仪器设备的日常保管和清洁工作，用具摆放整齐，与工作无关的物品不得带入工作场所。

（11）负责检测项目工作区域的环境卫生工作等。

砂浆流动度试验　胶砂流动度检测　水泥抗折强度　水泥抗压强度　混凝土抗压强度
称样　　　　　　　　　　　　　试验　　　　　试验　　　　　试验

试验员使用单据见表 6-6 至表 6-12。

表 6-6　水泥物理力学性能试验原始记录

试验编号		出厂日期	年　月　日
生产厂家		成型时间	年　月　日　时
品种、强度等级		代表批量	t
试验温、湿度	℃　　　　%	留样编号	

细度	（填写设备名称型号）	日　时　分—　日　时　分	（填写设备运行情况）		

细度

	筛余 /μm	试样质量/g	筛余质量/g	筛余百分数/（%）	修正系数	%

比表面积试验温度/℃	S_S/（cm²/g）	T_S/s	η_s/（μPa·s）	ε_S	ρ_s/（g/cm³）	ρ/（g/cm³）	V/cm³	ε	M/g	T/s	η/（μPa·s）	S/（cm²/g）	cm²/g

标准稠度用水量	试样质量　　g	用水量　　mL	试杆距底板之间距离　mm	%

凝结时间	加水泥时间　　h　　min	初凝时间　　h　　min	min
		终凝时间　　h　　min	min

安定性	（填写沸煮设备名称型号）	日　时　分—　日　时　分	（填写设备运行情况）	
	雷氏法	煮前指针尖距离/mm	煮后指针尖距离/mm	差值/mm　　　mm
	试饼法			

胶砂流动度（不小于180 mm）	（填写设备名称型号）	日　时　分—　日　时　分	（填写设备运行情况）
	用水量/mL		mm

强度	项目	抗折强度/MPa		抗压强度/MPa		
	设备名称型号					
	时间	3 d 日 时 分—日 时 分	28 d 日 时 分—日 时 分	3 d 日 时 分—日 时 分	28 d 日 时 分—日 时 分	
	设备运行情况					
	试件编号	强度/MPa	强度/MPa	荷载/kN　强度/MPa	荷载/kN　强度/MPa	
	1					
	2					
	3					
	试验结果			/	/	

执行标准		备注	
评语			

试验：	审核：

第 1 页　共 1 页

表 6-7　石试验原始记录

试验编号					试验日期						年　月　日		
产地					代表批量								
品种					试验温湿度					℃			%
（填写烘干设备名称型号）			日　时　分－　日　时　分						（填写设备运行情况）				

筛分析	（填写设备名称型号）		日　时　分－　日　时　分						（填写设备运行情况）				
	试样质量/g												
	方孔筛筛孔边长/mm（筛孔公称直径）	75.0 (80.0)	63.0 (63.0)	53.0 (50.0)	37.5 (40.0)	31.5 (31.5)	26.5 (25.0)	19.0 (20.0)	16.0 (16.0)	9.50 (10.0)	4.75 (5.00)	2.36 (2.50)	底
	分筛余量/g												
	分计筛余/(%)												
	累计筛余/(%)												
	最大粒径/mm												

松散堆积密度	样筒重/g	筒重/g	样重/g	筒容积/L	测定值
					kg/m³
紧密堆积密度					
					kg/m³
表观密度	烘干样重/g	样瓶水玻璃片共重/g	瓶水玻璃片共重/g	水温修正系数	
					kg/m³
空隙率	表观密度/(kg/m³)		松散/紧密堆积密度/(kg/m³)		%
含泥量	试验前烘干样重/g		试验后烘干样重/g		%
泥块含量	5.00 mm 筛筛余量重/g		试验后烘干样重/g		%
针片状含量	样重/g		针片状颗粒重/g		%
压碎指标	样重/g		筛余试样重/g		%

（填写压力机名称型号）	日　时　分－　日　时　分	（填写设备运行情况）
执行标准		备注	
评语			

试验：	审核：

表6-8 砂试验原始记录

试验编号			试验日期		年 月 日		
产地			代表批量				
品种			试验温湿度		℃		%

（填写烘干设备名称型号）		日 时 分— 日 时 分			（填写设备运行情况）		

	（填写设备名称型号）	日 时 分— 日 时 分			（填写设备运行情况）		
	筛孔公称直径/mm	10.0（9.50）		试样重　　　g	筛余重　　　g	筛余百分率　　　%	
	（方孔筛筛孔边长）	5.00（4.75）	2.50（2.36）	1.25（1.18）	0.630（0.600）	0.315（0.300）	0.160（0.150）	底	细度模数
筛分析	1　分筛余量/g								
	分计筛余/（%）								
	累计筛余/（%）								
	2　分筛余量/g								
	分计筛余/（%）								
	累计筛余/（%）								
	平均累计筛余/（%）								
	平均细度模数				级配区				

松散堆积密度	样筒重/g	筒重/g	样重/g	筒容积/L	测定值
					kg/m³

紧密堆积密度					
					kg/m³

表观密度	样重/g	瓶水样重/g	水温修正系数	瓶水重/g	
					kg/m³

空隙率	表观密度/（kg/m³）		松散/紧密堆积密度/（kg/m³）		%

含泥量	试验前烘干样重/g		试验后烘干样重/g		%

泥块含量	试验前烘干样重/g		试验后烘干样重/g		%

有机物含量		与标准溶液颜色比	

执行标准		备注	
评语			

试验：	审核：

第1页 共1页

表 6-9（a）　掺合料试验原始记录

试验编号					试验日期			年　月　日		
产品等级					代表批量					
生产厂家					试验温、湿度			℃		%
试验用水泥品种等级										

细度	负压筛析/μm	（填写设备名称型号）			日　时　分 — 日　时　分			（填写设备运行情况）		
		试样质量/g	筛余质量/g		筛余百分数/（%）		修正系数			%
	比表面积试验温度/℃	S_S/（cm²/g）	T_S/s	η_S/（μPa·s）	ε_S	ρ_s/（g/cm³）	ρ/（g/cm³）	V/cm³ ε	M/g T/s η/（μPa·s） S/（cm²/g）	cm²/g

需水量比/（%）	（填写设备名称型号）		日　时　分 — 日　时　分		（填写设备运行情况）	
	水泥胶砂需水量	mL	试验胶砂需水量		mL	%
		mL			mL	

烧失量/（%）	（填写设备名称型号）	日　时　分 — 日　时　分		（填写设备运行情况）	
$\dfrac{(m_1+m_2)-m_3}{m_1}\times100$	试样重 m_1　g	坩埚重 m_2　g	灼烧后试样和坩埚重 m_3	g	%
	g	g		g	

三氧化硫含量（%）					
$\dfrac{m_6-m_5\times0.343}{m_4}\times100$	试样重 m_4　g	坩埚重 m_5　g	灼烧后试样和坩埚重 m_6	g	%
	g	g		g	

含水率/（%）	烘干前质量	g	烘干后质量	g	%
		g		g	

流动度比/（%）	（填写设备名称型号）	日　时　分 — 日　时　分		（填写设备运行情况）	
	比对样品流动度	mm	试验样品流动度	mm	%
		mm		mm	

试验：　　　　　　　　　　　　　　　　　审核：

第 1 页　共 2 页

表 6-9（b）　掺合料试验原始记录

试验编号			试验日期		年　月　日

成型材料用量				
	水泥/g	标准砂/g	水/mL	掺合料/g
比对样品				
试验样品				

检测项目		试验结果			
试件规格/mm					

活性指数/（%）	龄期	序号	1	2	3	代表值
		（填写设备名称型号）	日　时　分 — 日　时　分		（填写设备运行情况）	
	7天	比对样品 荷载/kN				
		比对样品 强度/Mpa				
		试验样品 荷载/kN				
		试验样品 强度/Mpa				
		（填写设备名称型号）	日　时　分 — 日　时　分		（填写设备运行情况）	
	28天	比对样品 荷载/kN				
		比对样品 强度/MPa				
		试验样品 荷载/kN				
		试验样品 强度/MPa				

执行标准			备注	
评语				

试验：　　　　　　　　　　　　　　　　　审核：

第 2 页　共 2 页

表6-10（a） 混凝土（早强、减水）剂试验原始记录

试验编号						试验日期		年 月 日	
型号名称						代表批量			
生产厂家						样品状态			
掺量	占水泥质量的			%		试验温、湿度		℃	%
成型材料用量									
类别	水泥/kg		砂/kg	石/kg		水/mL	外加剂/kg		坍落度/mm
基准									
受检									
试件规格/mm									
所检项目标准要求指标									
密度/（g/mL）						细度/（%）小于			
抗压强度比/（%）不小于	d	d	d	d		对钢筋锈蚀作用			
						减水率/（%）不小于			

检测项目	试验数据				试验结果
细度/密度（%）/（g/mL）	编号		1	2	
	试样质量/g				
	筛余物质量（g）/试样体积（mL）				
	细度（%）/密度（g/mL）				
减水率/（%）	编号	1	2	3	
	基准用水量/（kg/m³）				
	受检用水量/（kg/m³）				
	减水率/（%）				
对钢筋锈蚀作用	（填写锈蚀仪名称型号）	日 时 分— 日 时 分			（填写设备运行情况）
	min	0 2 4 6 8 10 15 20 25 30			
	电位/mV				
试验：		审核：			

第1页 共2页

表6-10（b） 混凝土（早强、减水）剂试验原始记录

试验编号			试验日期		年 月 日		
检测项目			试验数据				试验结果
项目	试验设备		序号	1	2	3	
d 抗压强度比/（%）	设备名称型号： 使用时间： 月 日 时 分 至 时 分 设备运行情况：	基准	荷载/kN				
			强度/MPa				
			每批强度代表值/MPa				
			强度代表值/MPa				
		受检	荷载/kN				
			强度/MPa				
			每批强度代表值/MPa				
			强度代表值/MPa				

续表

项目	试验设备		序号	1	2	3
d 抗压强度比/（%）	设备名称型号： 使用时间： 　　月　日　时　分 　　　至　时　分 设备运行情况：	基准	荷载/kN			
			强度/MPa			
			每批强度代表值/MPa			
			强度代表值/MPa			
		受检	荷载/kN			
			强度/MPa			
			每批强度代表值/MPa			
			强度代表值/MPa			
d 抗压强度比/（%）	设备名称型号： 使用时间： 　　月　日　时　分 　　　至　时　分 设备运行情况：	基准	荷载/kN			
			强度/MPa			
			每批强度代表值/MPa			
			强度代表值/MPa			
		受检	荷载/kN			
			强度/MPa			
			每批强度代表值/MPa			
			强度代表值/MPa			
d 抗压强度比/（%）	设备名称型号： 使用时间： 　　月　日　时　分 　　　至　时　分 设备运行情况：	基准	荷载/kN			
			强度/MPa			
			每批强度代表值/MPa			
			强度代表值/MPa			
		受检	荷载/kN			
			强度/MPa			
			每批强度代表值/MPa			
			强度代表值/MPa			
执行标准				备注		
评语						
试验：			审核：			

第 2 页　共 2 页

表 6-11　混凝土立方体抗压强度试验原始记录

试验编号	工程名称/使用部位	成型日期	试验日期	龄期/d	强度等级	坍落度/mm 设计	坍落度/mm 实测	试验设备型号	量程	试件边长/mm	荷载/kN	抗压强度/MPa	强度代表值/MPa	标准试件强度/MPa	达到设计强度等级/（%）	试验人	审核人	备注
			__日 __时 __分															
			__日 __时 __分															
			__日 __时 __分															
			__日 __时 __分															
			__日 __时 __分															

表 6-12 混凝土抗折强度试验原始记录

试验编号	工程名称/使用部位	成型日期	试验日期	龄期/d	强度等级	坍落度/mm		试验设备型号	量程	试件边长/mm	荷载/kN	抗压强度/MPa	强度代表值/MPa	标准试件强度/MPa	试验人	审核人	备注
						设计	实测										
			__日__时__分														
			__日__时__分														
			__日__时__分														
			__日__时__分														
			__日__时__分														

6.4.6 出厂检验员岗位职责

（1）严格遵守各项规章制度，服从组长安排。

（2）熟悉检验规则，严格按有关规定要求进行混凝土拌合物的出厂检验与试件标识，并做好相关记录。

（3）对成型的混凝土试件（图 6-14）真实性、代表性负责，不得弄虚作假或漏样。

（4）认真按要求做好砂、石含水率的测定，及时将信息反馈当班组长，为当班组长调整生产混凝土配合比提供准确依据。

（5）协助质检组长做好混凝土开盘鉴定工作，当同一配合比混凝土拌合物工作性较稳定时，每车也应进行目测，同时观察黏聚性和保水性。

（6）混凝土出厂坍落度的控制应以"生产用混凝土配合比通知单"为依据，并经常测定坍落度损失（图 6-15），准确掌握出厂坍落度，对不符合要求的混凝土拌合物不得放行出厂，发现异常情况应及时向主管领导汇报，不得擅自处理。

（7）负责收集、整理相关的质量记录，及时移交资料室存档。

图 6-14 出厂混凝土成型

图 6-15 出厂混凝土坍落度检测

6.4.7　现场服务人员（现场调度）岗位职责

现场服务人员应熟悉交货检验规则及有关试验方法，服从工作安排，克服困难，自觉遵守各项规章制度，积极配合或督促施工单位做好交货检验的有关工作。要有强烈的形象意识，努力做到现场服务让需方满意，塑造良好的个人和企业形象。

现场服务人员在去现场之前，应先向组长了解所去施工工程的施工情况，如工程名称、结构部位、强度等级、施工对混凝土拌合物的质量要求以及供应车辆数量等，做到心中有数。现场服务工作范围如下。

（1）到达工地后，应尽快熟悉施工现场环境，时刻注意安全。

（2）应及时与需方交货检验人员取得联系，核实施工情况及各部位对混凝土拌合物性能的要求，施工速度对混凝土供应方面的要求等。

（3）每车混凝土到达施工现场时，应认真核对磅单上的需方、工程名称、结构部位、强度等级是否与本工程需要一致，并上车观察混凝土拌合物状态是否满足施工要求，当坍落度偏小时可用减水剂进行调整，调整时减水剂掺量不得超过 $2\,kg/m^3$，若仍不能满足施工要求，或坍落度过大、离析时，要求罐车司机立即回厂处理。不得将存在问题的磅单、混凝土拌合物交付使用，交付完毕应在磅单上签字。

（4）当运输车在现场等待时间长时，应每隔 30 min 上车观察混凝土拌合物状态，当发现坍落度损失过大，按规定调整已无法满足施工要求，若属于需方原因造成，且从出厂时间算起超过 4 h（C50 以上超过 3 h）时，应要求需方在"供货单"上签字，然后要求司机立即回厂处理；若是自己方原因造成，也应要求司机立即回厂处理，以免混凝土凝结在罐体中。

（5）准确掌握施工情况，当供应与施工速度不协调，或浇筑过程中出现其他异常情况时，应及时将信息反馈当班组长，以便及时采取适当措施。

（6）积极配合需方做好交货检验和见证取样工作，详细记录浇筑过程中出现的各种异常情况，回厂后及时将记录移交组长保管。

（7）当发生某种问题需方不满意时，应根据具体情况做好解释工作，力求获得理解和谅解，应有换位思考意识，不得与施工人员发生争吵，并及时将情况向组长反馈，以便问题得到及时解决。

（8）当施工人员向混凝土中加水时，应进行阻止，并向项目技术负责人和本公司领导反映；选择适当时机对加水过程进行录像。

（9）加强按施工图纸结算工程的施工监督，对浇捣部位与供货通知单不一致时，应及时向有关领导汇报，并做好相关记录。

（10）监督施工单位浇捣过程，发现混凝土强度等级浇错部位要立即制止，应及时向施工单位技术负责人和本公司领导汇报，并做好签证和详细记录。

（11）对不提供餐饮的施工单位，应自备食品，坚决杜绝在混凝土供应期间现场无人。

（12）混凝土浇捣即将结束时，尽量配合施工单位做好混凝土需要量的估算，减少浪费。

（13）在施工现场成型试件时，应及时做好标识和取样记录，并负责将试件运回试验室。

（14）值班期间不得到运输车内睡觉、玩手机，换班人员未到达现场不得擅自离开岗位。

（15）发现施工单位对浇筑后的混凝土结构及试件养护不到位时，应及时与相关人员进行沟通，尽力避免问题的发生。

6.4.8　资料员岗位职责

（1）根据现有试验资料，按"生产任务通知单"要求，及时打印技术资料，并提供给需方。

（2）向需方补报 28 d 龄期试验报告，应在试验结束后 10 天内提出并移交经营部，由经营部送到需方。

（3）负责及时收集并保存原材料的出厂合格证和检验报告。

（4）认真复核打印的每一份试验报告（见各试验报告），保证试验数据、结论与原始记录相一致。

（5）负责各种文件和资料以及质量记录的整理、归档和保存（图 6-16～图 6-20），不得随意办理借阅、复制手续。

（6）需销毁过期文件资料及质量记录时，应提出书面申请，经试验室主任批准后方可处置。

（7）负责按月进行混凝土抗压强度的统计评定工作，并报送主任和质量负责人。

（8）拒绝无关人员随意进入资料室。

资料员使用单据见表 6-13 至表 6-21。

表 6-13　混凝土生产任务单

通知时间			年　　月　　日	
施工单位			工程名称	
工程地点			送货时间	
联系人			联系电话	
施工部位				
强度等级				
坍落度				
浇筑方式				
混凝土量				
其他要求				
备　注				
调度第 1 联　经营第 2 联　技术部　第 3 联　共计 3 联				
交底人：		接收人：		

表 6-14　水泥物理力学性能试验报告

试验单位			试验编号			
生产厂家			出厂日期		年　月　日	
品种强度等级			成型日期		年　月　日	
代表批量			强度试验日期	3 d	年　月　日	
试验温、湿度		℃　　　%		28 d	年　月　日	
主要仪器设备						
执行标准						

试验项目			标准规定	试验结果		平均值
强度 /MPa	3 d	抗折				
		抗压				
	28 d	抗折				
		抗压				
凝结时间 /min		初凝				
		终凝				
安定性		试饼法/雷氏法				
细度/（%）		负压筛/比表面积				

评语		备注	
	试验单位（章）：　　年　月　日		
试验人：	审核人：	技术负责人：	

第 1 页　共 1 页

表 6-15　砂试验报告

试验单位			试验编号		
产地			试验日期	年　月　日	
品种			代表批量		
主要仪器设备			试验温、湿度	℃　　　%	
执行标准					

试验项目	标准要求	试验结果	试验项目	标准要求	试验结果
含泥量/（%）			表观密度/（kg/m³）		
泥块含量/（%）			松散堆积密度/（kg/m³）		
有机物含量（%）			紧密堆积密度/（kg/m³）		
云母含量/（%）			含水率/（%）		
坚固性/（%）			吸水率/（%）		
碱活性化学法/（%）			轻物质含量/（%）		
碱活性砂浆长度法			硫酸盐硫化物/（%）		

颗粒级配							
筛孔公称直径/mm （方孔筛筛孔边长）	10.00 (9.50)	5.00 (4.75)	2.50 (2.36)	1.25 (1.18)	0.630 (0.600)	0.315 (0.300)	0.16 (0.150)
Ⅰ区　累计筛余 /（%）	0	0~10	5~35	35~65	71~85	80~95	90~100
Ⅱ区	0	0~10	0~25	10~50	41~70	70~92	90~100
Ⅲ区	0	0~10	0~15	0~25	16~40	55~85	90~100
试验结果　累计筛余							
细度模数			级配区				

评语		备注	
	试验单位（章）：　　年　月　日		
试验人：	审核人：	技术负责人：	

第 1 页　共 1 页

表 6-16　石试验报告

试验单位				试验编号							
产地				试验日期			年　月　日				
品种				代表批量							
主要仪器设备				试验温、湿度			℃			%	
执行标准											
试验项目	标准要求		试验结果		试验项目		标准要求		试验结果		
含泥量/（%）					表观密度/（kg/m³）						
泥块含量/（%）					松散堆积密度/（kg/m³）						
有机物含量/（%）					紧密堆积密度/（kg/m³）						
针片状颗粒含量/（%）					含水率/（%）						
坚固性/（%）					吸水率/（%）						
岩石强度/（MPa）					硫酸盐硫化物/（%）						
压碎指标/（%）					碱活性						
颗粒级配											
方孔筛筛孔边长/mm（筛孔公称直径）	75.0（80.0）	63.0（63.0）	53.0（50.0）	37.5（40.0）	31.5（31.5）	26.5（25.0）	19.0（20.0）	16.0（16.0）	9.50（10.0）	4.75（5.00）	2.36（2.50）
标准颗粒级配范围累计筛余/（%）											
累计筛余											
试验结果											
评语	试验单位（章）：　年　月　日							备注			
试验人：			审核人：				技术负责人：				

第 1 页　共 1 页

表 6-17　掺合料试验报告

试验单位			试验编号		
名称等级			试验日期		年　月　日
生产厂家			代表批量		
主要仪器设备			试验温、湿度	℃	%
执行标准					
试验项目		标准要求		试验结果	
细度	负压筛析（　　μm）（%）				
	比表面积/（m²/kg）				
烧失量/（%）					
需水量比/（%）					
SO₃ 含量/（%）					
含水率/（%）					
流动度比/（%）					
7 d 活性指数/（%）					
28 d 活性指数/（%）					
评语	试验单位（章）：　年　月　日			备注	
试验人：		审核人：		技术负责人：	

第 1 页　共 1 页

表6-18　混凝土（早强、减水）剂试验报告

试验单位		试验编号		
型号名称		试验日期	年　月　日	
生产厂家		样品状态		
代表批量		掺量	占水泥质量的	％
主要仪器设备		试验温、湿度	℃	％
执行标准				
试验项目		标准要求	试验结果	
细度（0.315 mm 筛）/（％）				
密度（g/mL）				
减水率（％）				
抗压强度比/（％）	d			
	d			
	d			
	d			
对钢筋锈蚀作用				
评语	试验单位（章）：　年　月　日		备注	
试验人：	审核人：		技术负责人：	

第1页　共1页

表6-19　外加剂匀质性试验报告

试验单位		试验编号		
型号名称		试验日期	年　月　日	
生产厂家		样品状态		
代表批量		掺量	占水泥质量的	％
主要仪器设备		试验温、湿度	℃	％
执行标准				
试验项目		标准要求	试验结果	
细度/（％）				
密度/（g/mL）				
固体含量/（％）				
pH 值				
用水量　mL 时,水泥净浆流动度/mm	初始			
	30 min			
	60 min			
水泥砂浆减水率/（％）				
结论	试验单位（章）：　年　月　日		备注	
试验人：	审核人：		技术负责人：	

第1页　共1页

表 6-20 混凝土配合比试验报告

试验单位			试验编号		
设计强度			试验日期	年 月 日	
设计坍落度		mm	试验温湿度	℃	%
主要仪器设备					
执行标准					

配合比	试配强度/MPa	配合比（质量比）			水胶比		实测坍落度/mm	
	材料名称	胶凝材料		砂子		石子		水
		水泥	掺合料					
	品种规格							
	用量/（kg/m³）							
	外加剂品种、掺量							

抗压强度	龄期	试件尺寸/mm	强度代表值/MPa	尺寸折算系数	标准试件抗压强度/MPa	养护条件
	d					
	d					
	d					

结论	按该配合比制作的混凝土试件，其 天标准试件标养抗压强度代表值达到配强度的 % 试验单位（章）： 年 月 日	备注	此配合比是在砂含水率为 %，石子含水率为 %情况下试配得出

试验人：	审核人：	技术负责人：

第 1 页 共 1 页

表 6-21 混凝土抗压试验报告

试验单位		试验编号	
工程名称		成型日期	年 月 日
使用部位		试验日期	年 月 日
设计强度等级		龄期	d
配合比（重量比）		水泥品种强度等级	
水胶比		砂子种类、规格	
胶凝材料用量		石子种类、规格	
坍落度/mm		外加剂品种、掺量	
养护条件		掺合料品种、掺量	
主要仪器设备		试件规格	
执行标准			

试验结果							
试件编号	破坏荷载/kN	试件长度/mm	试件宽度/mm	抗压强度/MPa	强度代表值/MPa	尺寸折算系数	标准试件抗压强度/MPa
1							
2							
3							
评语	试验单位（章）： 年 月 日				备注		

试验人：	审核人：	技术负责人：

第 1 页 共 1 页

6.4.9　抽样人员岗位职责

（1）严格按照有关规范、标准认真抽取试样，按时完成受检产品的抽样任务。
（2）产品质量检验抽样记录必须填写准确、工整。
（3）负责样品的包装、运输和样品的入库、交接工作。
（4）对所抽样品的代表性、真实性负责。
（5）及时完成试验室领导交给的其他任务。

6.4.10　样品管理员岗位职责

（1）负责抽（送）样样品的登记、编号、标识和留样工作。
（2）严格按照有关规定期限保存样品，做好登记和处理工作。
（3）对保存样品的失真、丢失和保管不善负责。
（4）保持样品的清洁卫生，做好防潮、防火、防盗工作。
（5）销毁过期样品时，应请示技术负责人批准。

图 6-16　资料员填写的开盘鉴定单

质保体系备案 哈商砼办

预拌混凝土出厂合格证 No.1011259

出厂合格证编号		合同编号	
工程名称		浇注部位	
供货量（m^3）		出厂日期	
混凝土强度		混凝土标记	
凝结时间		其他性能指标	
混凝土配合比编号		质量评定	
原材料的品种、规格、级别及复检报告编号			
其他技术要求			
供货单位（章）		订货单位	

四 砼办备案

注：本合格证一式四份，按检验批次出具。

哈尔滨市商品混凝土管理办公室制

图 6-17　混凝土出厂合格证

混 凝 土 生 产 开 盘 鉴 定

编号：A00315-A00458

商品混凝土有限公司试验室

图 6-18　装订成册的存档文件（开盘鉴定）

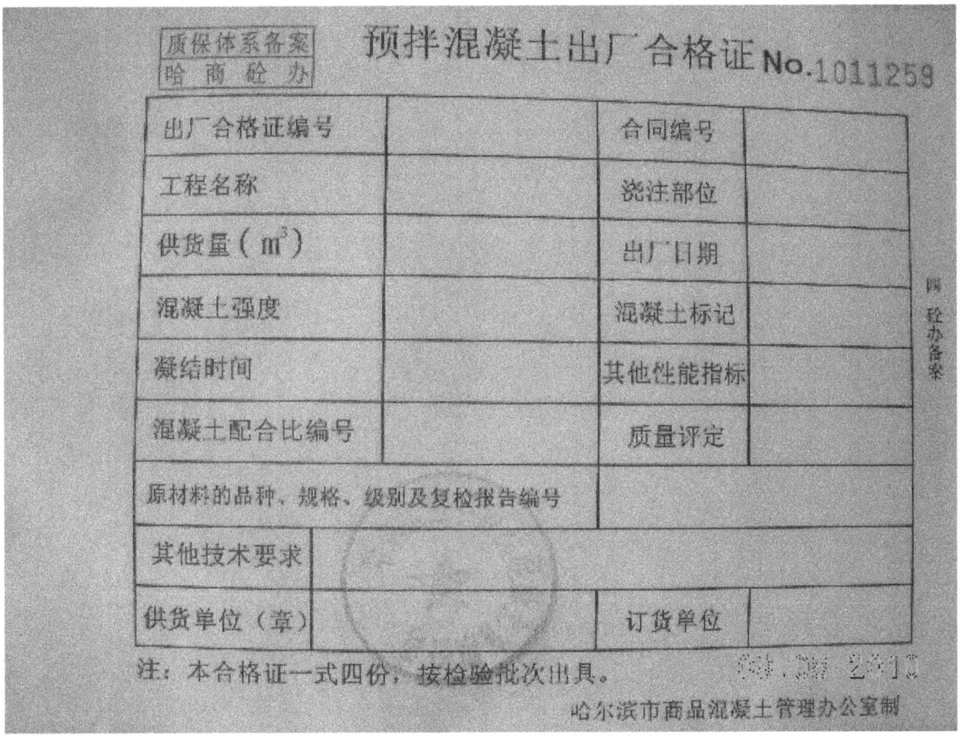

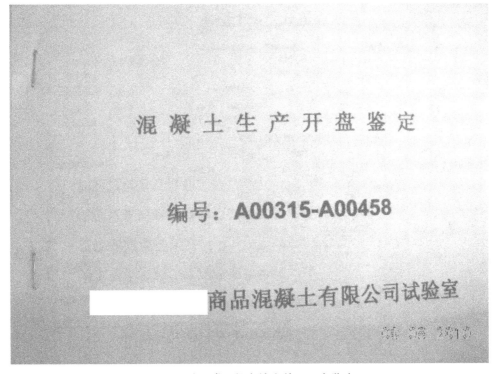

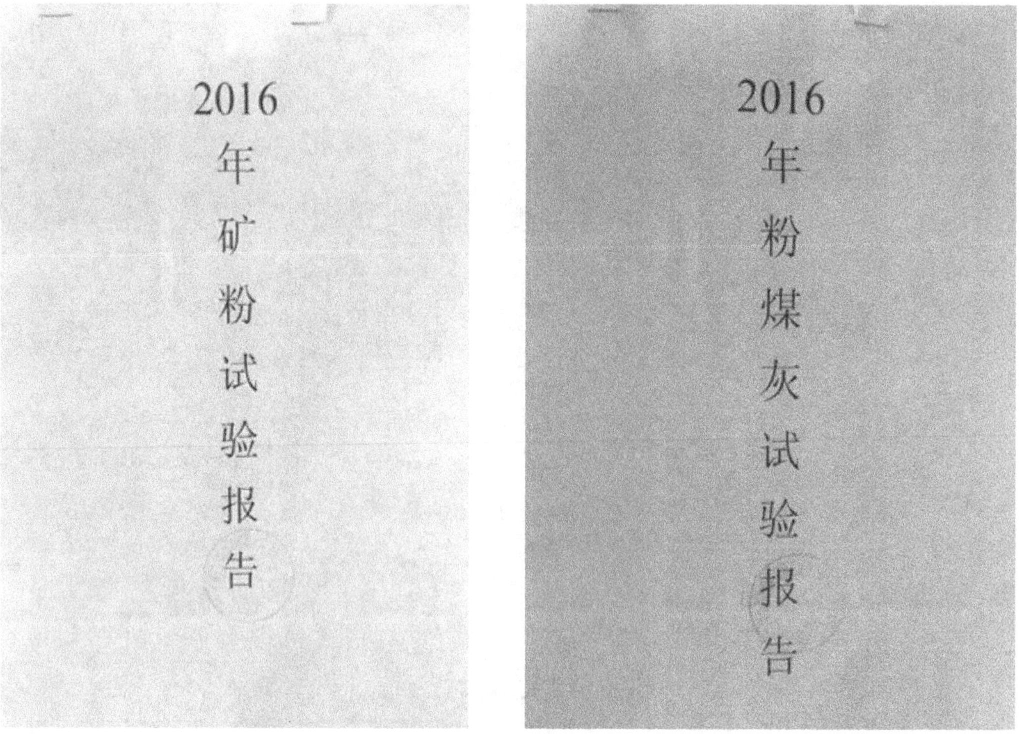

图 6-19　装订成册的存档文件（掺合料试验报告）

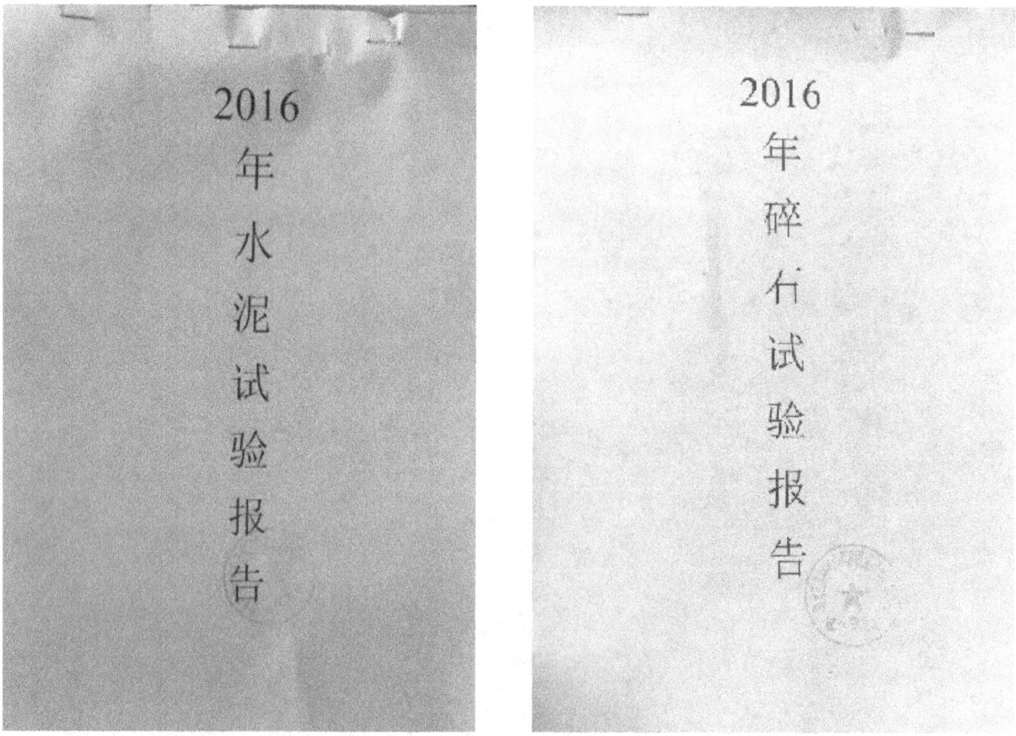

图 6-20　装订成册的存档文件（水泥、骨料试验报告）

预拌混凝土季节性生产措施

7.1 冬季生产措施

根据《建筑工程冬期施工规程》（JGJ/T 104—2011）规定，当室外日平均气温连续 5 d 低于 5 ℃时，即进入冬期，此时的混凝土工程应采取冬期施工措施。可以取第一个连续 5 d 稳定低于 5 ℃的日期作为冬期施工的起始日期，当气温回升时，取第一个连续 5 d 稳定高于 5 ℃的日期作为冬期的终止日期，起始日和终止日即为混凝土冬期施工期。

混凝土冬期施工的实质，即在自然低温环境下，采取防冻、防风等措施，保证混凝土的水化硬化按照预期的目的，达到满足工程设计和使用的要求。当自然环境气温降低到 0 ℃以下时，达到混凝土中的液相冰点，混凝土中的水开始结冰，其体积会发生膨胀，此时的混凝土内部结构会遭到破坏，即为混凝土的冻害。其表现为强度有损失，物理、力学性能遭到损坏。我国北方区域较大，华北、西北、东北区域是冬期施工的主要区域，冬季施工季节较长，且环境温度较低，为了保证建筑工程常年施工，以推动经济建设发展，组织预拌混凝土冬期施工具有重要意义。

7.1.1 预拌混凝土冬期施工特点

1. 混凝土强度普遍偏低且增长缓慢

普通混凝土强度发展是混凝土中的胶凝材料与水，在一定的温度和湿度条件下水化的结果，有研究表明，当环境温度低于 5 ℃时，比常温下（20 ℃）强度增长明显缓慢，特别是当温度降低到 0 ℃时，存在于混凝土中的水开始结冰，逐渐由液相变为固相，参与水泥水化作用的水减少了，因此，水化作用较慢，强度增长缓慢。当温度继续下降时，存在于混凝土中的水分完全变成冰，混凝土的水化反应基本停止，此时强度也就不再增长。

2. 产生混凝土冻害

当环境温度低于 0 ℃时，混凝土内部水化反应基本停止，混凝土由于不能产生新的水化热，存在于混凝土内部的水开始结冰，导致混凝土体积发生膨胀，这种冰胀应力值大于混凝土内部形成的初期强度值，使得混凝土受到不同程度的破坏。另外，混凝土内部的水结冰后还会在骨料和钢筋表面产生冰凌，减弱水泥浆与骨料及钢筋的黏结力，从而影响混凝土的强度。当环境温度升高时，内部的冰融化为水，会在混凝土中产生各种各样的空隙。这种冻害一旦发生，将会加速混凝土的膨胀，使混凝土内部产生裂缝，对混凝土强度和耐久性产生严重的破坏作用。

3. 湿度快速降低

除了温度难以保证混凝土正常水化外，冬季大风会导致浇筑的混凝土结构表面水分快速蒸发，湿度降低，同时使得混凝土冷却速度加快，减缓了混凝土水化过程。

7.1.2　冬期施工对混凝土的影响

1. 早期受冻对混凝土的影响

在常温条件下，混凝土是由胶凝材料水化，将砂、石和钢筋黏结在一起，当温度低于常温时，混凝土的水化速率减慢，强度增长也就延缓。当温度低于 4 ℃时，水的体积会有轻微的膨胀，当温度降到低于水的冰点时，混凝土内部的水分就会结冰，其水化反应也就终止，结冰膨胀会给本来强度不高的新形成的水化产物带来永久性的损害，和大多数化学反应一样，温度和湿度是水泥水化得以顺利进行的两个重要条件。水作为反应物，缺少水反应即停止，而温度则决定了水化反应的速度及剧烈程度。因而，不同的温度条件，除了影响混凝土的水化速率，对水化产物量也将产生重大影响，进而就决定了混凝土的强度。

早期混凝土过早受冻后混凝土强度降低主要有以下几方面的原因。

（1）水结冰后，体积增加 9%，混凝土体积产生膨胀，在温度回升，冰解冻后，混凝土因保留了原膨胀的体积，使得混凝土孔隙率增加，密实度降低。如果混凝土孔隙每增加 15%，其强度就会降低 10%，当冻胀力超过混凝土的极限抗拉强度时，混凝土结构就会产生裂缝。

（2）混凝土内部骨料与水化浆体之间的过渡区内，有一层水泥浆膜，在受冻结冰后，骨料与浆体的黏结力将会下降，即使解冻后也不能完全恢复。过渡区属混凝土薄弱环节，会导致混凝土强度下降。有资料表明，当黏结力完全丧失时其强度大约下降 13%。

（3）混凝土在受冻和解冻过程中，内部的水分会发生迁移，水的体积也会发生变化，同时，混凝土内各组分膨胀系数不同，因而会导致其内部发生相对位置变化，而早期的混凝土强度不高，无法承受混凝土内部体积膨胀和温度变化，因而会产生大量微裂纹，这种裂纹随着环境温度变换而加速扩展，最终影响混凝土的强度。

2. 冬期施工混凝土的早期抗冻性

混凝土冬期施工中，水的形态变化是关键，国内外许多学者对水在混凝土中的形态做了大量的研究，结果表明，新浇混凝土在发生冻害前有两段预养期，可以增加内部的液相，加速水泥的水化作用，使得混凝土获得不遭受冻害的最低强度即临近强度。要保证其不受到冻害，生产施工中，可以采取以下四种途径。

（1）保持混凝土在正温条件下养护。

（2）保持混凝土达到受冻前的临界强度。

（3）混凝土中的液相在受冻后体积膨胀小，产生的冰冻力不致构成混凝土的结构破坏。

（4）在负温状态下仍存在液态水供混凝土水化。混凝土受冻时间越早，对混凝土危害越大。为了保证混凝土具备一定的抗冻能力，达到混凝土临界受冻强度，所需要的硬化时间，与水泥品种、水胶比和养护条件有直接关系。经过长时间的硬化，当混凝土内部的拌合水已固化形成水化产物，产生冰冻的水量大幅下降，此时混凝土具备一定的强度，就形成了抗冻能力。混凝土强度随着温度的降低，发展逐渐缓慢，当温度在 0 ℃以下时，强度增长非常缓慢。有研究表明，当混凝土处于 0 ℃时，28 d 强度只能达到标准养护的一半。因而，提高混凝土早期的养护温度，对混凝土的强度发展有着至关重要的作用。

7.1.3 冬期混凝土施工的有关规定

要混凝土具备一定的抗冻性，就要使其达到一定的强度，才不会受到冻害的影响。混凝土受冻与内部的水分、冰冻温度、冻结次数有关，为了不致达到受冻标准，冬季混凝土施工必须满足如下规定。

（1）冬期施工的目的，就是要通过寻找合理的施工方法，保证混凝土正常施工的同时，也能达到工程设计所需要的强度和耐久性。

（2）搅拌站要根据当地多年的气候资料，当环境平均温度连续 5 d 低于 5 ℃时，应严格遵照混凝土冬期施工的相关规定。

（3）尚未凝结硬化的混凝土在–0.5 ℃就会产生冻害，因而在混凝土受冻之前使其抗压强度符合以下规定。

① 采用硅酸盐水泥与普通硅酸盐水泥配制的混凝土，其受冻的临界强度应为设计强度等级的30%；对强度等级低于 C15 的混凝土，受冻的临界强度不得低于 3.5 MPa。

② 对于用矿渣硅酸盐水泥、火山灰质硅酸盐水泥和粉煤灰硅酸盐水泥配制的混凝土，其受冻的临界强度应为设计强度等级的40%；对强度等级低于 C15 的混凝土，受冻的临界强度不得低于 5.0 MPa。一般情况下，当混凝土的抗压强度达到 3.5～5.0 MPa 时，出现 1～3 次冰冻，不会对混凝土造成很大的损害。

7.1.4 冬期施工的准备工作

为保证冬期施工期间混凝土的生产和质量，搅拌站应做好冬期施工期间原材料的准备工作。与常温环境施工相比，冬期施工对原材料的要求更为严格。

1. 原材料的准备

1）水泥

冬期施工所选用的水泥品种，主要取决于混凝土的养护条件、结构特点、结构使用的环境和施工方法。冬期施工混凝土应优先选择硅酸盐水泥和普通硅酸盐水泥；选用其他品种的水泥时，要注意考虑其中的掺合料对混凝土性能，如抗冻、抗渗性的影响。若使用掺早强剂的水泥，需要经过相关试验验证方可。强度等级一般要高于 32.5 MPa，单方水泥用量也要高于同强度等级的混凝土。

对于特殊工程，有条件的企业可以选用特种快硬性高强类水泥来配制冬季施工混凝土。但要注意的是，若选用高铝水泥，因其重结晶而导致混凝土强度下降，对钢筋的保护作用也低于硅酸盐水泥。

预拌混凝土生产及仿真操作

对于大体积混凝土结构物，如水坝、高层建筑物的基础、核电站的反应堆等，应采用低水化热的水泥，避免因温度差而导致的不利影响。

冬期混凝土施工选用的水泥方法见表 7-1。

表 7-1 冬期施工混凝土所用水泥的选用方法

工程所处环境特点		优先选用	可以选用	不得使用
环境条件	普通气候环境中	普通硅酸盐水泥	矿渣硅酸盐水泥、粉煤灰硅酸盐水泥、火山灰质硅酸盐水泥	
	干燥气候环境中	普通硅酸盐水泥	矿渣硅酸盐水泥	粉煤灰硅酸盐水泥、火山灰质硅酸盐水泥
	高温环境或水下	矿渣硅酸盐水泥	普通硅酸盐水泥、粉煤灰硅酸盐水泥、火山灰质硅酸盐水泥	
	严寒地区及露天环境	普通硅酸盐水泥（强度等级≥32.5 MPa）	矿渣硅酸盐水泥（强度等级≥32.5 MPa）	粉煤灰硅酸盐水泥、火山灰质硅酸盐水泥
	严寒地区处于水位升降范围内	普通硅酸盐水泥（强度等级≥32.5 MPa）		粉煤灰硅酸盐水泥、火山灰质硅酸盐水泥、矿渣硅酸盐水泥
	受侵蚀环境、水或侵蚀性气体作用	应根据侵蚀介质的情况按照规定选用		
工程特点	大体积混凝土	矿渣硅酸盐水泥、粉煤灰硅酸盐水泥	普通硅酸盐水泥、火山灰质硅酸盐水泥	硅酸盐水泥、快硬性硅酸盐水泥
	快硬性混凝土	快硬性硅酸盐水泥、硅酸盐水泥	普通硅酸盐水泥	粉煤灰硅酸盐水泥、火山灰质硅酸盐水泥、矿渣硅酸盐水泥
	高强混凝土	硅酸盐水泥	普通硅酸盐水泥、矿渣硅酸盐水泥粉	粉煤灰硅酸盐水泥、火山灰质硅酸盐水泥
	抗渗要求的混凝土	普通硅酸盐水泥、火山灰质硅酸盐水泥		矿渣硅酸盐水泥
	耐磨要求的混凝土	硅酸盐水泥、普通硅酸盐水泥（强度等级≥32.5 MPa）	矿渣硅酸盐水泥（强度等级≥32.5 MPa）	粉煤灰硅酸盐水泥、火山灰质硅酸盐水泥

2）骨料

对于冬期施工的骨料，应提前备好，依次堆放，使其含水率降低并保持均匀一致，生产时，要除去表面的冻层。粗骨料应选用经冻融试验合格（15 次冻融值，其总质量损失小于 5%），坚实的花岗岩和石灰石质碎石，其含泥量应低于 1%；细骨料应选择质地坚硬，级配良好的中砂，其含泥量应低于 3%，应优先选择库存砂，其含水率相对较少，性能相对稳定，产生的冻害少。对于新进的砂，应严格控制其含水率（小于 4%），以减少冻害频率与生产上对配比的调整，保证混凝土质量。因混凝土骨料大都置于露天堆场，配制混凝土时，要使冰雪完全融化后再使用，否则会造成混凝土温度降低，质量下降。冰雪还容易在混凝土中形成较大的孔洞，对混凝土产生较大的不利影响，因而，在运输和储存过程中，要特别注意其中不要混有冰雪。为保证骨料的正常使用，建议对现场的砂石采取覆盖毛毡、纱网，可以保护砂石免受雨雪的冲淋，同时也可以起到一定的保温作用。

3）外加剂

冬期施工的混凝土应选用具有早强和防冻的外加剂，优先选用早强型防冻减水剂，具有减水、早强、引气、防冻等功效，这样能保证在低温或负温时，水泥的水化过程继续进行，混凝土早期仍然具备较高的强度，防止混凝土的早期冻害，从而提高混凝土的耐久性。外加剂罐在存放防冻剂时，要保持罐内清洁，不渗漏。若罐内存放过常温外加剂，在存放防冻剂时，为避免两种外加剂混合，应先清洗罐内原有的外加剂及其残留物。

冬期施工使用的早强防冻剂、其技术性能应符合《混凝土外加剂》（GB 8076—2008）和《混凝土防冻剂》（JC 475—2004）标准的相关规定，并应具备以下几个特点。

（1）具备高效减水作用，在达到相同施工性能时，减少拌合用水量，这样降低了混凝土中的毛细孔内的水分，能在很大程度上改善冰冻的膨胀力。

（2）具备良好的早强作用，使混凝土在较短的时间内达到受冻临界强度、增加混凝土的抗冻能力。

（3）具备降低冰点的作用，能保证在环境温度为低温和负温时，混凝土中仍具备一定数量的液态水，为水泥的持续水化提供条件，继而保证混凝土强度的增长。

（4）对钢筋无锈蚀作用。混凝土防冻剂中，大多数都含有氯盐，因其对钢筋有锈蚀作用，因而在下列情况下，不得在混凝土中使用掺有氯盐的防冻剂。

① 空气相对湿度较大（大于80%）的空间，如浴室、澡堂、洗衣房和食堂等以及有顶盖的钢筋混凝土蓄水池。

② 处于露天环境，易经受雨水、冰雪侵蚀的混凝土结构。

③ 与含有酸、碱或硫酸盐等侵蚀性介质接触的混凝土结构。

④ 接触高压电源的结构、电解车间以及与直流电源靠近的结构。

⑤ 预应力钢筋混凝土结构。

另外，冬期施工的外加剂可以适当掺用引气剂，在保持配合比不变的情况下，掺入引气剂后产生的气泡，相应增加了水泥浆的体积，改善拌合物的流动性、黏聚性及保水性，并在一定程度上缓冲混凝土结冰所产生的压力，提高混凝土的抗冻性。

4）掺合料

矿物掺合料因细度不同，虽然在混凝土中发生微集料效应以及活性效应能改善混凝土的密实度，但会降低水化热，延缓水泥水化时间，影响混凝土早期强度，对早期抗冻性不利。因而冬期施工中，应尽量选用优质掺合料，如粉煤灰应选用Ⅰ级磨细粉煤灰，并适当降低掺合料的掺量，一般在水泥用量20%以内。若选用其他掺合料时，需经过试验确定。

5）搅拌用水

冬季搅拌用水最好采用热水，其水温控制在60 ℃为宜，最高温度不应高于80 ℃。

2．人员及资料的准备

（1）试验室技术人员应定时测试大气温度，搅拌用水、砂、石、外加剂以及混凝土的出机温度，对于雨雪天气应增加监测次数。

（2）搅拌站在承接合同时，应注意施工方对混凝土的技术要求，如施工部位、强度等级、计划用量、施工方法及抗冻、抗渗、含碱量和入模温度等混凝土技术要求，便于合理安排混凝土的生产计划。

（3）生产部门在组织生产时，要严格执行相关工作程序，生产前调度应组织好开盘工作，提前通知锅炉房加热生产用水，达到满足混凝土质量要求的水温。合理安排车辆、人员、设备、材料的调度工作,生产前制定最佳的行车路线,缩短到达工地的时间,以保证顺利完成混凝土的生产任务。

3. 设备及设施的准备

(1)搅拌车罐体加保温套进行保温,必要时对进料口用保温材料封堵。在首次装料前,用热水或蒸汽对罐内进行预热,以减少拌合物的温度损失。控制好混凝土罐车到达现场的时间,一般不超过 2 h,抵达现场后,测试混凝土温度。

(2)为保证设备的正常生产,混凝土骨料仓下料口、外加剂罐及搅拌机应进行封闭,并设置加热点,有条件的可以采用锅炉供暖,供暖管道可以贯穿外加剂棚、蓄水池、骨料仓下料口、搅拌机棚,这样能有效地保证混凝土的出机温度。

(3)浇筑前,需清除模板及钢筋上的冰雪和垃圾,不得用水冲洗。对在冻土环境浇筑的混凝土,浇筑前要对冻土升温进行消融。

4. 保温材料的准备

(1)准备好混凝土覆盖的保温材料。冬期施工混凝土的保温材料,要从工程类型、结构特点、气候环境、施工条件以及经济效益方面进行综合考虑。具有密封良好、导热系数小、价格低廉、质量较轻、可重复利用的优先选择。

(2)搞好挡风外封闭,以提高保温效果。

5. 技术准备

(1)熟悉有关混凝土冬期施工的各种标准、规范和措施,熟悉冬期施工方案,掌握冬期施工的具体要求、措施,并在生产中认真贯彻执行。

(2)制定冬期施工的技术方案,做好预拌混凝土冬期施工技术交底工作。

(3)做好冬期施工期间混凝土配合比试验方面的工作。

(4)做好测温准备,根据不同的气候、不同的配合比进行混凝土的热工计算。

7.1.5 冬期施工的施工工艺

1. 冬期施工配合比设计

混凝土冬期施工的配合比设计与常温不同,除了满足上述原材料的规定外,单方混凝土较常温要适当增加水泥用量 10～20 kg,在满足施工性能的前提下,尽量选用较小的水胶比,并尽量控制在 0.6 以内。对于有要求限期拆模的混凝土,应适当提高混凝土强度设计等级。配合比设计中应充分考虑早期混凝土抗冻的临界强度、抵御冻融危害的防冻性能以及抗渗等耐久性能。

掺合料、防冻剂的品种和掺量,应根据结构所处的环境和设计要求,通过试验确定。

混凝土冬期施工配合比应严格控制在《建筑工程冬期施工规程》(JGJ/T 104—2011)及其他标准要求的范围内。

2. 冬期施工搅拌控制

冬期混凝土搅拌应做到以下几点。

（1）搅拌机在开机前和停机后，需要用 50～80 ℃热水对搅拌机进行冲洗，以提高机械的初始温度和防止机内有冻料。

（2）外加剂、矿物掺合料在使用前可采用暖棚法进行预热，不得采用直接加热的方式。混凝土搅拌时骨料中不得夹有冰雪和冻结团等。

（3）混凝土投料时，应先投骨料和热水，待其搅拌均匀后，再投入粉料和外加剂进行搅拌。为了保证搅拌均匀，一般搅拌时间应比常温搅拌时间延长 50%左右。（搅拌时间应从投入水泥开始计算）

（4）搅拌时应严格控制混凝土的坍落度和水胶比。

（5）根据搅拌、运输和浇筑过程中的热量损失，严格控制温度，保证混凝土出机温度不得低于 10 ℃，入模不低于 5 ℃。

3. 冬期施工混凝土运输控制

冬期施工混凝土运输过程中，尽量减少温度损失是关键。实际生产时，应尽量缩短运输距离，并做好保温工作。此外，认真做好温度记录，如当日的最高气温、最低气温、平均气温，以供试验室参考。

混凝土搅拌车在盛装混凝土前，应用热水冲洗加热，搅拌车在运输过程中搅拌筒用保温材料包裹保温。正确选择运输车辆的大小，改善运输条件，控制罐车速度，减少运输时间，以减少混凝土热量的损失，保证入模温度不低于 5 ℃。

加强与施工方的协调，确保施工过程流畅有序，避免混凝土车在施工现场长时间等待，保证混凝土在抵达现场后即可入模。

4. 冬期施工的浇筑

混凝土抵达现场后，严禁私自向罐车内加水。如果混凝土坍落度过小，不满足工地施工要求，可在混凝土企业技术人员的指导下，适量添加随车的高效减水剂，搅拌均匀后仍可继续使用。若坍落度过大导致不能使用，需要返回搅拌站进行处理。

泵送混凝土在保证泵送的前提下，坍落度控制在 160 mm 以下，对于非泵送混凝土，在保证出罐的前提下，坍落度控制在 120 mm 以下，以降低冻害的程度。

在浇筑大体积混凝土时，已浇筑的混凝土未被上一层覆盖前温度不应低于 2 ℃；采取加热养护时，养护前的温度不得低于 2 ℃。

混凝土到达施工现场后，为防止混凝土温度损失，浇筑振捣要迅速且及时进行，必须在 15 min 内浇筑完毕。混凝土冬期施工要保证连续性和均匀性，施工过程中，可以采取机械振捣的方式，振捣时间较常温时有所增加，快插慢拔，以提高混凝土的密实度。特殊部位，如钢筋较密、插筋根部以及斜坡上下口处要重点加强振捣。

混凝土浇筑过程中应遵循以下原则。

（1）由于钢模板散热较快，生产上宜选用木制模板。

（2）冬季施工泵车内润管用的水，应为不低于 40 ℃的热水，以防管内结冰。另外，润泵用的水和砂浆不得放入模板内，更不得集中在浇筑的构件内，而应放到其他容器内或均匀散开。

（3）浇筑墙、柱等较高构件时，一次浇筑高度以混凝土不离析为准，一般每层不超过

500 mm，捣平后再浇筑上层，浇筑时要注意振捣到位，使混凝土充满端头角落。

（4）当楼板、梁、墙、柱在一起浇筑时，应先浇筑墙、柱，等混凝土沉实后，再浇筑梁和楼板。

（5）浇筑过程中要防止钢筋、模板、定位筋等的移动和变形，如出现类似情况应马上停止浇筑，将其固定后再浇筑。

（6）分层浇筑混凝土时，要注意使上下层混凝土一体化，控制混凝土的浇筑速度，保证混凝土浇筑的连续性。

（7）浇筑完全后，应在混凝土表面覆盖保温材料进行保温；在结构最薄弱和易受冻的部位，应加强保温防冻措施。拆模后若混凝土的表面温度与环境温度之差大于 15 ℃，应及时用保温材料覆盖养护。

5. 冬期施工工艺

混凝土冬期施工方法有多种，如蓄热法、暖棚法、蒸汽法等，具体采用何种施工方法，应根据实际工程、结构特点、施工的基本环境考虑，从经济、适用、可行、简便出发。

1）蓄热法

蓄热法主要用于日平均气温-10 ℃左右结构比较厚大的工程。蓄热法是通过加热骨料、拌合用水等原材料而获得初始热量，与水泥水化热一起，选用适当的保温材料对浇筑的混凝土进行保温，从而延缓混凝土的冷却速度，保证混凝土在较高的环境温度下水化并硬化，达到满足混凝土抗冻临界强度的一种施工。

蓄热法施工较为简单，施工费用不多，适用于气温不太寒冷的地区。有研究表明，对大型深基础和地下建筑，如地下室、地基及室内地坪等，采用此种方法能取得良好的效果。所以此类建筑易于保温且热量损失较少，能够保证混凝土在正温条件下合理的水化，从而达到抗冻的临界强度。另外，对表面系数较大的结构和较为寒冷的区域也可以使用。

蓄热法加热的基本原则如下。

（1）蓄热法应遵循节约能源、降低造价，并实现目的的原则，且必须通过热工计算来确定原材料的加热温度。

（2）加热拌合用水较为简便，水的比热较高，因而作为优先选择加热的对象；其次考虑加热骨料。但为了防止水泥出现假凝现象，水温控制在 80 ℃以内为宜。

（3）混凝土拌合时，先将砂石与水进行混合搅拌，拌匀后与水泥进行搅拌，以防止水泥出现"假凝"而影响混凝土的强度；当温度还不能满足要求时，可以适当加热拌合用水。

水的加热方法如下。

① 用锅炉或锅直接烧水。

② 向水箱内导入热蒸汽对水加热。

③ 在水箱内插入电极进行加热。

④ 在水箱内装置螺旋管传导蒸汽的热量，间接对水加热。

对砂、石的加热如下。

① 直接加热，即将蒸汽管通到需要加热的骨料中去。此种方式简单方便，能充分利用热蒸汽，但会增加骨料中的含水率，不利于控制搅拌用水量。

② 间接加热，即在骨料堆、出料斗里或运输骨料的车辆中直接安装蒸汽盘管，间接加热骨料，此方法加热比较缓慢，但能有效控制骨料的含水率。

③ 用大锅或大坑加热，此种方法简单，但热量损失大，有效利用率低，一般用于小工程。

2）暖棚法

暖棚法是在建筑物或构筑物的周围搭设围护结构，通过人工加热的措施使结构内的空气保持正温，混凝土浇筑和养护均在围护结构中进行，使得混凝土的养护如同在常温中一样。此种方法工作效率高，能保证混凝土施工质量，不易发生冻害，但需要耗费大量的保温材料和人力物力，其在较大的空间内需要消耗大量的能源，且能源利用率低，费用增加较多。

采用暖棚法施工时，围护结构内部的温度应保持在 5 ℃以上，由专门人员测试温度；同时保证暖棚的出口混凝土不受冻，由专门的人员来控制。当混凝土在养护期间有失水现象时，应及时采取增湿措施，在表面洒水。另外，对于暖棚内的烟或易燃烧的气体要及时排除，避免人员中毒或出现火灾等情况。

此方法一般用于地下结构和混凝土施工密集的结构工程。

3）蒸汽法

蒸汽法即利用热蒸汽对混凝土结构及构件进行均匀加热，使混凝土温度升高，水泥水化加快，并迅速硬化。蒸汽法施工工艺分为两种：一是混凝土浇筑完毕后，让热蒸汽与混凝土结构直接接触，用热蒸汽的温度和湿度来养护刚浇筑的混凝土；另一种将热蒸汽通过某种形式传导给浇筑的混凝土，保证水泥水化所需的温度，为强度的增加提供条件。

蒸汽施工法的优点是：蒸汽具备较高的热量和湿度，能与混凝土充分接触，保证了混凝土持续水化的温度和湿度，但成本相对较高，且温度和湿度控制难，热能的利用率也低，需要铺设管道，也容易引起冷凝和冰冻。

按照不同的加热方式蒸汽法养护可以分为蒸汽室法、蒸汽套法、毛管模板法、蒸汽热模法和内部通气法，其特点及使用范围见表 7-2。

表 7-2　混凝土蒸汽法的适用范围

方法	简介	特点	适用范围
蒸汽室法	用保温材料将结构周围围住，内部通蒸汽加以养护	施工简便，成本较低，但耗费大量蒸汽，温度不宜控制	预制梁、板以及地下结构
蒸汽套法	制作密封保温外套，在分段加蒸汽对混凝土进行养护	温度可合理控制，但施工较复杂，加热效果不好控制	梁、板、地下结构、墙、柱
蒸汽热膜法	在模板外侧配蒸汽管，通过加热模板传热给混凝土	加热比较均匀，温度易控制，加热时间短，成本较高	墙、柱及框架结构
内部通气法	在混凝土结构内部设置管道，从管道内通气进行加热养护	成本低，节省蒸汽，但蒸汽入口温度高，需处理冷凝水	预制梁、柱及框架结构，现浇梁、柱、框架单梁等

蒸汽法的注意事项如下。

（1）应使用低压饱和的蒸汽，若施工现场为高压蒸汽，需通过减压阀调节压力后才能使用。

（2）对于普通硅酸盐水泥混凝土，蒸养的最高温度不得高于 80 ℃；对于矿渣硅酸盐水泥配制的混凝土，蒸养的最高温度不得高于 85 ℃。

（3）采用蒸汽养护混凝土结构时，要合理地控制蒸汽升温与降温的速度。当结构物表面系数≥6 时，升温速率控制在 15 ℃/h，降温速率控制在 10 ℃/h；当结构物表面系数<6 时，升温速率控制在 10 ℃/h，降温速率控制在 6 ℃/h。

7.1.6 冬期施工的养护工艺

在我国北方地区，冬季平均气温在–5 ℃以下，特别是冬季昼夜温差大，大风天气较多、气候干燥，若养护措施不当，对混凝土质量将造成重大影响，严重的将造成混凝土结构破坏，产生危险建筑，造成巨大的经济损失。

对于刚浇筑的混凝土，不宜直接覆盖保温材料，而应立即在混凝土表面覆盖薄膜并加盖草帘进行养护，这样一方面使混凝土内部蒸发的水分供给表面养护，同时保证混凝土初凝前不受冻、大体积混凝土在进行二次抹面压实后，应立即覆盖加以保温。

冬季混凝土初凝一般在 8～10 h，终凝在 12～15 h，这期间应做好混凝土的抹面工作，在终凝前做好二次抹面，使表面不规则、不均匀的缝闭合。对特殊工程或特殊部位，可以多增加几次收面工作，这样可以尽量减少裂缝的产生。振捣完毕后，要对其用木抹子拍实抹平，并采取如下的养护工艺。

（1）混凝土浇筑后，表面应立即用塑料薄膜覆盖，同时根据工程需要，采取必要的保护措施，尤其在正负温交替的环境中，要做到防寒、防风、保温、保湿工作，避免刚浇筑的混凝土表层反复冻融。

（2）掺防冻剂的混凝土一般采用负温养护法，当日均气温低于 5 ℃时，不得对其进行浇水养护。

（3）混凝土模板和保温层应在混凝土温度冷却到 5 ℃时方可拆除，或在混凝土表面温度与外界温度相差不到 20 ℃时拆模，拆模后的混凝土应及时覆盖，使其缓慢冷却。

（4）搞好挡风及封闭工作，提高保温效果。

养护初期，要派专人负责详细测试并记录环境及混凝土的温度变化，每昼夜至少进行 4 次以上的测量，以便发现问题后采取相应的补救措施。

掺有粉煤灰和外加剂的混凝土，终凝后应立即进行覆盖保温养护，养护时间不得少于 14 d，早期养护不到位，混凝土 28 d 强度将受到影响。

整个施工过程应符合《建筑工程冬期施工规程》（JGJ/T 104—2011）要求。

7.2 预拌混凝土高温季节施工

当月平均气温超过 25 ℃时，即应采用夏季炎热条件下混凝土的施工方法和施工措施。高温天气一般具有几个特征：气温较高、昼夜温差相对较大、相对湿度小、风速大、太阳辐射强等，这些因素都会给混凝土的搅拌、运输、浇筑及养护造成一系列的影响。混凝土高温条件下施工必须考虑以下几个问题。

（1）由于环境温度高，会加快混凝土内部水分蒸发，表现为混凝土的坍落度损失大，因而合理控制坍落度损失，是保证混凝土施工顺利进行的关键。

（2）容易出现裂缝，降低混凝土的耐久性。高温加速了混凝土的凝结硬化，对于脱模后的混凝土，表面干燥容易引起混凝土的收缩，在混凝土的塑性阶段，会由于混凝土的塑性收缩产生收缩裂缝。当温差较大时，降温收缩会使混凝土内外产生拉应力超过混凝土抗拉强度而产生裂缝，即应力裂缝。裂缝的出现，会在很大程度上导致混凝土耐久性下降。

（3）混凝土需水量增大，养护不及时会造成混凝土强度、抗渗性以及耐久性降低。因混凝土温度升高及含水量的增大，会抑制混凝土后续强度的增长，通过增加水胶比等途径会造成混凝土在凝固过程中强度下降，并降低混凝土后期抗渗性及耐久性。

（4）气温较高时，水泥水化加快导致混凝土凝结较快，施工操作时间变短，容易因振捣不良造成蜂窝、麻面以及"冷接头"等质量问题。

7.2.1　混凝土高温季节施工前的各项准备工作

高温天气下，出于经济和施工方面的原因，混凝土技术人员要认识高温对混凝土会造成损害。因此，施工前应在保证混凝土质量、经济性和施工性之间选择合理的施工方案，具体措施要根据施工部位、选用的原材料特性及混凝土技术人员施工技术等来决定。生产人员在施工前应做好各项准备工作，在生产前就安排好混凝土生产、浇筑和养护等各方面的环节，尽量降低高温对混凝土的影响。具体的准备工作如下。

1. 原材料的选择

1）水泥

夏季炎热条件下应尽可能降低水泥用量，并选择低水化热的水泥品种。水泥水化热太高，会对混凝土有不利的影响。

2）缓凝型减水剂使用

混凝土在搅拌过程中尽量采用缓凝型外加剂，且对混凝土初凝、终凝以及坍落度经时损失进行测定，用于指导生产。

3）掺合料

高温季节施工中应首选粉煤灰和矿渣，通过适量的掺加掺合料，能有效降低混凝土水化温度、延缓水泥水化热峰的产生，并在一定程度上改善混凝土的施工性能。

4）骨料

粗骨料选用级配良好、含泥量和泥块含量少且粒径较大的石子，这样制备的混凝土工作性良好且抗压强度高。细骨料选用平均粒径较大、含泥量小的中、粗砂，能显著减少用水量及水泥用量，从而使得水泥水化热减少，降低混凝土温升，减少混凝土收缩。

2. 选择合适的时间生产并浇筑混凝土

混凝土高温季节施工温差较大，若在白天高温期间施工，会加大环境温度对混凝土质量的影响，因此，在不影响施工的前提下，混凝土应尽量选择在夜晚或温度较低时进行浇筑，这样就能避免因阳光直射等因素对混凝土造成的不利影响。

3. 对原材料的降温措施

在高温季节，混凝土原材料会随着环境温度及太阳的照射温度升高许多，因此，可以采取对原材料遮阳的办法，来降低其温度。

（1）混凝土砂、石堆场应是封闭式的，这样可以避免夏季阳光暴晒导致砂石温度高，从而可以避免混凝土温度较高和雨水对混凝土坍落度的影响。条件不具备的企业可以采取设置遮阳棚，避免阳光直射对骨料的影响；也可以采取对骨料用冷却水浇淋，来降低骨料的温度。

骨料在混凝土中量较大，降低骨料的温度是一种降低混凝土温度非常有效的方法，当骨料温度降低 5 ℃时，可使混凝土的温度降低 2～3 ℃。

（2）使用冰块降低水温。可以采取向水箱中加入冰块来降低搅拌用水的温度，从而降低混凝土的温度。由于水的比热是混凝土主要成分中最大的，一般为水泥和骨料的 4～5 倍；另外，搅拌用水温度也是最容易控制的，通常情况下，水温降低 2 ℃，可以使混凝土温度下降约 0.5 ℃。

4. 对生产设备的冷却

生产上，可以采取用冷却水浇淋搅拌机、泵管等浇筑工具，来帮助搅拌设施降温。

5. 合理的调度

调度室要充分考虑施工现场以及运输路途情况，设计合理的运输路线，并控制发车频率，避免搅拌车长时间等待，混凝土发车后应在 1.5 h 浇筑完。除此之外，考虑到混凝土坍落度损失问题，可以随车配备外加剂，用于二次添加。抵达工地后，应根据工地的情况添加外加剂，添加后快速转动搅拌筒，使混凝土搅拌均匀。

7.2.2　混凝土高温季节施工控制要点

1. 混凝土生产过程控制

1）配合比控制

混凝土配合比，需满足工程技术性能及施工的要求，才能保证混凝土正常的施工，并达到工程要求的强度等级。在高气温环境下搅拌、运输和浇筑混凝土，均需保证其质量。生产前，应根据原材料性能、运输方法及施工要求来试拌而确定配合比。

生产上应选用级配良好的大粒径骨料，并严格控制其含泥量，通过优化配合比设计，选用低水泥用量、坍落度小、单位用水量小且水胶比小的配合比。

2）砂、石上料

高温季节一般为混凝土生产的高峰期，此时随着天气变化，雨水较多，更应该注意对进场的原材料进行严格控制。新进场的石子有时粒径不均匀，装载机驾驶员在堆料时应注意将不均匀的石子进行掺合，尽量使石子的颗粒级配均匀。

当砂、石在露天堆放时，在上砂时应先铲砂堆的一半，而另一半暂留，当第一半上完后再上另一半。新来的湿砂含水率较大，不宜立即使用。如果干湿砂混用，将会造成生产的不稳定。当存砂已用完，不得不用湿砂时，应马上通知控制室人员减少用水量。当遇到下雨天上料时，铲板底部应离地有一定距离，防止把雨水铲到料斗内。

装载机驾驶员在上料过程中发现大石块、大泥块或其他杂物时，应下车把这些杂物拣出来，防止堵塞下料漏斗。

3）搅拌控制

高温季节，因温度过高而加速了水泥水化速度，水泥水化热与搅拌时机器的发热更会促进水泥的水化，水泥凝结硬化加快，给搅拌带来一定困难。生产上应控制搅拌温度不超过 30 ℃，并应尽可能采用温度较低的水作为拌合用水；严格控制搅拌时间，保证混凝土搅拌均匀。

2. 浇筑混凝土前的准备工作

在工程开工之前，搅拌站应做好施工单位、监理单位的使用技术交底工作，并提供相应的技术资料，确保施工单位能正确使用混凝土。对工程实际使用中出现的问题，搅拌站应快速到达现场进行技术指导，以保证混凝土施工质量。

预拌混凝土运输至浇筑现场前，必须做好所有的准备工作，避免出现"以料待工"现象。浇筑前应检查模板、钢筋、保护层和预埋件的尺寸、数量、规格和位置。

1）模板的要求

（1）模板和支架应根据工程结构、荷载、地基类别、施工设备等条件进行设计。

（2）浇筑前应检查模板的接缝密合情况，不能出现漏浆的现象，以免产生麻面、蜂窝等缺陷影响外观及强度。

（3）模板要具备一定的荷载能力、刚度和稳定性，能承受浇筑混凝土的重量、侧压力及施工荷载，防止发生移位，避免出现爆模现象。

（4）做好模板与隐蔽项目的检查验收工作，符合要求时方可进行混凝土的浇筑。

（5）浇筑前，应清除模板内的杂物，并充分润湿模板和钢筋，避免其温度过高吸水造成混凝土收缩裂缝，但不得出现积水现象。

2）运输环节的控制

混凝土搅拌车在装料前应将罐内残留的积水、杂物清除干净。搅拌车在装料和卸料过程中，尚须一直处于 3～6 r/min 慢速转动，中途不得停止。严格意义上说，搅拌站与工地最长运输时间不得超过 2 h，以防止高温条件下，混凝土初凝影响施工质量。搅拌运输车每运输一次，应清洗搅拌筒一次，即使相同的配比，且运距较近时，亦应不超过 4 h冲洗一次。

3）工地交货检测

混凝土运送到施工现场后，应在 1.5～2 h 浇筑完，时间越长，坍落度损失越大，将影响混凝土的质量。混凝土到达现场后，施工方应检查混凝土的质量、数量及运输时间，并在发货单上签字进行确认。

若在施工中坍落度过大，必须马上返回搅拌站进行调整。若施工中因坍落度小，不符合交货要求，可由技术人员前往现场，按规定添加减水剂进行调整，一般按照方量，每立方混凝土添加 0.5 kg 的泵送剂，加入后快速搅拌罐体 3 min，搅拌均匀，达到要求后才能正常使用。严禁向搅拌车中随意加水。

混凝土坍落度以运输车到达施工现场 20 min 以内检测为准。对于交货检验记录中的强度、坍落度和含气量作为界定混凝土质量的重要依据，须由需方、供方和监理方三方见证并委托具有相应资质的检测机构进行检测。

混凝土的验收工作，应按照《预拌混凝土》（GB/T 14902—2012）的规定：混凝土的质量，每车应进行目测，混凝土坍落度检验的试样，每 100 m³ 相同的配合比的混凝土不少于一次，当一个工作班相同配合比的混凝土不足 100 m³ 时，其取样检验也不得少于一次；用于出厂强度检验的试样，每 100 盘相同配合比的混凝土取样不得少于一次，每一个工作班相同配合比的混凝土不足 100 盘时，取样也不得少于一次。

4）试样的抽取

检测交货的混凝土试样，应随即在同一运输车中抽取，坍落度测试在混凝土到达交货地点 20 min 内完成。卸料前，应让搅拌车快速转动 30 s，搅拌均匀后才开始卸料，试样在卸料过程中 1/4～3/4 抽取，并进行人工翻倒，搅拌均匀后测试坍落度，试样制作应在 40 min 内完成，标准养护试块按照相应规定进行养护，同条件养护时与现场浇筑的混凝土一起进行养护，这样具有代表性。整个过程严格按照国家标准《普通混凝土力学性能试验方法》（GB/T 50081—2002）和《普通混凝土拌合物性能试验方法标准》（GB/T 50080—2016）进行。

3. 浇筑过程中的质量控制

确保混凝土浇筑的连续性，严格控制混凝土从出站到浇筑的间隔时间，保证混凝土结构的整体性及质量。

目前预拌混凝土普遍存在砂率较高，胶凝材料多，凝结时间较长的现象。为了便于施工，混凝土坍落度控制较大，所以在振捣时要注意振捣棒的间距和振捣时间，避免过振，无须强力振捣。振捣时间控制在 10～20 s，振捣后混凝土表面不应出现浮浆；若出现浮浆，应立即处理，可在混凝土初凝前在表面撒上一层干净的碎石，压实抹平即可。否则，表面浮浆过多，容易产生开裂，轻质掺合料上浮并泌水造成表面起砂，影响外观质量。

浇筑梁板时，特别是浇筑梁板交界处，可先浇捣梁处混凝土，振捣密实后浇捣板面，这样可以有效减少发生在交界处的沉降裂缝。另外，对于留槎部位，在下次浇筑时要对其表面进行处理，以免产生渗水或裂缝。

混凝土在浇筑后，由于混凝土拌合物的沉降与干缩，会在表面及箍筋的上部产生非结构裂缝，在夏季高温时尤其明显。此裂缝对结构虽无太大影响，但会影响外观及降低箍筋的保护作用。此时可对浇捣成型后的混凝土进行二次振捣和抹面，即在混凝土进入初凝前，用平板振动器快速振捣后用木抹子进行压实抹平。

高温天气或大风天气浇捣混凝土时，可采用喷水装置或用人工喷水的办法，在混凝土初凝前向空中洒水雾，增加混凝土表面的空气湿度，防止混凝土表面失水过快。对大体积混凝土产生的水化热不易散发，要特别注意会因温差过大而产生裂缝，应采取相应措施使温差控制在 25 ℃ 以内。

混凝土在终凝后应立即对其进行覆盖养护。若混凝土拌合物中掺有粉煤灰或外加剂，需增加养护时间。对于墙、柱等部位，可用湿麻袋或薄膜保湿养护；对地下室底板、大体积混凝土及抗渗、膨胀混凝土宜采用蓄水养护或湿麻袋养护。

7.2.3　混凝土高温季节施工的注意事项

（1）调度员在安排生产任务时，第一车混凝土可使用装载量较小的运输车运送，装载量不宜超过 8 m³。若到工地不超过半小时，可在第一车内装入同等强度的润泵砂浆（到达工地卸料前运输车罐内不得转动）；若达到工地的时间预计超过半小时，可用单独的罐车运送润泵砂浆（或与需方商量由需方自拌）。

调度人员应及时了解第一车驾驶员反馈回来的信息，以此确定是否需要调整混凝土的出厂坍落度及发车频率。在白天交通高峰期要连续发车 2～3 辆，防止出现施工断料现象。当一切正常时，应合理调度车辆，做到工地不压车，不断货，保证连续工作。

现场人员应积极与搅拌站调度联系，合理安排泵车的发车速度，减少混凝土搅拌车在施工现场的等待，避免造成混凝土质量问题。

（2）高温条件下施工，混凝土中的水分容易被吸收，导致混凝土不易彻底硬化。因此，模板、钢筋以及即将浇筑的岩基和旧混凝土等，在浇筑前应洒水充分湿润，使之吸足水分，避免因模板、钢筋过于干燥及温度高吸水过大造成混凝土收缩裂缝。同时，在浇筑地点应采取遮阳与防止通风的设备，避免混凝土温度升高和干燥。

高温条件下，混凝土坍落度损失较快，因此浇筑和振捣混凝土要迅速。夜间气温降低，混凝土产生的热量形成混凝土内外温差，易于产生裂缝，因此，养护期间要做好混凝土的保温保湿工作。

另外，对于一些特殊结构或重大工程，应尽量避免高温季节施工。不得已时可安排在阴凉天气或夜间浇筑。

混凝土在高温期间施工，应注意环境温湿度变化，采取有效的措施控制高温、低温冲击和激烈的干燥冲击。

7.2.4　混凝土高温季节施工的养护措施

混凝土浇筑完成后，施工并没有结束，对混凝土的养护是确保施工质量的重要措施，尤其在高温季节，对混凝土养护不及时，不仅会造成混凝土强度降低，还会产生塑性收缩裂缝，影响混凝土耐久性。因此，在浇筑完成后，应高度重视养护工作。

高温季节混凝土的养护，在振捣、抹面后，应立即在其表面覆盖薄膜等，60 min 后即可洒水养护，最好是边抹面边养护。在不能覆盖的情况下，可在表面喷水防止表面干燥，夜间也要不间断连续进行。对龄期较早的混凝土进行洒水养护时，洒水间断操作会使混凝土忽冷忽热，容易造成龟裂，因而要保证一直处于湿润状态。另外，防止温度骤变，避免暴晒、风吹和暴雨浇淋；在气温变化较大时，要用保温材料加以保暖。对于重要结构，至少养护 28 d，停止养护时也要逐渐干燥，避免裂缝产生。

混凝土在养护期间，混凝土板面上禁止上人及堆放重物，以使混凝土有足够的时间产生抵抗变形的早期强度；对于特殊混凝土，更应该注意浇筑、振捣和养护措施，以保证工程质量。

1. 道路混凝土

对于道路混凝土，宜在 2 h 内卸完并进行及时的振捣、抹面、压纹等处理，并进行覆盖保湿养护，如盖麻袋、湿草袋，喷洒养护剂等。混凝土终凝时应及时切缝，以防止混凝土收缩受到约束应力而产生开裂现象。

对气温较高、湿度变化大且风速较大的天气，尤其是早上或中午浇筑的混凝土路面、地面等大面积混凝土，应增加压光的次数，并尽早覆盖、保湿养护。最好能避开大风、高温天气。

2. 大体积混凝土

对大体积混凝土或垂直长度较大的结构，施工中采取分层浇筑的方式，每层浇筑厚度控制在 300～500 mm，确保在混凝土初凝前覆盖第二层并加强交界面的穿插振捣工作，及早采用覆盖或蓄水等对其进行保温保湿养护，降低混凝土内外温差，减少因温度产生的裂缝。

3. 地下室混凝土

对地下室混凝土，应采取分段、分层进行浇筑，常采用补偿收缩混凝土（如添加膨胀剂、防水剂等）或增加加强筋，浇筑完毕后，墙体在终凝后 1～3 d 可松动两侧模板，并在墙体顶部淋水进行养护。拆模后，应尽快用麻袋或草袋覆盖墙两侧，保湿并连续喷水养护至 14 天。

4. 特殊部位混凝土

对施工进度较慢的部位，如柱、墙、桥墩等，应采用大一级的坍落度配合比，或以多次少装的方式进行配送，避免混凝土超长时间的施工。脱模后，柱、墩宜用湿麻袋或草袋围裹并喷水养护，或用塑料薄膜围裹自身养护，也可涂刷养护剂养护。

7.3 预拌混凝土季节变化施工

不同季节条件下，温度、湿度等不同，因而在预拌混凝土质量控制和施工中应注意不同季节条件下的侧重点，保证混凝土质量。

7.3.1 春秋季节混凝土施工质量控制

1. 春秋季节混凝土主要面临的问题

混凝土进入春秋季节，很多人会觉得此时温度不高不低，正好有利于混凝土施工，但现实情况恰好相反，此时的混凝土容易产生大量的裂缝，若施工、养护不采取有效措施，有可能造成严重的质量问题。大量的工程实践经验表明，混凝土在季节发生变化时，对其进行早期养护，能有效抑制混凝土中裂缝的发展，从而保证工程质量。

1）春秋季节气候特点

春秋季节主要特点是环境温度变化大，特别是昼夜温差大，混凝土在不同时间段浇筑的过程中会因温度变化大，导致混凝土内外温差大，容易出现温度收缩裂缝。另外，该季节雨水相对较少、空气干燥湿度低，并伴随有季风（风力一般在 4～5 级），刚浇筑的混凝土若不及时养护，会造成表面快速失水，容易形成风干收缩裂缝。

2）施工及养护方面

施工中希望混凝土坍落度足够大以便于施工，这样却增加了混凝土产生裂缝的几率。另外，养护措施不到位，投资方为了加快工程施工进度，收光不及时或收光次数偏少以及混凝土未按要求覆盖薄膜保湿养护，并过早拆模，也容易导致混凝土水分损失过快，形成大量裂缝。因此，搅拌站应与施工方进行合理沟通，以确保混凝土的正常生产。

2. 春秋季节混凝土生产和施工中的控制

1）原材料控制

季节变化时，搅拌站应选择优质、稳定的原材料，才能保证混凝土的生产质量。如水泥、矿粉和膨胀剂等胶凝材料一定要选用信誉好、生产规模较大的厂家，因这些材料的强度检测结果要等到 28 d 后才能出来，如等到检测结果出来再决定使用会占用大量的料仓，也会影响生产进度。各种原材料都要按照产品标准进行严格检验，除强度外的其他指标检验合格后才能使用，不合格的材料必须做退货处理。

（1）水泥宜优先选择 P·O 42.5 级水泥，因低等级水泥的混合材掺量较大，质量差、收缩率也大，会增加混凝土拌合物的自收缩。用量较小的水泥每批量进行抽检、用量较大的水泥可每周抽样一次进行检验，以掌握水泥的质量趋势和稳定性。检测的项目包括强度、标准稠度和凝结时间、安定性。

（2）砂、石含泥量不宜太大，一般选择连续级配的骨料，石子选择 5～25 mm 的碎石，选择中砂，当条件达不到，只能选择粗砂或细砂时，可适当调整砂率。

（3）掺合料质量不稳定（如用三级灰冒充二级灰等），容易造成混凝土产生收缩裂缝。矿粉宜选择 S75 级以上的。

（4）泵送剂是混凝土重要组成部分，其与水泥的适应性是一个非常敏感的检验项目，因此泵送剂在使用前应取样检测减水率、坍落度经时变化和拌合物的工作性，合格后方可卸货，否则应立即退货。拌合物工作性检验可用眼观察提起坍落筒前后混凝土流动性是否良好，当砂浆均匀包裹骨料，且拌合物容易流动，用铁锹翻拌时有黏糊感时，其工作性良好；拌合物停止流动后出现轻微亮光，即为适应性良好。

（5）掺加膨胀剂可以降低混凝土的收缩，提高混凝土的抗渗性能。膨胀剂必须选用限制膨胀率达到标准要求，并且与混凝土外加剂适应性良好的产品。膨胀剂应重点检测其细度、强度、限制膨胀率和混凝土外加剂的适应性。使用前，应通过试配确定其合理掺量，一般膨胀剂的掺量为胶凝材料的 10% 左右。但确定其掺量时还应注意以下几点。

① 根据季节变化采用不同的掺量：冬期适当降低掺量，控制在 7% 左右；春秋季保持掺量在 8%～9%；夏季可提高掺量至 10%～11%。

② 根据混凝土构件的不同部位而采取不同的掺量：基础底板可掺 8%～9%，地下室外

墙和顶板时可掺 10%～12%，施工后浇带可掺 12%～13%。

③ 膨胀剂在使用前，要检测其与其他原材料之间的适应性，如泵送剂、水泥、掺合料等，若不适应时要立刻更换品种，直至适应为止。膨胀剂与其他原材料适应良好时，能明显提高混凝土的强度；当不适应时，会降低混凝土强度及其他性能。

2）配合比设计方面

在保证混凝土正常施工条件下，尽量降低拌合用水量，控制掺合料掺量，严格控制水胶比，合理控制掺合料及外加剂的掺量，以防止混凝土凝结时出现异常情况。另外，生产上控制好混凝土出厂坍落度，杜绝为了施工方便扩大坍落度或现场二次加水。

3）施工控制

混凝土在到达工地后，坍落度在满足施工要求的前提下要尽量小。若卸料时坍落度偏小，可由企业技术人员采用外加剂的后掺法进行调整，搅拌均匀后才可以浇筑。合理控制搅拌车出厂时间，避免在工地因长时间等待使浇筑过程中出现冷接缝。浇筑后的混凝土应立即抹平，初终凝前最好进行多次收光，终凝后完成收光工作，并在混凝土表面覆盖薄膜、草垫等，对特殊部位可以采用喷洒养护剂进行养护。

对于梁板混凝土浇筑完毕后，不应过早拆模，且不应过早在上面放重物以及在浇筑部位产生较大振动，以免出现破坏性裂缝。目前不少工地用磨光机对混凝土楼面进行收光，这种机械应在初凝前后使用，禁止在终凝后使用，此时混凝土强度不够，使用会导致混凝土出现微裂纹。

4）养护控制

春秋季节施工的混凝土，因环境的变化，更应该注意养护工作。养护在混凝土浇筑完毕后进行，生产上应按照以下要求进行操作。

（1）浇筑完混凝土后，应立即在其表面覆盖薄膜等，加强混凝土的保湿养护，对不能覆盖薄膜养护的区域，应进行喷雾养护。

（2）养护时间一般不低于 7 d，夜间也要不间断进行，特殊部位要增加养护时间。

（3）在干燥多风的季节，洒水养护易导致混凝土表面忽干忽湿，容易产生裂缝，因而洒水作业必须保证混凝土表面充分润湿。

（4）对掺加有缓凝型外加剂或有抗渗要求的混凝土，养护时间要不低于 14 d，防止产生早期裂缝的产生。

（5）混凝土浇筑完毕，达到一定强度后，必要时松动两侧模板。

7.3.2　雨季混凝土施工质量控制　

1. 雨季生产对混凝土质量的影响

1）混凝土配合比易波动

雨季混凝土生产中，处于露天堆放的骨料含水率会增加，特别是细骨料，含水率变动较大。在混凝土计量称重下料时，若仍用原配合比，可能会出现砂率偏小，水胶比增大现象，导致生产的混凝土强度偏低并出现数值离散现象。

2）混凝土浆体流失

混凝土施工中若遇降雨，会使得水泥浆随雨水流出而流失，导致骨料裸露，混凝土产生离析现象。振捣后的混凝土，在发生降雨时会产生孔洞和麻面现象，影响混凝土质量及外观。

3）混凝土中雨水未排出，会产生孔洞、露筋

雨季施工的混凝土，若浇筑现场排水不及时，一些低洼处的模板（例如底层电梯基坑、集水井等）可能会积水，导致混凝土产生孔洞、露筋现象。

4）雨中施工难度加大

雨季会增加混凝土施工的难度，难以保持混凝土生产的质量。施工中各种工具都处于潮湿状态，极易发生触电事故。平时施工中对工人的要求在雨季难以严格执行，因此会降低混凝土的施工质量，进而会影响混凝土强度、抗渗性和耐久性。

2. 雨季施工的准备工作

混凝土雨季施工应以预防为主，应提前做好部署，采取防雨措施并加强排水手段，以确保正常的施工不受季节性气候的影响。混凝土工程施工应尽量避开雨天施工，屋面防水和室外饰面工程不得在雨天施工。根据"晴外、雨内"的原则，雨天尽量缩短室外作业时间，加强劳动力调配，组织合理的供需安排，保证工程施工质量，加快施工进度。

（1）施工期间，施工人员应加强对天气预报的收听工作，以便能及时调整和修订施工作业计划。遇有恶劣天气，及时通知现场负责人员，以便采取应急措施。对于重要结构和大面积混凝土施工，应尽量避开雨天工作。施工前，应尽量了解2～3天的天气情况。

（2）在建筑施工基坑地面设置集水井和排水沟，以便及时排除积水。确保整个施工道路畅通，施工场地具备完善的排水网，保证雨水有序排放；整个排水管网有序排放，排水管不得堵塞，以创造雨季施工的基本条件。

（3）加强对混凝土施工前模板的检查工作，特别是对其支撑系统的检查，如发现有松动情况，应及时加固处理。

（4）加强对混凝土原材料防雨防潮的检查工作以及成品、半成品的防雨工作。

（5）搅拌站工作人员应认真测定砂、石含水率，以便能及时调整混凝土配合比，确保施工质量。

（6）雨季和大雨后施工之前，应对工程和现场进行全面检查，特别是要对塔吊基础、脚手架、基槽、电器设备、机械设备等进行检查，发现问题应及时解决，防止雨期施工发生事故。所有的配电箱、机电设备的防雨和塔吊防雷设施必须完好，加强对临时供电系统的检查和测试工作，确保电器设备和供电线路能够满足施工的安全要求。

（7）对降水量较大的区域，在雨季来临之前，施工现场、道路和设施应做好有组织的排水工作。

生产中应备足排水需用的水泵及有关器材，提前准备好适量的塑料布、油毡等防雨材料。施工现场应配置足够的雨靴、雨衣和塑料薄膜等防雨用具。

3. 混凝土雨季施工质量控制措施

混凝土雨季浇筑过程中，管理人员应在生产和施工现场予以指导并监督，严格检查施工过程中各个环节，要做到以下几点。

（1）生产上，定时定量检测骨料的含水率以及混凝土拌合物坍落度，并做出及时的调整。运用动态控制方法，搅拌站根据当前骨料的含水率，调整原配比中的骨料和用水量，

并调整混凝土拌合物坍落度。要降低混凝土拌合物的坍落度，并延长搅拌时间，一般每罐混凝土可将搅拌时间延长 30 s。

（2）遇小雨时，混凝土运输和浇筑均应采取防雨措施，随浇筑随振捣，并立即覆盖防水材料；若遇大雨时，应立即停止混凝土的浇筑，已浇筑部位应加以覆盖。现浇混凝土应根据结构情况和可能性，考虑多几条施工缝的预设位置。

（3）模板支撑下面回填土要夯实，并加好垫板，并在雨后及时检查有无下沉。模板隔离层涂刷前要了解天气情况，以防隔离层被雨水冲掉。

（4）雨季施工材料应避免堆放在低洼处，将材料垫高，周围应有畅通的排水沟，以防积水。

（5）混凝土浇筑完毕后，要及时进行覆盖，避免雨水冲刷。拆模后的混凝土表面要进行及时养护处理，避免产生干缩裂缝。

7.3.3 秋冬季节施工对混凝土质量影响

混凝土进入秋冬季节，应提前做好该阶段的防风、低温准备，混凝土施工应尽可能在气温高于 5 ℃时进行。当必须在低温条件下（昼夜平均气温低于 5 ℃和最低气温低于 -3 ℃），施工中应采取以下措施。

（1）搅拌站应制定低温季节混凝土施工方案，报监理工程师批准后严格执行。

（2）及时关注天气预报，获得准确的天气情况，以便做出相应的对策。

（3）对场外堆存的骨料采用后置塑料布或篷布覆盖进行保温，保证骨料在生产前没有冰雪或冻块。可以通过加热水或骨料来提高原材料的初始温度，较常用的方法是仅加热水。

（4）对混凝土搅拌设备进行封闭保温处理。

（5）确定低温季节混凝土施工配合比并按照要求掺加抗冻剂、早强剂等，或增加水泥用量，以提高混凝土的抗冻性。

（6）为减少并防止混凝土冻害，混凝土生产中应选用较小的水胶比和较低的坍落度，并尽量减少拌合用水量。尽量选择强度等级不低于 P•0 42.5 级早强硅酸盐水泥。

（7）混凝土浇筑完毕后应及时用塑料布等保温材料覆盖，延长混凝土拆模时间，确保混凝土强度到达要求。拆模时不要对混凝土造成破坏。

（8）加强温度观测，建立低温季节施工测温制度。混凝土浇筑时应按照要求布置测温孔并编号，严格按照低温季节的要求进行测温工作。

7.3.4 提高预拌混凝土季节变化的管理措施

1. 加强预拌混凝土质量的生产控制

季节变化时，混凝土企业负责人除了要严把原材料的进场关，技术人员也要及时调整并更新原材料的品种和型号，对原材料要进行严格检测，并通过大量的混凝土试配，确定合理的生产配合比。另外，随着气候及环境的变化，要派专门人员对原材料性能进行检测，确定好合理配比后进行组织生产。

生产上，要提前准备好满足当前环境气候条件的生产、施工及养护工具，并对一些恶劣天气提前做好技术准备。

2. 加强预拌混凝土质量的施工控制

工程质量监督部门及工程监理单位要监督施工单位依照相关规定进行施工，才能避免因施工措施不到位而引起的质量问题。

混凝土在运输和卸料过程中，应保证不产生离析，也不能混入其他成分和水分，特别是不准许有意向罐车或泵车料斗加水。如遇需要加水或掺外加剂（硫化剂）时，需经技术管理人员的认可，并在加水后进行二次搅拌，使之均匀。

为防止混凝土在运输和浇筑之前产生凝结或坍落度损失过大，在运输和现场等待过程中，应使搅拌车不停地转动。在混凝土浇筑过程中，建筑物模板内不得积水，模板应牢固且密封不能漏浆。混凝土生产企业应与施工单位进行协调配合，保证混凝土的连续供应，同时严格控制原材料质量及配合比，保证混凝土有良好的工作性，减少因混凝土质量问题造成裂缝增多的几率。

3. 做好预拌混凝土季节变化时的养护工作

对于昼夜温度变化大，风速较大的天气，尤其是上午浇筑的路面、地坪等大面积混凝土应多次抹面并压光，及时覆盖、保湿养护，最好能避开大风及温差变化较大的时间段施工。

虽然早期采取覆盖塑料薄膜保湿养护能有效避免裂缝的产生，但混凝土终凝后，撤去塑料薄膜后，仍要对混凝土进行洒水养护至规定龄期。浇捣完毕后应立即加强养护，防止早期失水，冬天要注意保温，防止早期受冻。

8.1 仿真软件的启动

1. 仿真软件简介

2HZS180 预拌混凝土（商混）站仿真系统选择产量为 180 m³/h 的国内现有最先进的环保绿色型预拌混凝土生产线作为仿真对象，仿真内容为预拌混凝土生产线全部生产流程，包括：混凝土原材料的输送、上料、贮存、配料、称量、搅拌和出料等，还包括电气系统及辅助设备系统（如空压机、水泵等），重点展示供料系统、计量系统和搅拌系统三部分工艺。

对现场 DCS 画面、控制逻辑进行 1:1 仿真，如图 8-1 所示。画面直观、友好，并能展示出设备运行的动态效果。设备安全联锁、工艺联锁等控制逻辑与仿真对象实际逻辑相同。

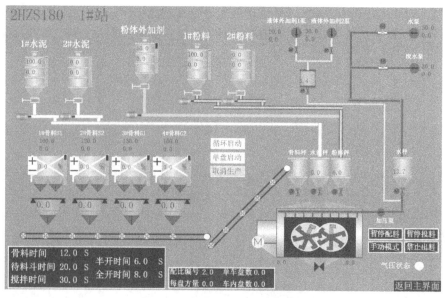

图 8-1 仿真系统的 DCS 画面

仿真软件是由 MSP 多学科仿真平台、GVIEW 人机交换界面和 3D 系统组成。仿真机软件支撑平台和测评软件之间的通信以 TCP/IP 协议为基础，数据库能够在存储海量数据的同时提供高性能的数据查询和访问操作。仿真机软件支撑平台和测评软件授权为网络授权模式，授权计算机数量不受限制。

仿真机软件可实时地反映机组设备故障、装置损坏和自动控制功能失灵等异常和事故工况，能仿真程度不同和渐变的故障，故障的仿真结果要求能正确反映真实故障过程。控制系统的模型在功能上实现 1:1 的仿真，其调节特性和控制逻辑应与参考系统相同。

2. 启动仿真软件

插入加密狗，依次启动软件运行快捷方式（图 8-2）：

（1）软件授权程序；

（2）商混站管理系统；

（3）商混站 MSP 平台；

（4）商混站 DCS 界面。

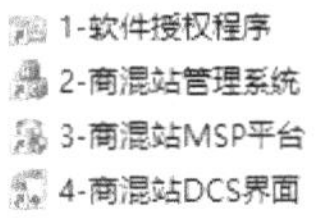

图 8-2　软件运行快捷方式

3. 检查仿真软件状态

1）软件授权程序的检查

运行软件授权程序后，如果授权成功，在操作系统任务栏中应该出现授权服务器程序在后台运行的图标。

2）预拌混凝土站 MSP 平台的检查

预拌混凝土站 MSP 平台是一款以大型复杂系统为对象进行连续仿真计算的平台，提供了仿真程序设计和调试、数据的本地和远程共享、仿真运行管理等功能。拥有针对仿真需求特别设计的仿真数据库，能够存储高达百万级别的仿真数据，并且提供高性能的数据查询和访问操作。数据的在线访问可以大大简化仿真程序的调试和运行。MSP 使用了 TCP/IP 协议进行通信，能够将仿真的设计工作和运行方式布置到更大的范围中，可以更好地满足仿真需求。通过 MSP 提供的 API，用户可以方便地定制出满足自己需求的程序。

成功打开 MSP 平台后，在日志栏里会显示"验证成功""打开解决方案"，如图 8-3 所示。

图 8-3　预拌混凝土站 MSP 平台

若日志栏里出现红色字体的错误提示，表示平台部分功能未加载，请检查加密狗是否正确插入，加密狗指示灯是否在常亮状态。

3）预拌混凝土站 DCS 界面的检查

DCS 界面即使用者所操作的人机交互界面。如果 DCS 界面打开失败，画面会显示"没有连接上平台数据库，脱机运行。"如图 8-4 所示。DCS 界面要求在 MSP 平台成功打开之后再运行，请注意平台与界面的打开顺序。

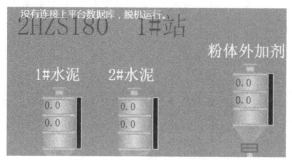

图 8-4　DCS 界面打开失败

软件启动视频

8.2　预拌混凝土站仿真系统的操作

8.2.1　预拌混凝土站管理系统

预拌混凝土站管理系统由配方管理、合同管理和任务管理三部分组成，如图 8-5 所示。

图 8-5　预拌混凝土站管理系统

1. 配方管理系统

配方管理用于预拌混凝土站常用产品配方的输入和调整，可以进入配方管理界面进行新增配方、更改已有配方和删除配方等，如图 8-6 所示。

可编辑的信息有混凝土的强度等级、抗折度、抗渗度、坍落度等属性以及骨料、水泥、配料和添加剂等组分的配合比。

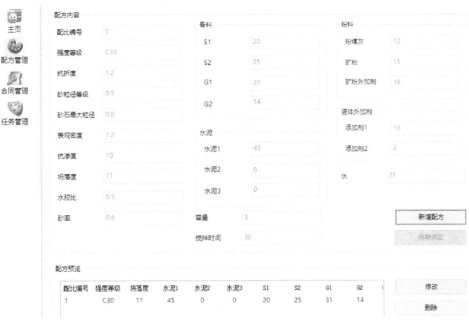

图 8-6　预拌混凝土站配方管理界面

2. 合同管理系统

合同管理系统用于新增或编辑预拌混凝土站所签订的供给合同。可进入合同管理界面编辑用户名称、送货地址、产品用量、产品单价、合同金额、是否要求泵送等信息，其界面如图 8-7 所示。

图 8-7　预拌混凝土站合同管理界面

3. 任务管理系统

任务管理系统用于对预拌混凝土站的两条生产线进行任务下发的管理系统。如果在合同管理界面中编辑了新的合同，必然会产生生产任务，在任务管理界面即可根据合同中要求的混凝土配方和用量编辑生产任务，可编辑生产方量、累计盘数、累计车次等信息，其界面如图 8-8 所示。

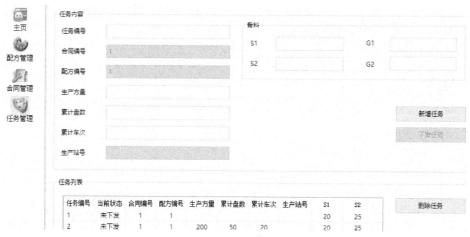

图 8-8　预拌混凝土站任务管理界面

　　编辑生产任务之后，可以在任务列表中点击任务，选择将该任务下发给某一条生产线进行生产。

8.2.2　预拌混凝土站 DCS 界面

　　通过预拌混凝土站管理系统对合同、配方和任务进行了编辑之后，进入预拌混凝土站 DCS 界面准备执行生产任务。在 DCS 的主界面（图 8-9）里能够看到预拌混凝土站生产的安全须知（图 8-10）、设备参数（图 8-11）、启动前检查、启动顺序（图 8-12）以及设备保养等信息，启动之前应该先熟知以上事项，根据正确的启动顺序要求启动系统。

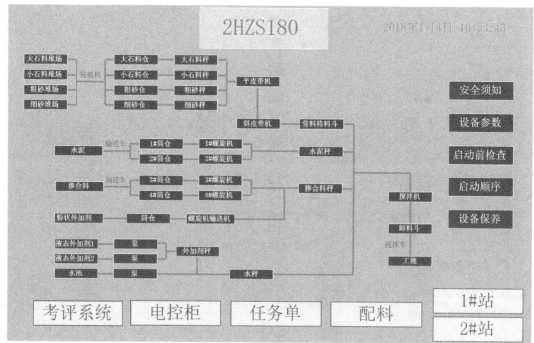

图 8-9　商混站生产 DCS 主界面

安全须知

混凝土搅拌站是制备商品混凝土的成套专用机械，其功能是将混凝土的原材料——水泥及掺合料、水、砂、石料和添加剂等，按预先设定的配合比，分别进行上料、输送、储存、配料、称量、搅拌和出料，生产出符合质量要求的成品混凝土。

操作设备时，要严格遵守以下限定原则：

1. 混凝土搅拌站工控机不能作为办公电脑使用。

2. 请在雷电天气不要生产，关闭系统并断开总电源。

3. 新购的搅拌主机在使用开始时，不能马上满负荷运行，减速机如不进行调整期运行的话，其寿命会明显地降低。

4. 皮带机不能带载启动。

5. 不合规定的骨料生产混凝土会对设备造成损害，骨料最大颗粒直径为80mm。

6. 工控机不能联外网及作为办公电脑和娱乐、游戏等。

7. 禁止事项：禁止在设备检修时启动皮带及搅拌主机。

图 8-10 预拌混凝土站生产前的安全须知

设备参数

理论生产率	180M3/h
搅拌机型号	JS1500
搅拌电机功率	4*30KW
循环周期	60S
搅拌机公称容量	1500L
骨料最大颗粒	80mm
筒仓容量	100T
配料站配料能力	2400L
骨料仓容量	8*15M3
骨料种类	4
骨料皮带输送机生产率	500T/h
螺旋输送机最大生产率	80T/h
卸料高度	3.8M
装机容量	2*164KW
骨料称量范围及精度	（0-2000）±2%KG
水泥称量范围及精度	（0-900）±1%KG
粉加剂称量范围及精度	（0-500）±1%KG
水称量范围及精度	（0-400）±1%KG
液体外加剂称量范围及精度	（0-50）±1%KG

图 8-11 预拌混凝土站设备参数

启动顺序

1. 阅读安全须知

2. 启动前检查

3. 合同信息管理、配方管理

4. 下生产任务单、配比通知单

5. 设备送电

6. 混凝土配合比录入及核对

7. 混凝土生产

8. 混凝土性能检测（坍落度、温度、含气量等）

9. 混凝土取样、试块制作

10. 出厂检验记录、设备冲洗及保养

图 8-12 启动顺序

1. 启动前的检查和准备

（1）检查电气控制台上所有开关是否处在正常位置。

（2）检查配料机、皮带机的皮带是否正常。

（3）检查搅拌机的检修门、卸料门的行程开关、接近开关是否正常。

（4）检查搅拌机的集中润滑油筒内润滑油脂是否充足。

（5）检查搅拌站其他运转部件的润滑油是否充足。

（6）检查每个连接部件的连接螺栓是否紧固。

（7）检查粉料罐的手动蝶阀是否打开。

（8）检查供气、水、外加剂管路是否正常。

（9）检查骨料、粉料、水、外加剂是否够用。

2. 操作预拌混凝土站 DCS

（1）在主界面中点击启动前检查按钮，弹出如图 8-13 所示界面，要求对每一项进行检查确认。

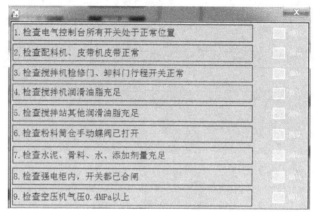

图 8-13　启动前检查界面

如果每一项后面的方框都为绿色，则表示允许生产，点击每一项后面的"确认"二字，使其由红色变为绿色。如果哪项指标的方框显示红色，则应检查其对应的设备状态。

（2）打开电控柜界面，如图 8-14 所示。将电控柜上侧的空气开关都向上推到"ON"位，接通设备供电。

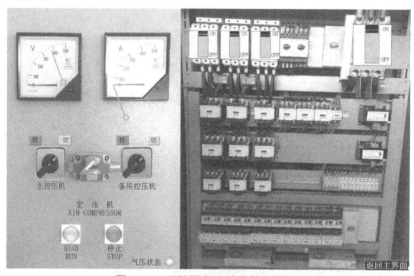

图 8-14　预拌混凝土站电控柜界面

在左侧，选择主空压机或备用空压机，点击启动按钮，空压机启动后，气压状态指示灯变绿，电压表应显示 380 V 电压，随着设备的运行，电流也会有相应变化。

（3）接通设备电源后，打到任务单界面（图 8-15），查看是否有生产任务分配下来。

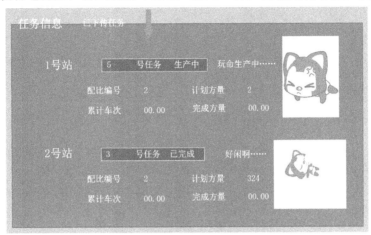

图 8-15　预拌混凝土站任务单界面

如果有任务分配下来，上部会出现：已下传任务和红色箭头。

界面中还会显示 1 号站和 2 号站的生产状态。

（4）打开配料界面，每条生产线被分配任务后，对应的各种配料的配方比例会自动下传到图 8-16 所示界面。

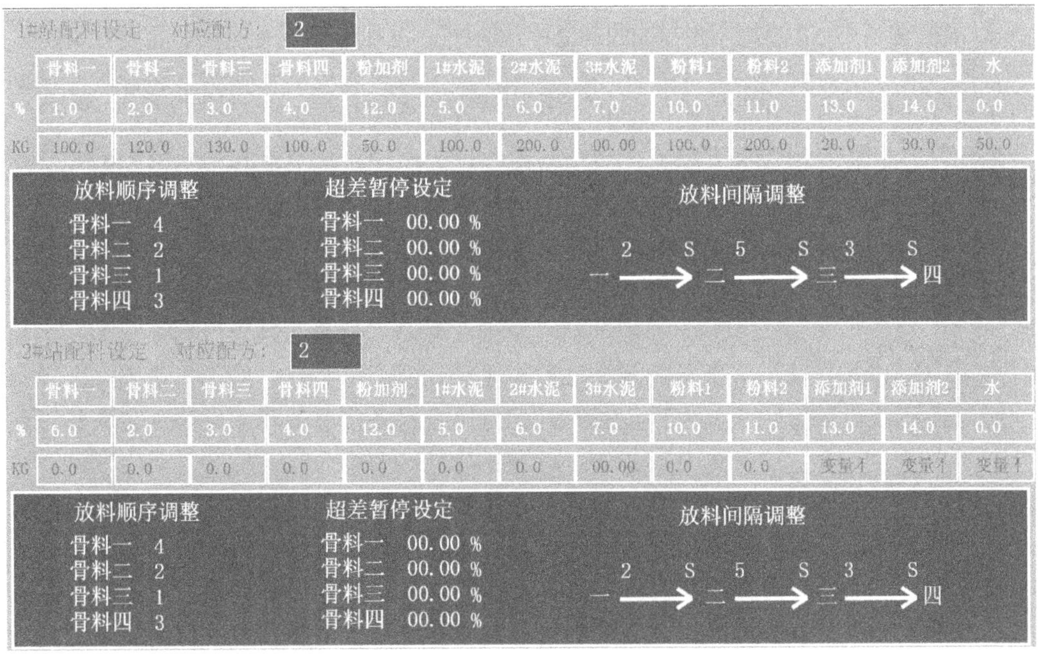

图 8-16　配料界面

操作者要根据下传下来的每种配料的比例设定每种配料的质量。

调整四种骨料的下料顺序和每种骨料的放料时间间隔。还可以根据需要设定四种骨料的超差暂停比例；当下料质量超过了设定的超差比例，骨料配料系统会自动暂停。

（5）进入 1 号站或 2 号站的生产操作界面（图 8-17），按照要求进行生产操作。

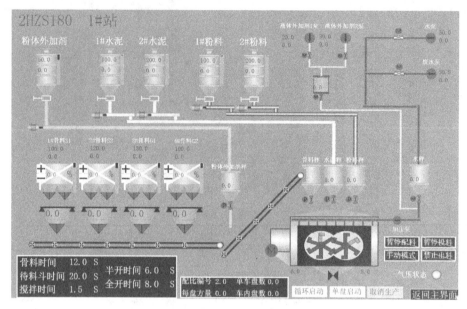

图 8-17　预拌混凝土站 1#站生产操作界面

① 首先检查设备状态。设备红色表示未运行，绿色表示已运行，其他颜色表示设备跳闸或故障停机。确定所有设备在生产前是送电备妥未运行状态。

② 根据工艺需求，设定骨料时间、待料斗时间、搅拌时间、全开时间和半开时间。

骨料时间：所有骨料从骨料秤斗卸料完毕开始至所有骨料进入待料斗所需的时间。

待料斗时间：待料斗卸料时，卸料门在开门位置停留的时间。

搅拌时间：所有物料投入搅拌机后，在搅拌机内搅拌达到品质要求所需的时间。

全开时间：搅拌机自动卸料时卸料门在全开位置停留的时间。

半开时间：搅拌机自动卸料时卸料门在半开位置停留的时间。

③ 确定右下角四个按钮，即暂停配料、手动模式、暂停投料及禁止出料都没有启用。

图 8-18　四个按钮没有启用

暂停配料：是指在生产进行中，暂停骨料、粉料、添加剂等配料这些下料设备的运行。

手动模式：是指所有设备进行手动启停操作，不按照自动配料、搅拌、卸料的程序进行。

暂停投料：是指暂停骨料、粉料、水待料斗中的物料向搅拌机内下料的动作。

禁止出料：是指暂停物料从搅拌机内卸出，禁止搅拌机卸料阀开启。

④ 检查每种配料的设定值都是符合配方比例要求的。确定好以上信息后，点击"循环启动"或"单盘启动"来启动整条生产线。

循环启动：是指整条生产线从下料、称量、混合、搅拌及出料这些步骤循环运行，除非点击取消生产或暂停配料、投料，又或禁止出料，否则整个生产循环进行，直到完成设置的生产任务。

单盘启动：是指整个生产线从四种骨料开始下料，水泥、粉料、粉加剂、液体添加剂和水这些配料开始下料并称量，进入待料斗，再进入搅拌机搅拌，最后到出料装入罐车，整个流程只运行一次，即搅拌机只出一盘料。

图 8-19　预拌混凝土站生产模式　　　　　　预拌混凝土站操作视频

⑤ 生产过程中要观察每个罐车内的方数，当罐车已满时，应暂停生产。时刻观察下料状态，判断混凝土质量，并通过扣水量来微调。

⑥ 当某些设备出现故障时，要依据情况暂停生产，进行维修。当产品质量出现问题时，应暂停生产，进行检查和调整。

3. 设备启动的工艺顺序

（1）启动搅拌机电机，使搅拌机开始运行，如图 8-20 所示。

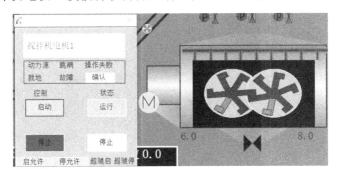

图 8-20　启动搅拌机

（2）搅拌机运行后，依次启动输送骨料的斜皮带和水平皮带输送机，注意应严格按照搅拌机—斜皮带—平皮带的工艺顺序要求启动，如图 8-21 所示。

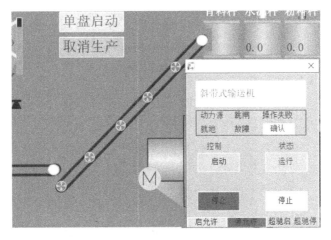

图 8-21　启动斜皮带和水平皮带输送机

（3）启动骨料配料秤，如图 8-22 所示。

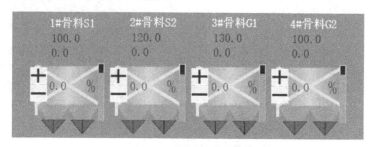

图 8-22　启动骨料配料秤

系统中有四种骨料，分别为：S1，粗砂；S2，细砂；G1，粗骨料；G2，细骨料。每种骨料配料秤上方有配料量的设定值和反馈值。每种骨料进行下料时，两个下料口全开，当下料量达到设定值的 70%时，其中一个下料口自动关闭；当下料量反馈值达到设定值时，另一个下料口自动关闭。配料秤下料界面如图 8-23 所示。

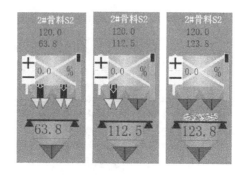

图 8-23　配料秤下料界面

如果反馈值与设定值有偏差，当偏差量大于配料偏差范围，配料秤自动停止工作。如果要对下料偏差进行微调，可以点击下料斗上的加号、减号进行调整，如图 8-24 所示。

图 8-24　配料秤下料偏差微调

当四种骨料由下料斗全部落入骨料秤后，骨料秤下料口打开，四种骨料落到水平带式输送机上，由水平皮带至斜皮带进入骨料带料斗，如图 8-25 所示。

图 8-25　骨料从秤内到水平皮带输送机

此处四种骨料的下料顺序和时间间隔可以在配料界面进行设置，如图 8-26 所示。

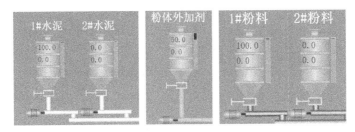

图 8-26　四种骨料下料顺序

（4）水泥、粉料及粉体外加剂的下料如图 8-27 所示。

图 8-27　水泥、粉料及粉体外加剂仓

本系统中，有两个水泥筒仓，放置两种不同水泥，根据配方要求选择一种水泥（使用哪种水泥，便输入哪种水泥下料量）。粉料的选择方式与水泥相同。

水泥、粉料、粉体外加剂下料需要启动库底螺旋输送机，当下料量反馈值达到设定值，螺旋输送机自动停止，如图 8-28 所示。

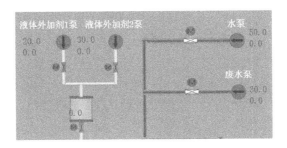

图 8-28　水泥、粉料及粉体外加剂仓下螺旋输送机

（5）水及液体外加剂的下料如图 8-29 所示。

图 8-29　水及液体外加剂下料

本系统有两种液体外加剂箱、一个水泵和一个废水泵。可以选择使用水和循环废水的比例，启动输送泵后，管道出口阀门联锁启动，当下料量反馈值达到设定值时，输送泵与阀门自动关闭。

（6）配料完成后，向搅拌机下料。

当骨料、水泥、粉料、水和外加剂都进入待料斗（图 8-30），完成配料之后，开启四个待料斗下的气动阀门，配料进入搅拌机（图 8-31）。骨料、水泥和粉料阀门先打开，而后水箱下的阀门打开，加压泵启动，向搅拌机内喷淋。

图 8-30　各种配料都进入待料斗

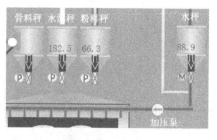

图 8-31　待料斗打开配料进入搅拌机

图 8-32　搅拌机下料口全开

（7）搅拌与出料。

配料全部进入搅拌机后，搅拌机按照事先设定的搅拌时间搅拌混合料。

搅拌完成后，搅拌机下料口全开（图 8-32），全开时间过后，搅拌机下料口半开，半开时间过后，搅拌机下料口关闭。

8.3　预拌混凝土站 3D 仿真系统的使用

1. 系统简介

预拌混凝土站 3D 仿真系统（图 8-33）可以自由进入 2HZS180 环保绿色型预拌混凝土生产线 3D 虚拟仿真系统，以任意角度和路线参观生产流程和主要设备，展示全场布置和设备结构。主要建筑物及设备有：混凝土搅拌站、搅拌楼、配料站、混凝土搅拌机、配料控制器、称重传感器、混凝土砂石分离机、仓储设备、粉尘颗粒螺旋输送设备、计量设备、混凝土搅拌运输车、混凝土泵车等。鼠标移到的位置可以指示出设备的名称、主要工作内容、主要岗位的岗位职责。

通过鼠标点击能够将设备主要部件分解，展示内部结构，并能够还原为整机。可拆分、组装的设备有：骨料秤、带式输送机、螺旋输送机、混凝土搅拌机、配料控制器、计量设备、混凝土搅拌运输车、混凝土泵车等。3D 画面清晰、流畅。设备按照现实预拌混凝土站尺寸比例绘制，设备结构清晰、翔实，能够真实反应设备的结构和工作原理，可实现的功能如下。

（1）全厂漫游——任意路径、任意方位、任意视角。

（2）结构解析——设备拆分、设备组装、设备剖视。

（3）原理展示——文字注释、语音播报、互动操作。

图 8-33   预拌混凝土站 3D 仿真系统

2. 操作方法

预拌混凝土 3D 仿真系统的操作按键及说明见表 8-1。

表 8-1   预拌混凝土 3D 仿真系统的操作按键及说明

按键	操作说明
W	快速向前移动视角
SHIFT+W	慢速向前移动视角
S	快速向后移动视角
SHIFT+S	慢速向后移动视角
A	快速向左平移视角
SHIFT+A	慢速向左平移视角
D	快速向右平移视角
SHIFT+D	慢速向右平移视角
Q	快速向上平移视角
SHIFT+Q	慢速向上平移视角
E	快速向下平移视角
SHIFT+E	慢速向下平移视角
按下鼠标左键并移动鼠标	鼠标移动方向表示视角旋转方向

3. 运行界面

搅拌站总体结构主要由储料系统、计量系统、控制系统、输送系统、供液系统、气动系统、搅拌系统、主楼框架、控制室及除尘系统等组成，用以完成混凝土原材料的储存、计量、输送、搅拌和出料等工作。

1）储料系统

储料系统包括生产混凝土所用原材料的储料系统（粉料罐、水池、骨料储料仓、骨料待料斗和外加剂罐等）和成品混凝土的储料系统（卸料斗）两个方面，如图 8-34 至图 8-36 所示。

图 8-34　骨料堆场

图 8-35　骨料上料口

图 8-36　骨料上料皮带

骨料堆场及上料皮带视频

2）计量系统

计量系统包括骨料计量和粉料（水泥和掺合料）、水及液体外加剂计量组成，如图 8-37 和图 8-38 所示。

图 8-37　液体计量系统

图 8-38　骨料计量系统

3）输送系统

混凝土搅拌站的输送系统主要包括骨料的输送和粉料的输送，如图 8-39 和图 8-40 所示。

图 8-39　粉料输送

图 8-40　骨料输送

4）搅拌系统

搅拌机主要由传动装置、轴端密封、缸体及衬板组件、润滑装置、上盖及布水管装置、卸料系统和搅拌装置等部分组成，如图 8-41 所示。

图 8-41　搅拌机

5）主楼框架

主楼框架为钢结构，从上到下分别为楼顶、楼梯及围栏、计量层、搅拌层及支腿，如图 8-42 所示。

图 8-42　搅拌楼框架

6）控制室及控制系统

控制室是搅拌站操作人员对搅拌站进行操作及管理的场所。控制室总成及电气控制系统由控制室、空调、电控柜、桌椅、工控机、PLC 及电缆连线等组成，它是整个搅拌站的神经系统，决定着每个部件的动作，如图 8-43 所示。

图 8-43　控制系统

混凝土搅拌楼视频

预拌混凝土常见质量问题及其防治

9.1 混凝土离析与泌水

混凝土离析是指混凝土拌合物发生浆骨分离、石子堆积或下沉的现象。泌水是指混凝土拌合物中泌出部分拌合水，并浮于表面的现象。

离析与泌水常常相伴而生，有时还会同时产生"抓底"，抓底现象表现为板面上附着的砂浆不易铲除。这些现象的产生是混凝土拌合物保水性能差或外加剂反应慢引起的，是混凝土拌合物体积稳定性不良，在重力作用下使密度大的材料下沉，密度小的材料上浮的现象，如图 9-1 所示。

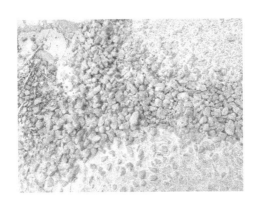

图 9-1　混凝土离析现象

9.1.1 混凝土离析泌水产生的原因

混凝土离析泌水与原材料、混凝土配合比、施工方法、结构尺寸和体积有关。如相同的混凝土拌合物浇筑在楼板部位仅出现轻微泌水，而浇筑柱或墙体部位会出现较明显的泌水。

1. 原材料的原因

（1）与胶凝材料性质和用量有关。如胶凝材料用量少、粉煤灰颗粒较粗、矿粉掺量过大等，特别是大流态混凝土必须有足够的胶凝材料用量，胶凝材料用量少只适合低坍落度的混凝土，否则就容易发生离析泌水问题。

（2）骨料级配不良、粒径大、砂中 0.315 mm 以下颗粒含量少。

（3）减水剂掺量过大、分散效果慢或与胶凝材料的相容性不良。特别是使用聚羧酸系高性能减水剂时，由于这种减水剂对原材料、用水量和环境气温的变化比较敏感，控制不好就容易发生混凝土坍落度随时间的延长而增加的现象，严重时出现离析泌水。

2. 配合比的原因

（1）新拌混凝土坍落度过大、用水量多、水胶比大、混凝土拌合物黏聚性差。

（2）砂率小。

（3）缓凝剂掺量过大，凝结时间长将加重混凝土的离析泌水；缓凝剂或阻锈剂与胶凝材料不匹配也会发生滞后泌水。

3. 生产及施工的原因

（1）生产时搅拌时间过短或过长，混凝土拌合物匀质性差。

（2）在施工过程中往混凝土拌合物里加水以及过振时易引起拌合物泌水或加重泌水的产生。

（3）体积大、浇筑高度高的结构易泌水。

（4）环境温湿度、风力大小、阴天或日照强度等，对混凝土拌合物离析泌水程度都有一定的影响。

9.1.2 混凝土离析泌水对工程的影响

1. 对施工方面的影响

（1）已离析的混凝土拌合物工作差，并易产生抓底现象；当采用泵送工艺浇筑时，若混凝土的泵送不连续，容易造成输送管堵塞。

（2）浇筑时已发生严重离析泌水的混凝土拌合物，由于石子的聚集不易振捣，平面结构局部表面易发生石子裸露，造成抹面困难。特别是自密实混凝土，浇筑时已发生严重离析泌水，其自填充性能已丧失，石子容易聚集在钢筋最密处，导致结构发生严重的孔洞质量缺陷，而且蜂窝、麻面和开裂等现象也较严重（图9-2），因此必须杜绝已严重离析泌水的混凝土用于结构浇筑。

图9-2 混凝土严重离析结果

2. 对结构实体方面的影响

（1）泌水将增加粗骨料和水平钢筋下方聚集水囊的量，硬化后形成空隙，降低混凝土的密实性，从而削弱了水泥石与骨料和钢筋的黏结力。

（2）泌水会造成混凝土中部分轻物质随水一起向上迁移并浮于表面，凝结后形成强度较低的软面，使表面耐磨性差，容易起灰和开裂，并降低耐久性能。

（3）泌水的混凝土将在结构侧面留下一道水痕，影响美观。因此，对于表面质量要求较高的结构，如清水混凝土等，必须杜绝泌水的出现。

（4）离析泌水的混凝土将增加结构表面砂浆层的厚度，砂浆层水胶比较大，在凝结硬化过程中塑性收缩与下部不一致，更容易引发开裂问题。而结构下部石子聚集过多，易产生蜂窝、麻面和孔洞等缺陷。对采取分层浇筑的结构，如果上层浇筑不及时，在层间结合处容易形成薄弱层，对抗渗结构防水不利。

（5）泌水留下的毛细通道将降低混凝土结构的密实性，对结构的抗渗性、抗冻性和抗腐蚀性等产生不利影响。

混凝土泌水并不都是有害的，在正温条件下，轻微泌水对于不浇水养护的混凝土结构有利，能起到养护作用，减少干裂的产生，对混凝土耐久性是有益的。当然，明显泌水的混凝土影响结构整体匀质性，硬化后影响混凝土的一些性能，应杜绝。

图9-3 混凝土离析对工程质量的影响

9.1.3 混凝土离析泌水的防治与处理方法

（1）防止离析泌水的根本途径是提高混凝土拌合物的黏度，改善骨料级配，适当提高砂率，控制水胶比、坍落度和用水量，掺入矿物掺合料和引气剂等。其中，矿物掺合料应选择质量较轻的，如硅灰比粉煤灰效果好，粉煤灰又比矿渣粉效果好等。

（2）加强胶凝材料与外加剂相容性检验和生产配合比的验证工作，及时发现问题及时解决，尽量避免或消除离析泌水现象的发生。

（3）当泌水量较大时，应及时将水引走，平面结构在初凝前采用平板振动器振动一遍，然后进行二次收面，二次振动和收面可以起到封闭泌水通道及提高混凝土密实性的作用，从而使混凝土强度也得到提高；当泌水量不大时，只进行二次收面即可。二次振动必须掌握好时机，如果先浇的部位已经初凝，便不必二次振动，否则振动可能引起已初凝的部位产生开裂。竖向结构泌水时不易处理，如采用二次振捣的方法，过早振捣时将加重浆骨分离，对结构整体匀质性不利，过迟时无法采用，时机的掌握需要有丰富的经验。

（4）注意运输和浇筑方法，禁止施工过程中往混凝土拌合物中加水，可以减少或避免离析泌水现象的发生。

（5）供需双方应加强混凝土拌合物的交货检验工作，发现已离析和泌水的混凝土坚决不用于结构的浇筑。

9.2　混凝土凝结时间异常

混凝土的凝结时间明显超过正常范围，可判为凝结时间异常。混凝土的凝结时间异常通常表现为缓凝、速凝和假凝三种，如图9-4和图9-5所示。速凝和假凝会导致混凝土浇筑困难，缓凝会导致混凝土拆模时间延长，早期强度低，严重时28 d强度达不到设计要求，酿成质量事故。

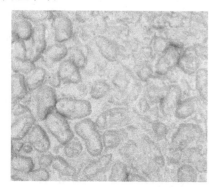　

图 9-4　混凝土长时间不凝固　　　　　　图 9-5　混凝土速凝来不及使用

9.2.1　产生异常凝结的原因分析

9.2.1.1　缓凝

1. 判断依据

混凝土产生缓凝现象没有固定的时间规定，往往以是否影响后续正常施工来进行判定。一般为，混凝土浇筑后，热天超过10 h不凝结硬化，冷天超过20 h不凝结硬化，可认为是异常凝结（特殊要求混凝土除外）。

2. 原因分析

1）人为因素

（1）搅拌站人员未按混凝土外加剂使用说明要求，盲目多掺外加剂。

（2）按混凝土配合比要求，将粉煤灰误当水泥使用。

（3）工作疏忽导致外加剂混淆使用，如将缓凝剂当早强剂使用。

（4）混凝土浇筑过程中，施工人员看混凝土发干流动性小，使擅自给混凝土加水。

2）设备因素

（1）计量器具未按照要求自检、送检，长期使用后产生较大误差。

（2）盛放混凝土外加剂的料仓使用不当，改变了外加剂的性能。

（3）计量装置突发故障，特别是外加剂中复配有缓凝剂时，超称将明显延长混凝土的凝结时间，甚至发生严重异常缓凝事故。

3）水泥因素

（1）水泥自身凝结时间长。水泥生料配比不合理或水泥煅烧过程中温度控制不够，导致煅烧后水泥有效成分少，依靠调凝石膏来调整凝结时间。

（2）水泥细度对凝结时间的影响。水泥细度越粗水化反应越慢，凝结时间越长。水泥细度对混凝土凝结时间的影响更加明显，因为测定水泥凝结时间的是水泥净浆，在水泥净浆中，水泥的体积约占55%，而混凝土由于其他材料用量大，水泥的体积只占5%～15%，因此对混凝土凝结时间的影响更大。

（3）水泥工艺流程的重大改变，导致水泥性能不稳定。

（4）水泥厂家大量掺加粉煤灰作为外掺料提高水泥产量。

4）矿物掺合料因素

（1）由于矿物掺合料要靠水泥水化生成的 $Ca(OH)_2$ 才能发生胶凝反应，因此矿物掺合料掺量越大，混凝土的凝结时间越长，故在冬季施工时矿物掺合料掺量不宜过多。

（2）使用脱硫粉煤灰将显著延长混凝土的凝结时间。

5）外加剂因素

（1）外加剂种类繁多，工地上不注意外加剂标志，误用外加剂。

（2）外加剂对运输、储存、使用掺量等都有严格要求，未按外加剂厂家说明使用。

（3）外加剂有一定适应性，调试过程中虽然混凝土满足了各项指标要求，但在大批量生产供货中，由于原材料的不稳定，会在凝结时间上有一定的误差。

（4）外加剂配方不合理的产品，自身凝结时间长，导致混凝土凝结时间过长。

6）其他因素

（1）环境因素。水泥的水化反应随温度的上升而加快，施工的环境温度较低时，可能会使凝结时间延长。

（2）施工。冬季施工如果准备工作不到位，某一环节跟不上或仓促施工，容易造成混凝土凝结时间过长，如起始养护温度超低，凝结时间越长。

9.2.1.2　速凝

1．判断依据

速凝的主要特征是混凝土停止搅拌后，很快开始放热，拌合物流动性损失快，导致浇筑困难甚至无法浇筑。

2．原因分析

混凝土发生速凝的原因除了上述的人为因素和设备因素外，可能还会有以下因素。

1）水泥

（1）熟料中铝酸三钙（C_3A）和碱含量过高时，石膏的掺量又没有随之变化，会导致水泥产生速凝。

（2）为调节水泥凝结时间，水泥中要掺入适量的石膏，若石膏掺量不足或掺量过多，都可能导致水泥发生速凝现象，甚至会导致水泥安定性不良。

（3）水泥粉磨细度过细。水泥细度越细水化反应越快，而且随着细度的增大，吸附外加剂的量也增大，随着用量增加，拌合物越黏，流动性越差。

2）外加剂

（1）外加剂的质量与标识不符，或外加剂的用量没有掌握好，都有可能导致混凝土速凝。

（2）外加剂与胶凝材料相容性差，也导致混凝土速凝。

3）其他因素

施工的温度及湿度都对混凝土的凝结硬化有很大影响。随着温度的上升，新拌混凝土的凝结时间缩短；温度高湿度小，即在干燥的环境下，新拌混凝土的水分蒸发快，混凝土的凝结时间相应缩短，并会导致混凝土出现裂缝、强度降低等。

9.2.1.3　假凝

1. 判断依据

假凝的主要特征是混凝土停止搅拌后，流动性损失很快，并有凝结特征，但无明显温度上升现象，重新搅拌后有一定的流动性，可用于浇筑。

2. 原因分析

水泥在粉磨过程中，当磨内温度过高时，可引起二水石膏脱水，生成溶解度很小的半水石膏。在使用过程中水泥加水后，半水石膏迅速吸入水分生成二水石膏，导致自由水分减少，引起假凝现象。另外，某些含碱较高的水泥，氯酸钾与二水石膏生成钾石膏迅速长大，也会造成假凝现象。

9.2.2　异常凝结的解决方案

（1）混凝土 3d 未凝结，应迅速通知相关人员，果断处理，清除旧混凝土后重新浇筑，以免对后续施工造成更大的损失。

（2）迅速对混凝土进行覆盖，加强混凝土的养护。

（3）分析产生异常的原因，检查混凝土配合比是否合理，检查搅拌站仪器设备是否存在较大误差，人员是否操作不当，原材料（水泥、粉煤灰、外加剂等）是否合格等。

9.2.3　异常凝结的防治措施

（1）加强胶凝材料与外加剂相容性检验和生产配合比的验证，及时发现问题及时解决，尽量避免混凝土拌合物交付后发生异常凝结情况。

（2）当混凝土的凝结时间通过采用调整外加剂的方法不能满足施工要求时，在保证混凝土质量的前提下，可同时调整水泥用量。

（3）严格按规定周期检定生产计量称量装置，并加强自校和维护保养工作，防止发生卡、顶、传感器灵敏度不良现象导致称量失准。

（4）加强筒仓管理工作，避免发生胶凝材料入错用错现象。

（5）冬期施工时，必须加强新浇混凝土的养护工作，尽量减少混凝土自身热量损失过快而延长凝结时间，影响早期强度的正常增长。

（6）禁止施工过程中随意向混凝土里加水。向已搅拌好的混凝土中加水不仅造成混凝土凝结时间延长，而且还将降低混凝土强度，增加开裂的概率，更重要的是改变了混凝土的匀质性，对硬化后的混凝土结构的耐久性影响较大。

9.3　混凝土强度不足

混凝土的施工强度是建筑业界最重视的一个指标。建筑质量的优劣决定于混凝土的强度和操作技术，因此，混凝土强度是工程建设最为关键的问题。评定混凝土强度，采用的是标准试件的混凝土强度，即按照标准方法制作的边长为 150 mm 标准尺寸的立方体试件，在温度为（20±3）℃、相对湿度为 90% 以上的环境或水中的标准条件下，养护至 28 d 时按标准试验方法测得的混凝土立方体抗压强度。

混凝土强度不足（图 9-6）是指施工阶段中混凝土的强度未达到设计标准所要求的数值。所造成的后果是混凝土抗渗性能降低，耐久性降低，构件出现裂缝和变形，承载能力下降，严重者会影响到建筑物正常使用甚至造成安全事故，如图 9-7 所示。鉴于混凝土强度不足造成的危害，弄清造成混凝土强度不足的原因及采取何种措施进行控制是非常必要的。现仅从原材料、配合比、施工工艺等方面分析、控制混凝土的强度。

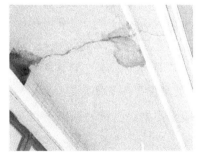

图 9-6　混凝土强度不足　　　　　图 9-7　混凝土强度不足导致裂缝

9.3.1　混凝土强度不足的原因

1. 原材料质量存在的问题

混凝土是由水泥、砂、石、水、外加剂、掺合料按一定比例拌合而成的，原材料质量的好坏直接影响到混凝土的强度。

1）水泥

水泥质量不好是造成混凝土强度不足的关键因素。同一等级的水泥，生产厂家不同其实际强度和需水量（标准稠度用水量）存在一定的差异，当生产过程中更换水泥厂家时，如果依然按原配合比生产混凝土，就有可能发生混凝土强度不足的问题。

管理良好的水泥企业，其水泥实际强度和需水量波动较小；而管理较差的企业，其水泥 28 d 强度会出现 10 MPa 左右的波动。由于水泥试验跟不上生产的节奏，将大大影响混凝土强度的稳定性。

2）骨料

（1）骨料中的不良成分含量较高：粗骨料中含较多的石粉、黏土等成分，一是会影响骨料与水泥的黏结；二是加大骨料的表面积，增加用水量；三是黏土颗粒体积不稳定，干缩湿胀，对混凝土有一定破坏作用。细骨料中含有硫化物、硫酸盐及腐烂的植物等有机物（主要是鞣酸及其衍生物），对水泥水化产生不利于影响，而使混凝土强度降低。

（2）骨料的形状和自身强度有问题：粗骨料中针、片状颗粒的含量过多，或骨料自身强度有问题，都会使混凝土强度降低。

3）拌合水和外加剂质量不合格

使用有机杂质较高的沼泽水、pH 值大于 4 的酸性水、工业含油污废水作为拌合水，都可造成混凝土强度下降。不合格外加剂的使用或外加剂用量不当可造成混凝土强度不足，甚至不凝结事故发生。

4）矿物掺合料

矿物掺合料质量发生明显变化，使用细度变粗或掺假的矿物掺合料，都会引起混凝土强度不足。

2. 混凝土配合比及生产方面出现问题

（1）未对混凝土配合比进行试验验证，随意套用配合比，造成强度不足。

（2）减水剂的减水率已降低，或其他材料质量发生明显变化，未合理调整生产配合比，只采取增加用水量的方法调整坍落度，造成强度不足。

（3）剩余混凝土处理不当，造成强度不足。

（4）计量装置失灵，造成配合比严重失控，造成强度不足。

3. 现场施工工艺不规范

混凝土搅拌、浇筑、振捣不得当，模板使用后不及时修复造成严重漏浆，运输中发生混凝土离析，运输工具漏浆，混凝土养护不当等都可造成强度降低。

9.3.2 混凝土的强度控制

1. 原材料的控制

1）水泥

（1）应优先选用生产规模较大的水泥生产厂家，选择质量和信誉好的企业的水泥，对进场的水泥分批检验其质量。

（2）配制混凝土用的水泥应符合现行国家标准《通用硅酸盐水泥》（GB 175—2007）的规定；当采用其他水泥时，应根据工程特点，所处环境以及设计、施工的要求，选用适当品种和强度等级的水泥。

（3）水泥应按不同品种、强度等级及日期分批分别存储在专用的仓罐或水泥库内。对存储时间超过三个月或质量明显降低的水泥，应在使用前对其质量复验，并按复验结果使用或弃用。

（4）当更换不同厂家的水泥时，应检验其质量及水泥与外加剂的相容性。

2）骨料

（1）进厂的骨料应附有质量证明书，根据需要按批检验其颗粒级配，含泥量及针、片状颗粒含量。

（2）粗骨料最大粒径应不得大于混凝土结构截面的最小尺寸的 1/4，并不得大于钢筋最小净距的 3/4；对于混凝土实心板，其最大粒径不宜大于板厚的 1/2，并不得超过 50 mm；泵送用的细骨料，对 0.315 mm 筛孔的通过量不应小于 15%，对 0.16 mm 筛孔的通过量不应小于 5%。

（3）骨料在生产、运输、存储过程中，严禁混入对混凝土性能有害的成分；现场要按品种、规格堆放，不准混放，并要保持洁净。

3）水和外加剂

（1）拌制混凝土用水应符合标准《混凝土用水标准》（JCJ 63—2006）的规定：即不能用海水、含有机物较高的沼泽水、油污水、pH 值大于 4 的酸性水等。

（2）混凝土外加剂的选用，应符合现行国家标准《混凝土外加剂》（GB 8076—2008）的规定：应根据混凝土的性能、施工工艺及气候条件，结合原材料性能、配合比以及水泥的适应性等因素，通过试验确定其品种和掺量。

2. 严格执行配合比制度及监控生产过程

1）严格控制配合比

（1）混凝土配合比、水胶比除应按国家现行标准的规定，通过设计计算和试配外，不得随意改变，不得仅根据混凝土强度等级的指标，随意套用配合比。

（2）当配合比的确定采用早期推定混凝土强度时，其试验方法应按国家现行标准进行。混凝土配合比使用过程中，应根据混凝土质量的动态信息及时调整。

2）监控计量设备和器具

（1）施工过程中混凝土各组成材料计量的偏差应控制在 ±2%～±3%。

（2）施工中应每班不少于一次测量骨料的含水率，当含水率有显著变化时，应增加测定次数，依据检测结果及时调整水用量和骨料用量。

（3）计量磅秤在每班使用前都应进行零点核对。

3. 规范施工工艺

1）搅拌

（1）混凝土搅拌应按有关施工工艺标准的要求在最短时间内按序加料，拌制均匀，颜色一致，不得有离析和泌水现象的拌合物。

（2）每一工作班不少于一次的在搅拌地点和浇筑地点分别取样检测稠度和坍落度，评定时应以浇筑地点的检测值为准。

2）运输

（1）控制混凝土运至浇筑地点时间不宜过长，且混凝土不离析，不分层，组分不发生变化。

（2）应控制混凝土容器和管道不吸水、不漏浆。容器和管道在冬季应有保温措施，夏季气温超过 40 ℃时，应有隔热措施。

3）浇筑

（1）在浇筑前，应检查和控制模板的平整和板缝，减少漏浆现象。

（2）浇筑高度大于 3 m 时，应采用串筒、溜管或振动溜管浇筑。

（3）混凝土应振捣成型，根据施工对象及混凝土拌合物性质应选择适当的振捣器，并确定振捣时间。

4）养护

（1）在养护工序中，应控制混凝土处在有利于硬化及强度增长的温度和湿度环境中，使硬化后的混凝土具有必要的强度和耐久性。

（2）对洒水养护要控制水中有害成分。自然养护时，应每天记录最高、最低气温的变化，防止冬季受冻，夏季暴晒脱水，并记录养护方式和制度，且应养护到具有一定强度后方可撤除养护。

混凝土强度控制应从多方面入手，严格执行规范，做到设计与施工密切配合，加大主动控制力度，以保证建筑物的安全使用，满足使用要求的各种功能，确保建筑物具有足够的耐久性，保证企业的信誉和发展。

9.3.3　混凝土强度不足事故的处理方法

1. 检测、鉴定实际强度

当试块试压结果不合格，估计结构中的混凝土实际强度可能达到设计要求时，可用无损检验、钻孔取样等方法测定混凝土实际强度，作为事故处理依据。

2. 分析验算

当混凝土实际强度与设计要求相差不多时，一般通过分析验算，挖掘设计潜力。多数可不作专门加固处理。因为混凝土强度不足对受弯构件正截面强度影响较小，所以经常采用这种方法处理；必要时在验算的基础上，做荷载试验，进一步证实结构安全可靠，不必处理。装配式框架梁柱节点核心区混凝土强度不足，可能导致抗震安全度不足，只要根据抗震规范验算后，在相当于设计震级的作用下，强度满足需求，结构裂缝和变形不经修理或经一般修理仍可继续使用，则不必采用专门措施处理。需要指出：分析验算后得出不处理的结论，必须经设计签证同意方有效。同时还应强调指出，这种处理方法实际上是挖设计潜力，一般不应提倡。

3. 利用混凝土后期强度

混凝土强度随龄期增加而提高，在干燥环境下 3 个月的强度可达 28 d 的 1.2 倍左右，一年可达 1.35～1.75 倍。如果混凝土实际强度比设计要求低得不多，结构加荷时间又比较晚，可以采用加强养护方法，利用混凝土后期强度的原则处理强度不足事故。

4. 减少结构荷载

由于混凝土强度不足造成结构承载能力明显下降，又不便采用加固补强方法处理时，通常采用减少结构荷载的方法处理。例如，采用高效轻质的保温材料代替白灰炉渣或水泥炉渣等措施，减轻建筑物自重；又如降低建筑物的总高度等。

5. 结构加固

柱混凝土强度不足时，可采用外包钢筋混凝土或外包钢加固，也可采用螺旋筋约束柱法加固。梁混凝土强度低导致抗剪能力不足时，可采用外包钢筋混凝土及粘贴钢板方法加固。当梁混凝土强度严重不足，导致正截面强度达不到规范要求时，可采用钢筋混凝土加高梁，也可采用预应力拉杆补强体系加固等。

6. 拆除重建

由于原材料质量问题严重和混凝土配合比错误，造成混凝土不凝结或强度低下时，通常都采用拆除重建方法处理。中心受压或小偏心受压柱混凝土强度不足时，对承载力影响较大，如不宜用加固方法处理时，也多用此法处理。

9.4　混凝土表面缺陷

9.4.1　混凝土气泡问题分析与改善措施

为保证泵送混凝土的可泵性及耐久性，通常会加入适量的引气剂（引气剂可改善新拌混凝土拌合物的工作性和硬化混凝土的耐久性），但过大的引气量（有害气泡过多时）对混凝土的强度会有直接影响。

混凝土气泡的分布情况，即气孔大小、气泡的数量以及气泡的分布等都对混凝土的工作性、强度和耐久性有明显影响。

9.4.1.1　混凝土气泡类型

混凝土中产生的气泡，100 nm 以上的称为大害泡，50～100 nm 的叫中害泡，20～50 nm 的叫低害气泡或无害气泡，20 nm 以下的称为有益气泡。

应该注意的是，混凝土中含气量适当，微小气泡在分布均匀且密闭独立条件下，在混凝土施工过程中有一定的稳定性。从混凝土结构理论上来讲，直径如此小的气泡形成的空隙属于毛细孔范围或称无害、少害孔，它不但不会降低强度，还会大大提高混凝土的耐久性。

通常可通过试块破坏后进行观察：①气泡间距宜大于 5 倍气泡直径以上；②大量气泡不宜过多及集中；③试块中气泡分布不宜连成线，且单一直线上的大气泡量不宜过多。

9.4.1.2　气泡对混凝土结构的危害

当混凝土含气量超过 4%，且出现过多大气泡时，则会对混凝土产生一定的危害。

1）降低混凝土结构的强度

由于气泡较大会减少混凝土断面面积，致使混凝土内部不密实，从而降低混凝土的强度。混凝土应用技术规范中规定，当混凝土含气量每增加 1%时，28 d 抗压强度下降 5%。含气量大时，每增加 1%的引气量，抗压强度可能会降低 4%～6%。在低强度混凝土中，含气量在 3%～6%时，对强度影响较小。当引气量超过 6%时，抗压强度势必受到较大影响。

2）降低混凝土的耐腐蚀性能

由于混凝土表面出现了大量的气泡，减少了钢筋保护层的有效厚度，加速了混凝土表面碳化进程，从而影响其抗腐蚀性能。

3）严重影响混凝土的外观

大气泡会使混凝土表面出现蜂窝麻面，影响其外观，如图 9-8 所示。

图 9-8　混凝土表面气泡

9.4.1.3　气泡产生原因

混凝土中产生气泡的原因比较复杂，一般包括如下几个方面。

1．原材料方面

1）水泥

在水泥生产过程中使用助磨剂（外掺专用助磨剂，厂家非常多，质量差异非常大，通常含有较多表面活性剂），通常会产生气泡过多的情况；如水泥中碱含量过高，水泥细度太细，含气量也会增加。

另外，在水泥用量较少的低强度等级混凝土拌合过程中，由于水化反应耗费的水较少，使得薄膜结合水、自由水相对较多，从而导致气泡形成的几率明显增大（混凝土中水蒸发后成为气泡）。这便是用水量较大、水胶比较高的混凝土易产生气泡的原因。

不同品牌的水泥，产生的气泡会有明显不同。应优先选择低碱不掺助磨剂、适应性强、有一定品牌、规模较大、质量稳定且适配中气泡较少的水泥品种。

2）外加剂类型和掺量

如混凝土中含有大泡特别多，通常与减水剂的引气成分有关。一般减水剂（特别是聚羧酸类减水剂和木质素磺酸盐类减水剂）或泵送剂中可能掺入一定量的引气剂，减水剂用量增加，气泡也会增加；另外，当加入的外加剂为松香类引气剂时，所产生的气泡比其他类型的外加剂要稍多一些。

3）粗细骨料

根据粒料级配密实原理，在施工过程中，材料级配不合理，粗骨料偏多、大小不当，碎石中针片状颗粒含量过多以及生产过程中实际使用砂率比试验室提供的砂率偏小，这样细粒料不足以填充粗粒料空隙，导致粒料不密实，形成自由空隙，为气泡的产生提供了条件。

砂的粒径范围在 0.3～0.6 mm 时，混凝土含气量最大，而小于 0.3 mm 或大于 0.6 mm 时，混凝土含气量会显著下降。

2. 施工方面

1）搅拌时间

如果搅拌不均匀，外加剂多的部位（同样水胶比）所产生的气泡就会多。但过分搅拌又会使混凝土内部形成气泡越来越多，从而产生负面影响。

2）脱模剂使用不当

由于有些施工单位沿用了老的脱模剂，常常使用的是机械厂回收下来的废机油，这种废机油对气泡具有极强的吸附性，混凝土内存在气泡一经与之接触，便会吸附在模板上而成型于混凝土结构的表面。还有一种脱模剂，即使是水性脱模，但对混凝土产生的气泡仍然有吸附作用，使混凝土内的气泡无法随机械振捣而沿模板接触面逐步上升，从而无法排出混凝土内部所产生的气泡，因而应慎重选择脱模剂。

3）振捣

由于施工中振捣的环境不一，振捣手的操作对混凝土表面出现气泡的多少也有很大的不同。作为混凝土结构，振捣越好混凝土内部结构就会越密实。从分层振捣的高度和振捣时间来分析，分层的高度即每次下料的高度越高，则混凝土内部的气泡就越不容易往上排出；振捣时间越长（超振）或越短（欠振）以及有未振捣到的地方（漏振）时混凝土的表面气泡就会越多。超振会使混凝土内部的微小气泡在机械作用下破灭重组，由小变大。欠振和漏振都会使混凝土内部出现不密实而导致混凝土自然空洞或空气型的不规则大气泡。

9.4.1.4　混凝土表面有害气泡的排查方案及改善措施

针对混凝土表面出现的有害气泡，需要采用一定的排查手段，找出其原因并加以改善。CTF 增效剂中不含任何引气成分，但在不同的减水剂或泵送剂、水泥的共同作用下，可能会出现气泡较多的情况，通过技术手段一般气泡也是可以控制的。

1. 原材料方面

（1）检验所用水泥的品种、性能和强度等级，有多家水泥供应商时，应优先使用产生气泡较少、含碱量低的水泥；水泥强度等级应与混凝土配合强度相适应。

（2）检查所使用的外加剂。目前外加剂的品牌很多，不能一概而论。但对于实际生产，最简便易行的办法就是多做几组试件，选取化学成分品质优良的外加剂用于生产。减水剂中含引气剂成分的，要对不同的减水剂进行比较，可通知减水剂生产企业，取消引气剂成分或控制其含量。一般混凝土中使用的外加剂引气量控制在 4% 以内，高强混凝土（如 C50，C60）控制在 3% 以内。需使用引气剂时，应选择引气气泡小、分布均匀稳定的引气剂；尽量少用含松香类型的引气剂（这类引气剂产生的气泡较大）。

（3）检查骨料性能。把好材料关，严格控制骨料粒径和针片状颗粒含量，备料时要认真筛选，剔除不合格材料。选择合理级配，使粗骨料和细骨料比率适中。

（4）在 CTF 混凝土增效剂中会掺入抑制有害气泡的消泡剂，但需经过试验并配合减水剂厂进行调试。消泡剂可以提高混凝土密实度、均匀度，提高抗渗性能，进而提高其强度。

2. 施工方面

（1）重视搅拌时间。在混凝土运输距离较远时，要加强混凝土的搅拌使其均匀。但不是长时间的搅拌，在《建筑工程常用材料试验手册》中有明确规定，引气剂减水剂混凝土，必须采用机械搅拌，搅拌的时间不宜大于 5 min 和小于 3 min。

（2）检查使用的模板和脱模剂。模板应保持光洁，脱模剂要涂抹均匀但不宜涂的太多太厚。

（3）注意振捣过程，严防出现混凝土的欠振、漏振和超振现象。在混凝土的施工过程中，应分层布料，分层振捣。分层的厚度以不大于 50 cm 为宜，否则气泡不易从混凝土内部往上排出。同时要选择适宜的振捣设备，最佳的振捣时间，合理的振捣半径和频率。

（4）气温低、水泥用量大、用水量大等因素都会直接影响引气量，应针对现场具体情况进行分析和调整。只要分析清楚气泡的成因，找出相宜的办法，混凝土的表面气泡问题是可以消除的。值得注意的是，气泡的产生往往不是单一原因造成的，解决的办法也不是一成不变的，应该具体问题具体分析。另外，在消除气泡问题的同时要综合考虑其他技术指标，不能片面强调某一方面，否则将会顾此失彼，得不偿失。

9.4.2　混凝土构件的表观缺陷及防治措施

在混凝土构件施工中，由于施工工艺不当或施工管理不善等原因，构件表观经常出现砂线、砂斑、麻面（露石、气泡、粘皮）、缺棱、掉角、松顶等缺陷，在一定程度上影响了工程耐久性和观感质量。

1. 砂线、砂斑

混凝土表面泌水或轻微漏浆造成表面砂纸样缺陷。砂未能被水泥浆充分胶结而外露，采用木板轻刮可脱落。片状的（宽度大于 10 mm）称为砂斑（图 9-9），线状的称为砂线。

图 9-9　混凝土表面砂斑

1）产生原因

选用的水泥泌水率较高，泌出的水未能及时排除，使积聚在表面的水沿着模板与混凝土之间缝隙流下而形成砂线、砂斑；配合比设计或施工中砂率过大；模板拼接不严，止浆不实，或振捣时振捣棒触及模板而漏浆。

2）防治措施

尽量选用泌水率较小的水泥品种；混凝土试配时砂率不宜过大，施工时严格按配合比下料，控制砂含量；严格控制粗骨料中的石粉含量；出现泌水时应及时排除（用海绵吸干），尤其应保证模板边不积水；模板拼缝止浆密实，混凝土振捣时不漏浆，不过振，避免振捣棒碰及模板。

2. 麻面

混凝土表面局部出现缺浆和许多小凹坑、麻点形成粗糙面，但无钢筋外露现象，包括俗称的"露石""粘皮""气泡"等缺陷。

1）产生原因

模板表面粗糙不干净，粘有干硬水泥浆等杂物，脱模剂涂刷不匀或选用脱模剂不当，拆模时混凝土表面黏结模板而引起麻面；模板拼缝不严、止浆条未及时更换、止浆不实而使混凝土浇筑时局部漏浆；混凝土振捣不密实，出现漏振而使气泡未能排出，一部分气泡留在模板表面，形成麻点；混凝土浇筑时分层厚度控制不好，每一层的下料高度过大，造成振捣时无法最大限度地将气泡排出，尤其是碰到仰斜面位置，下料时混凝土面往住高出斜面顶许多，在振捣力的作用下，料内残余气体受挤压上升，游离至模板仰斜面位置受阻后汇集成堆，因而形成大量气泡。

2）防治措施

模板表面应清除干净，脱模剂应涂刷均匀，不得漏刷；模板拼缝止浆应严密，不得有漏浆现象；混凝土施工时应分层下料，分层厚度不宜过大（一般不大于 40 cm）且逐层振捣密实，严防漏振，并在适当部位开孔，让气泡充分排除。

3. 蜂窝、空洞、露筋

混凝土表面无水泥浆，露出石子深度大于 5 mm，但不大于保护层或 50 mm 的缺陷称为蜂窝（图 9-10）；深度大于保护层或 50 mm 的洞穴、严重蜂窝称为空洞（图 9-11）；混凝土内部钢筋没有被混凝土包裹而外露于表面称为露筋。

图 9-10　混凝土表面蜂窝

图 9-11　混凝土表面空洞

1）蜂窝

蜂窝是指混凝土表面无水泥浆，骨料间有空隙存在，形成数量或多或少的窟窿，大小如蜂窝，形状不规则，露出石子深度大于 5 mm，深度不露主筋，可能露箍筋。起因主要是模板漏浆严重；混凝土坍落度偏小，加之欠振或漏振而形成；混凝土搅拌与振捣不足，使混凝土不均匀，不密实。延长混凝土拌制时间，混凝土分层厚度不得超过 30 cm，振捣工人必须按振捣要求精心振捣，特别加强模板边角和结合部位的振捣都能有效控制蜂窝产生。修补方法可参考麻面处理方法。

2）空洞

空洞是指混凝土表面呈现出无数绿豆大小的不规则小凹点。直径通常不大于 5 mm。主要原因是混凝土工作性差，混凝土浇筑后有的地方砂浆少石子多，形成蜂窝，或因混凝土入模后振捣质量差或漏振，气泡未完全排出造成蜂窝状空洞。只有控制混凝土拌合物质量，按规范要求振捣，才可有效控制空洞产生。混凝土表面的麻点，对结构无大影响，通常不做处理，如需处理，可采用 1:（2～2.5）的水泥砂浆，必要时掺拌一定比例白水泥调色或添加 108 胶增强黏结力，然后用刮刀将砂浆大力压入麻点，随即刮平，修补完成后，用麻袋或塑料布遮盖进行保湿养护即可。

3）混凝土表面露筋

露筋（图 9-12）原因主要是钢筋垫块设置不合理、垫块绑扎固定不稳，致使混凝土振捣时垫块发生位移，钢筋紧贴模板，拆模后发生露筋；或因混凝土断面钢筋过密，遇大骨料不能被砂浆包裹，卡在钢筋上水泥浆不能充满钢筋周围，使钢筋密集处产生露筋。修补露筋时，首先将外露钢筋上的混凝土渣和铁锈清理干净，然后用水清洗湿润，用 1:（2～2.5）水泥砂浆，适量掺入 108 胶进行抹压平整；如露钢筋较深，应将薄弱混凝土全部凿掉，冲刷干净湿润，用高一强度等级的细石混凝土捣实，覆膜养护。

4. 缺棱、掉角

1）产生原因

拆模时操作不当、撞击而使棱角碰掉，或吊运操作不当而碰掉；过早拆模；棱角部位振捣不密实，或砂浆多石子少，因强度低而造成掉角（图 9-13）。

2）防治措施

拆模时不能用力过猛，采用千斤顶和吊机配合拆模时，千斤顶一定要顶开模板与混凝土面有一定宽度后，才能用吊机吊模；拆模时间不能过早，在保证混凝土具有 1.2 MPa 以上强度时才能拆模，冬季施工时宜适当延长拆模时间；混凝土振捣时应对边角振捣密实，分布均匀，保证边角的强度。

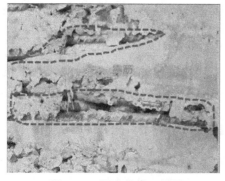

图 9-12　混凝土表面露筋

图 9-13　混凝土掉角

5. 松顶

混凝土构件顶部粗糙、松散、局部强度较低，谓之松顶。

1）产生原因

浇筑顶部混凝土时，缺少 2 次振捣和 2 次抹面压光，造成表面粗糙、不平整、松散；有顶盖构件，由于顶盖拆模时间不合理，拆模后缺少 2 次抹面压光处理；养护不够。

2）防治措施

当混凝土浇筑至顶部时，应进行 2 次振捣和 2 次抹面压光；有顶盖构件应在混凝土初凝后才能拆除顶盖，拆模后应及时进行抹面压光，并注意混凝土养护。

6. 混凝土表面色差

施工中许多因素都会引起混凝土表面颜色发生色差，比如原材料的种类不同、施工配合比、拌合控制、混凝土的振捣情况、脱模剂的使用、模板表面处理情况等。为此，施工应采用同一种水泥、掺合料、骨料，严禁不同品牌、不同强度等级的水泥混在一起使用，一旦胶凝材料的品种或用量发生变化，都可能产生色差（图 9-14）。

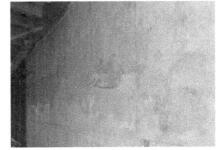

图 9-14　混凝土色差

混凝土拌合质量控制也很重要，往往施工单位对骨料含水率测定不规范或因骨料级配不均匀，使得拌制出的混凝土坍落度或大或小，在浇筑过程中混凝土易发生离析，再振捣不均匀等，造成某些部位骨料集中或砂浆过于丰富，待混凝土硬化后，表面颜色不一致。施工中，应严格控制后盘混凝土的拌制质量，确保混凝土的工作性；用振动棒振捣时应严格执行分层分段振捣，快插慢拔；气振和附着式振动应控制振动时间。使用不合格的脱模剂，或脱模剂使用不当，用量过大，既浪费又会引起混凝土表面缓凝，还会污染已经浇筑好的混凝土表面；或为节约成本，不用脱模剂，而采用机油和柴油更有甚者采用废机油，都极易造成混凝土表面产生色差。

对于颜色不均匀的混凝土表面，可采用细砂纸打磨或采用稀的酸性溶液进行清洗，然后再用水彻底冲洗，最后用干水泥饰面。混凝土结构中伸出的预埋钢筋以及扎丝，遇到雨水侵蚀产生锈迹，极易污染混凝土表面；模板表面打磨不彻底，锈斑浸入脱模剂中，也会污染混凝土面。

总之，混凝土表观缺陷主要是工艺通病所造成的，而工艺通病与施工管理有关，只有严格控制施工工艺，狠抓工程管理，做到分工明确，责任落实，才能有效地避免和减少混凝土构件表观质量缺陷。

9.5　预拌混凝土裂缝

裂缝（图 9-15）是混凝土结构最常见的缺陷。通常所说的裂缝是指宽度在 0.03～0.05 mm 以上的宏观裂缝。混凝土裂缝的出现通常是由于混凝土发生体积变化时受到约束，或者是由于荷载作用，在混凝土内引起过大的拉应力（或拉变形）而引起的。

混凝土浇筑后一个月内出现的裂缝称为早期裂缝，早期裂缝最早的可在浇筑后 1～3 h 内出现。早期裂缝最有可能发生在楼板跨中、梁板交接位置、板的 45°边角区域。裂缝的宽度一般不超过 1 mm，且多为贯穿性的。泵送混凝土由于自身和施工原因而形成的裂缝会对结构的整体性和耐久性产生不利影响。在施工及使用阶段有无肉眼可见的裂缝是大部分业主评价工程质量好坏的主要标准。早期裂缝即使是在规范允许的范围内，对结构的安全影响不大，也会给业主的心理带来不安全感。若裂缝大于 0.3 mm，则会对结构的整体性和耐久性产生影响。从承载力的角度而言，裂缝的形成将楼板分割为几块只有钢筋相连的小板块，改变了板的传力路径，造成板内应力的重分布，对板的承载力产生了不利影响。从耐久性的角度出发，早期裂缝的出现会引发楼板渗漏、钢筋锈蚀、结构刚度降低、变形增大等一系列问题，影响后续施工和结构的正常使用。因此，必须对结构的早期裂缝进行预防和控制。

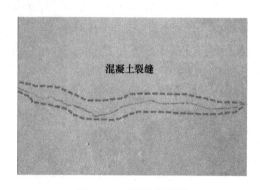

图 9-15　混凝土裂缝

9.5.1　预拌混凝土裂缝的类型和原因

1. 沉降收缩裂缝

沉降收缩裂缝是指混凝土硬化前因骨料等比重大的颗粒下沉，竖向体积缩小而产生的塑性变形裂缝。

1）产生原因

混凝土浇筑后，在重力的作用下粗骨料等比重大的颗粒缓慢沉降密实，水、气泡等比重小的组分被挤压浮至混凝土面层，出现分层现象（图 9-16）。混凝土因沉降竖向体积缩小约 1%。坍落度越大，保水性越差，凝结时间越长及混凝土越厚时，沉降收缩量越大。

若混凝土均匀沉降，则不会出现裂缝。然而混凝土沉降时会受到钢筋、预埋件、大的粗骨料、模板、先期硬化的混凝土等局部阻碍或约束，或混凝土本身各部相对的沉降量相差过大，由此产生拉应力。此时混凝土的抗拉强度很小而产生裂缝。

2）出现的规律

沉降收缩裂缝出现在混凝土沉降受阻处，其出现规律如下。

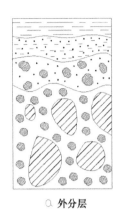
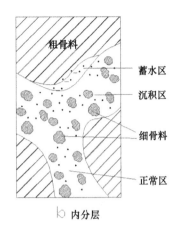

图 9-16　混凝土内、外分层示意图

（1）钢筋上方或预埋件周围：这类裂缝的分布形状与钢筋的布置有关，裂缝沿着结构上表面钢筋通长方向或箍筋上断续出现，或者在预埋件周围出现（图 9-17）。裂缝宽度 1～4 mm，深度不一。

（2）沉降深度不同处：厚的混凝土部位比薄的沉降量大，在交界处出现拉应力，从而产生裂缝（图 9-18）。

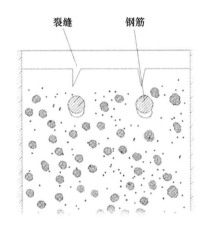
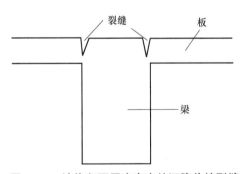

图 9-17　钢筋上方的沉降收缩裂缝　　　图 9-18　结构断面厚度突变处沉降收缩裂缝

（3）临近模板处：模板凸凹不平或吸水变形会限制混凝土的均匀下沉，由此形成沉降收缩裂缝。不均匀的地基沉陷也会造成混凝土沉降收缩裂缝。

2. 塑性收缩裂缝

塑性收缩裂缝是指浇筑后还处于塑性状态的混凝土因风吹日晒，表面失水过快，产生急剧的体积收缩而出现的裂缝。

1）产生原因

塑性收缩是混凝土在初凝前的塑性阶段失水形成的，存在两种情况：一种是由于混凝土表面泌水，在室外会很快地蒸发；另一种是由于新拌混凝土颗粒之间的空隙充满了水，浇筑后的混凝土表面受风吹、日晒以及外部的高温、低湿因素的影响，混凝土表面水分蒸发，造成混凝土在塑性阶段的体积收缩。另外，水化反应中收缩，也反映在塑性收缩中。当混凝土表面的收缩应力大于混凝土的抗拉强度时，便产生大量不规则微裂缝，如不及时抹压和覆盖保水养护，裂缝会迅速向内部延伸，严重时会造成贯通裂缝。塑性混凝土坍落度为 10～90 mm，而泵送预拌混凝土坍落度较大，通常为 120～220 mm，稍加振捣即出现石子下沉，浆体上浮，时常有泌水现象，随着水分蒸发，表面较易出现大量塑性收缩裂缝。

2）出现规律

塑性收缩裂缝出现在暴露于空气中的混凝土表面，裂缝较浅，长短不一，短的仅 20～30 cm，长的可达 2～3 m，宽 1～5 mm 裂缝互不连贯，类似干燥的泥浆面（图 9-19）。出现的规律如下。

（1）刮风、晴天、气候干燥，混凝土浇筑后表面没有及时覆盖时容易出现。

（2）使用收缩较大的水泥（如矿渣水泥），水泥用量过多，砂子太细，粗骨料粒径小，混凝土面层强度低时容易出现。

（3）垫层、模板过于干燥，吸水大时容易出现。

3．干燥收缩裂缝

硬化的混凝土，内部的游离水由表及里逐渐蒸发，而外部没有水分补给，导致混凝土由表及里逐渐产生干燥收缩，在约束条件下，收缩变形导致的收缩应力大于混凝土的抗拉强度时，混凝土则出现由表及里的干燥裂缝。随着时间的推移，混凝土内部的水分蒸发量逐渐增大，干燥收缩量也不断增加，裂缝也就逐渐明显起来。在大流动性混凝土中，混凝土拌合物中富含多余水量，混凝土硬结后，随着水分的蒸发，比较容易出现干燥收缩裂缝（图 9-20）。

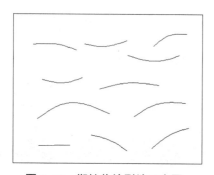

图 9-19　塑性收缩裂缝示意图

图 9-20　塑性收缩裂缝照片

4．温度裂缝

随着水泥强度等级的提高，混凝土逐渐转为快硬、高强类型，水化热也随之大幅度提高。水泥水化热一般在 3 d 内释放 50%，混凝土内部温度不断升高，外表面散热很快，楼板内外产生温度梯度，再加上环境温度的影响，内部混凝土热胀变形产生压力，外部混凝土冷却收缩产生拉力。这种裂缝一般较深，而且是贯穿性的。

混凝土硬化初期，水泥水化放出较多的热量，混凝土是热的不良导体，散热较慢，因此，混凝土内部温度较外部高，有时可达 50～70 ℃，这将使内部混凝土的体积产生较大的膨胀，而外部混凝土却随气温降低而收缩。造成温度变形和温度应力，内部膨胀和外部收缩互相制约，在外表混凝土中将产生很大拉应力导致混凝土出现裂缝。这种裂缝的特点是裂缝出现在混凝土浇筑后的 3～5 d，初期出现的裂缝很细，随着时间的发展而继续扩大，甚至达到贯穿的情况。

5. 施工裂缝

工程中有时发现，使用的水泥的强度等级不高，混凝土蓄水养护，但养护过程中却出现了贯穿性渗水裂缝。施工不当可能是出现这种裂缝的原因。施工过程中振捣不充分和振捣时间过长，模板的沉陷、移动会出现早期沉降裂缝；混凝土浇筑前模板没有润湿浸透而吸收混凝土水分过多易产生收缩裂缝；混凝土浇筑后没有达到规范规定的强度要求（1.2 N/mm²）就开始后续施工或堆放临时荷载，更会对结构产生严重"内伤"。另外，泵送混凝土的输送管对已浇筑的混凝土的影响也是不容忽视的。工程中输送管直接放在楼板钢筋上（下垫废旧轮胎，管体用支架支撑时泵送过程中支架易侧向倾覆），泵送时，输送管的冲力会扰动已浇筑的混凝土。用臂泵浇筑时，混凝土下落对钢筋的撞击也有类似影响。

6. 水化反应产生收缩形成裂缝

水泥水化反应后，反应产物的体积与剩余自由水体积之和小于反应前水泥矿物体积与水体积之和，称水化反应收缩。水泥的几种主要矿物的反应速度不同，水化反应的需水量不同，化学反应收缩量也不相同。如 C_3A 水化反应生成钙矾石时，水化反应收缩为 7%，而 C_3A 在水泥熟料中占 8%～15%，所以水化反应的浆体收缩量为 0.56%～1.05%，导致混凝土体积收缩 0.2%～0.35%。

7. 缓凝裂缝

为了满足运输和泵送的要求，预拌混凝土需添加缓凝剂，致使混凝土初凝时间有的达 10 h，甚至更长。混凝土表面层由于太阳暴晒，水分蒸发很快，表面形成一层硬化膜，看上去好像已经凝结，实际上内部还远未达到初凝，脚踩似橡皮泥，此时产生的裂纹很难靠持压愈合。其产生原因是缓凝剂掺量过大，尤其是采用蔗糖作为缓凝剂，与柠檬酸、木钙相比，在相同剂量下，蔗糖的缓凝作用最大，会造成较长时间的缓凝。这样的混凝土若不进行二次振捣和多次抹面，混凝土表面不可避免地会出现裂缝。开始裂缝是浅表的、窄细的，若不及时处理，裂缝就会扩展，甚至可能形成贯穿性裂缝。

9.5.2 与预拌混凝土有直接关系的裂缝原因

（1）预拌混凝土坍落度大，稍加振捣即出现石子下沉，浆体上浮，时常有较多泌水，随着水分的蒸发，表面出现大量收缩裂缝。

（2）混凝土振捣时间过长，在振捣处出现富水泥浆部位。

（3）浇筑时集中卸料使混凝土产生流动或用振捣棒赶料，大量浆体被赶走，粗骨料留在原处，导致混凝土拌合物失匀，浆体多的部位出现裂缝。

（4）楼板地面等在混凝土表面压光时，低凹或脚印处用水泥浆抹平，造成局部浆体过多产生裂缝。

（5）外加剂质量不稳定，混凝土振捣后表面出现泌水现象。

（6）混凝土中砂石级配不好，偏粗，或粉煤灰细度不够，导致混凝土保水性不好出现泌水，产生裂缝。

（7）砂石含量大或石粉量过多。

（8）混凝土浇筑后覆盖养护不及时，大风、高温天气使混凝土表面大量失水，出现裂缝。

（9）为方便施工，施工人员私自向混凝土内加水。

（10）梁、柱等构件侧模拆模过早，又没有用塑料薄膜包裹养护等。

上述原因最终导致混凝土局部水泥浆过多或表面失水过多，出现塑性收缩及干燥收缩裂缝。

9.5.3 预拌混凝土裂缝防治措施

正如以上所述，预拌混凝土容易产生裂缝，主要是因为它是大流动性混凝土，坍落度大、拌合水量多以及施工时振捣、抹压和养护不当等造成的。只要能针对预拌混凝土的特点，在配制混凝土和现场施工的每一道工序都严把质量关，认真采取技术措施，是完全可以有效地预防和减少裂缝发生的。

（1）按《混凝土质量控制标准》（GB 50164—2011）的规定，根据设计要求的混凝土强度等级，正确确定混凝土配制强度；在施工工作性允许的情况下，尽量减少混凝土坍落度、减少用水量，即将坍落度控制在 160～180 mm。

（2）选择级配较好且洁净的砂石料，并尽量增加单方石子用量，这样，每立方米混凝土可减少砂浆量约 19 L，减少拌合水约 2 kg；配制混凝土时尽量使用 I 级（优质）粉煤灰，既改善了混凝土流动性，又可降低用水量。

细骨料宜采用中、粗砂。泵送混凝土宜采用中砂并靠上限，0.315 mm 筛孔筛余量不应少于 15%。为保证混凝土的流动性、黏聚性和保水性，以便于运输、泵送和浇筑，泵送混凝土的砂率要比普通流动性混凝土增大约 6%，一般为 38%～45%。但是砂率过大，不仅会影响混凝土的工作性和强度，而且能增大收缩和裂缝。

粗骨料是混凝土的重要组成，它在混凝土中主要起到骨架的作用，并且对胶凝材料的收缩具有一定抵抗作用。骨料的级配越好，所形成的混凝土骨架越稳定，抵抗变形能力越好。同时，骨料的级配越好，能降低混凝土中单方水和水泥的用量，降低混凝土的收缩。此外，粗骨料的含泥量、泥块含量对混凝土的收缩也有很大的影响。

（3）拌制预拌混凝土应尽量避免使用细度大的水泥，因太细的水泥水化快，水化收缩量大，凝结时易开裂；还应避免使用矿渣水泥，因为矿渣水泥凝固时的收缩量比普通硅酸盐水泥约大 25%。

水泥品种要优先选用 C_3A 含量低的中、低热的普通水泥或复合水泥，除冬期施工外，不宜选早强型水泥；也不宜采用火山灰水泥，因火山灰水泥需水量大，易泌水。

（4）施工时要注意均匀振捣，不要欠振、漏振，也不要过振，否则局部易出现塑性收缩裂缝和干缩裂缝。严禁用振捣棒赶料。

混凝土施工中过分振捣，模板、垫层过于干燥，混凝土浇筑振捣后，粗骨料沉落，挤出水分、空气，表面呈现泌水而形成竖向体积缩小沉降，造成表面砂浆层，它比下层混凝土有较大的干缩性能，待水分蒸发后，易形成凝缩裂缝。而模板、垫层在浇筑混凝土时洒水不够，过于干燥，则模板吸水量大，引起混凝土的塑性收缩，产生裂缝。混凝土浇捣后，过分抹干压光会使混凝土的细骨料过多地浮到表面，形成含水量很大的水泥浆层，水泥浆中的氢氧化钙与空气中二氧化碳作用生成碳酸钙，引起表面体积碳化收缩，导致混凝土板表面龟裂。

（5）混凝土初凝前要及时反复抹压，可使已出现的塑性收缩裂缝愈合；如表面已开始硬结，人力抹压不动时，可采取二次振捣的方法，趁初凝前水泥晶胚刚开始形成之际，使重新组成的混凝土结构进一步密实化，然后再抹压 1～2 遍。

由于混凝土加入泵送剂后，缓凝时间长，如按常规操作，待混凝土初凝后，再用抹子压光的老办法，表面水分已在 5～6 h 挥发，裂缝也已形成。为此，可以在振捣完成后，边收浆抹面，同时立即覆盖塑料薄膜，可将塑料薄膜卷成卷，采用后退法施工。由于塑料膜不透气，水分不易蒸发，即使有空隙也会形成高湿度、小空间，对混凝土养护是有利的。但因塑料膜质轻，易被风吹开，故应有重物压边，防止吹开。

（6）混凝土浇筑、振捣、抹压后如遇烈日暴晒、大风时，应及时用塑料薄膜等覆盖保湿，以免失水过快、产生裂缝；冬期施工时，应及时覆盖保温、保湿，避免混凝土塑性收缩及受冻破坏。

现场养护不当是造成混凝土收缩开裂最主要的原因。混凝土浇筑后，若表面不及时覆盖、浇水养护，表面水分迅速蒸发，很容易产生收缩裂缝。特别是在气温高、相对湿度低、风速大的情况下，干缩更容易发生。有资料表明，当风速为 16 m/s 时，混凝土中的水分蒸发速度为无风时的 4 倍。一些高层建筑的楼面为什么更容易产生裂缝，就是因为高空中的风速比地面大。

（7）严格控制拆模时间。在混凝土强度能保证其表面及棱角不因拆模而受损坏时，方可拆除侧模；拆除侧模后应立即浇水并用塑料薄膜覆盖养护，或喷涂养护剂养护；底模拆除必须严格按规范要求执行：跨度小于 8 m 的梁、板等结构物混凝土的设计强度等级标准值必须大于 75%，跨度大于或等于 8 m 的梁、板等结构物和悬挑梁板结构在混凝土强度大于或等于 100% 时方可拆模，否则将会影响结构安全。

9.5.4　塑性裂缝治理方法　

（1）若塑性裂缝发现得较早，混凝土仍保持塑性状态时及时采用二次振捣或及时抹压来消除，然后喷涂养护剂或加湿养护。二次振捣一般采用平板振捣器，振捣至表面均匀泛浆，然后刮平、压光。沉降较大引起的塑性沉降裂缝也可用插入式振捣器振捣。若混凝土较厚、面层水泥浆量较多时可撒铺碎石，碾压数遍，然后抹平及覆盖养护。

（2）若塑性裂缝发现较晚，混凝土已硬化，则对于较浅的塑性收缩裂缝，可用 1 份水泥改性剂（聚合物乳液）与 1 份水泥调和成水泥浆，用刮刀修补裂缝。当裂缝较宽时，可用 1 份水泥改性剂、1 份水泥、1.5 份细砂及适量水调制成聚合物砂浆修补裂缝。

（3）裂缝较深时，可沿裂缝方向凿成 V 形或 U 形的槽口，然后洗掉浮尘。先刷水泥改性剂调成的水泥浆（1 份水泥改性剂、1 份水泥及适量水调成），然后用聚合物砂浆（0.2 份水泥改性剂、1 份水泥、1.5～2.0 份砂子及适量的水调成）填抹修补。每次填抹厚度不超过 2 cm 厚，间隔时间 2～3 h。

9.6 混凝土堵泵

在混凝土泵送过程中，发生堵泵是一个非常普遍的问题。堵泵会影响施工进度，严重时影响混凝土结构质量。

9.6.1 混凝土泵送的一般要求

（1）混凝土的泵送，按现行行业标准《混凝土泵送施工技术规程》（JGJ/T 10—2011）的有关规定执行，并采用由远而近的方式浇筑，以减少泵送过程中接管影响作业。

（2）在施工现场安装混凝土泵过程中，应逐一检查输送管中有无异物，安装完毕泵送水检查，确认混凝土泵和输送管中无异物后，接着喂润滑混凝土泵和输送管内壁的水泥砂浆。润滑用的水泥砂浆，可作接头砂浆，但不得作为混凝土混合物使用。

（3）预拌混凝土运送至浇筑地点，在给混凝土泵喂料前，应中、高速旋转搅拌筒，使混凝土拌合均匀。如混凝土拌合物出现严重离析，应退回调整，不得泵送。

（4）开始泵送时，混凝土泵应处于慢速，匀速并随时可反泵的状态，泵送速度应先慢后快，逐步加速。同时，应观察混凝土泵的压力和各系统的工作情况，待各系统运转顺利后，方可按正常速度进行泵送。

（5）混凝土拌合物的浇筑温度，最高不宜超过 35 ℃，最低不宜低于 5 ℃。

（6）混凝土泵送应连续进行，如必须中断时，其中断时间不宜超过 1 h，在中断停歇期间，可每隔 10～15 min 反泵再正泵 2～3 个行程。

（7）在混凝土泵送过程中，若需接长 3 m 以上（含 3 m）的输送管时，应预先用水湿润管道内壁。

（8）当超高层建筑采用接力泵送混凝土时，设置接力泵的楼面应验算其结构所能承受的荷载，必要时应采取加固措施。

（9）混凝土输送管，应根据工程和施工场地特点、混凝土浇筑方案进行配管，尽量缩短管线长度，少用弯管和软管。输送管的铺设应保证安全施工，便于清洗管道、排除故障和装拆维修。

（10）在同一条管线中，应采用相同管径的混凝土输送管；同时采用新、旧管段时，应将新管布置在泵送压力较大处。

（11）混凝土输送管应根据粗骨料最大粒径、混凝土泵型号、混凝土输出量和输送距离以及输送难易程度等进行选择。输送管应具有与泵送条件相适应的强度。应使用无龟裂、无凹凸损伤和无弯折的管段。输送管的接头应严密，有足够强度，并能快速装拆。

（12）混凝土输送管的固定，不得直接支承在钢筋、模板及预埋件上；当垂直管固定在脚手架上时，应经脚手架设计与施工人员复核同意，必要时进行加固。

（13）炎热季节施工，宜用湿罩布、湿草袋等遮盖混凝土输送管，避免阳光照射。

（14）布料设备不得碰撞或直接搁置在模板、钢筋上，手动布料杆下的模板和支架应加固。

（15）混凝土泵的使用及操作，应严格执行使用说明书和其他有关规定。同时，应根据使用说明书制定专门操作要点。混凝土泵的操作人员必须经过专门培训，合格后方可上岗独立操作。

（16）混凝土泵送过程中，不得把拆下的输送管内的混凝土撒落在未浇筑的部位，废弃和泵送终止时多余的混凝土应按预先确定的办法，及时进行妥善处理。

（17）当浇筑大方量混凝土或多台混凝土泵同时泵送时，搅拌站应增加现场调度人员进行密切配合，服从需方统一指挥。确保发车节奏与混凝土泵送的连续性和各泵之间的均衡供应，满足施工组织设计中有关要求，并保证混凝土从搅拌至浇筑完毕的延续时间符合有关的要求。

（18）混凝土泵送即将结束时，应正确计算或了解尚需用的混凝土数量，并应及时通知混凝土搅拌站。

（19）混凝土泵送管路接头应连接牢固，密封、不漏浆；需布置弯管的地方，尽量使用转弯半径大的弯管，以减少压力损失，避免堵管。

9.6.2　混凝土堵泵原因及防治方法

堵泵是混凝土泵送施工过程中常见的故障，它包括机械和混凝土两种故障。如果相关人员控制有方，堵泵问题可以减少或消除。混凝土堵泵主要是由以下因素引起的。

（1）入泵时混凝土拌合物坍落度小于 100 mm；高强混凝土由于其黏性较大，坍落度小于 180 mm 时也容易引起堵泵。

（2）未根据原材料质量变化及时调整配合比，混凝土拌合物坍落度太大，出现严重泌水、离析现象。

（3）粗骨料粒径大，或混凝土砂率太小，或骨料级配不良，或粗骨料针片状颗粒含量大（不宜大于 10%）等。

（4）施工过程中接管时未进行管道湿润，干管泵送，且泵送功率过小。

（5）润管砂浆不足、离析或砂浆未泵出管道即开始泵送混凝土。

（6）外加剂与胶凝材料的相容性差，混凝土坍落度损失快，造成混凝土泵送困难。

（7）泵送中断时间过长，输送管内的混凝土可能产生泌水，当再次泵送时，输送管上部的泌水就先被压走，剩下的骨料就易造成输送管堵塞。当混凝土供应不及时，宜采取间歇泵送方式，放慢泵送速度。间歇泵送可采用每隔 5 min 左右进行两个行程反泵，再进行两个行程正泵的泵送方式。

（8）泵送时操作不当，泵压和泵各部分未达到正常运转情况即开始泵送。

（9）泵送机械功率小，而输送管道长。

（10）混凝土拌合物胶凝材料用量少于 300 kg/m³ 时，或细骨料通过 0.315 mm 筛孔的颗粒含量少于 15% 时，混凝土的可泵送性差，远距离泵送时更易发生堵泵。

（11）使用前检查泵管，发现管壁内有混凝土残留物必须处理后再使用，否则内壁的凹凸不平或在泵送过程中脱落容易造成堵管。

（12）泵送时，喂料斗内应始终有足够的混凝土，防止缺少混凝土而吸入空气造成堵管。

（13）混凝土 10 s 时的相对压力泌水率 S_{10} 不宜大于 40%，否则易造成堵泵。

（14）泵送时现场加水，由于不易搅拌均匀，而容易产生离析现象。

（15）往下泵送大流动性混凝土时，混凝土自落易产生离析，中断时间长或接头密封不严泵管吸入空气，容易造成堵泵。因此，向下的管路布置，宜在垂直向下的管路下端布置一缓冲水平段或管口朝上的倾斜坡段，以减少混凝土自落产生离析而堵塞。

（16）对泵送混凝土的骨料质量未严格控制，使混凝土拌合物中混入异物，如砖块、石块、已硬化的混凝土块及其他杂物等，在放料时如不及时挑出，就有可能造成堵泵。

（17）输送管管段之间接头密封不严密，出现漏浆情况。

（18）混凝土运输车滚筒内叶片损坏，造成混凝土拌合物不均匀（粗骨料下沉），粗骨料集中过多造成堵塞。

（19）发生明显离析的混凝土不能泵送，要求混凝土输送车返回搅拌站调整，如已将离析混凝土放入泵的料斗内，最好将其放掉并清除；如进入管内且向上垂直泵送时，应立即反泵，借用管内混凝土的自重压力返流特性将离析混凝土反吸回料斗，待清除干净后再继续泵送；当向下垂直或平行远距输送时，必须在适当位置拆开管路进行处理；离析的砂浆不但起不到润滑作用，反而容易造成堵管，砂浆堵管比混凝土堵管更难处理，更不能泵送。

（20）加强混凝土拌合物的交货检验工作，拒绝泵送工作性不良、已明显泌水、离析的混凝土。

（21）外界温度过高影响混凝土的可泵性，因此，当环境温度超过 30 ℃时，应用湿草袋、罩布等材料将泵管包裹，以减少外温对混凝土拌合物性能的影响。

9.7　混凝土亏方

一个讲诚信重信誉的企业，不会故意让对方亏方。当发生亏方时，如果供需双方认真查找并分析亏方的原因，并主动承担责任，就会减少或避免纠纷的发生。

一般来说，大多数混凝土企业"守约重义，诚信经营"，需方应给予信任。俗话说"日久见人心"，经过几次合作后就能评价或感觉到供方的信誉度或管理水平如何。作为预拌混凝土企业，应力求做到"质量让顾客放心，数量和服务让顾客满意"。在平时的经营中应加强内部管理，把企业信誉放在第一位。信誉是建立在过去与客户合作基础之上的，企业信誉的好坏将在顾客心目中留下深深的烙印，并相互传递，因此一个诚信重质的企业，必然会赢得更多的客户。

9.7.1　不同结算方式对供需双方的利弊分析

预拌混凝土的结算方式有两种，一是按施工图纸计算的理论方量结算；二是按混凝土拌合物体积（由运输车实际装载的混凝土拌合物质量除以混凝土拌合物表观密度求得）进行结算。这两种方式均存在不同程度的偏差，一般按施工图纸计算的理论方量偏差更大，争议更多。现就不同结算方式对双方的利弊分析如下。

1. 按施工图纸结算对供方的不利因素

按施工图纸计算混凝土方量存在许多问题，承担相应亏方损失的普遍是混凝土企业。

（1）与土壤接触的结构部位，如垫层、路面、灌注桩、地下连续墙等，由于与混凝土接触的面层凹凸不平，很难计算出较为准确的方量，往往实际用量超过理论计算的很多。

（2）不规则的结构部位或结构设计较复杂的部位方量不易计算准确，也容易发生亏方问题。

（3）当结构图纸发生变更并增加混凝土的方量时，需方故意隐瞒或忘记向供方提供变更图纸，从而造成供方严重亏方。

（4）模板支撑不牢固造成的浇捣部位漏浆、跑模、胀模，或混凝土结构实际尺寸比施工图纸略大等。

（5）施工时，需方将混凝土浇筑到图纸以外的部位，如预制构件、临时施工、路面等。

（6）在浇筑结构尺寸较窄的部位，如框架柱与梁、基础连梁、未与楼板同时浇捣的剪力墙等，混凝土拌合物遗洒浪费现象相对于其他部位要多。

（7）同时浇筑几个强度等级混凝土时，高等级一般都要超方，这部分超方用到了低等级部位，而计算方量和结算时是按低等级算的，因而造成了价格亏损。

（8）发生堵管时，在拆装清理过程中和再次用砂浆润滑泵管所产生的损耗，往往都由供方承担损失。

（9）有些结构部位较复杂，在施工过程中混凝土浇筑困难，当运送到现场的混凝土因等待时间过长而报废时，如果不及时在"供货单"上注明并要求需方签字认可，按图纸结算的工程可能就由供方承担损失。

（10）混凝土浇筑即将结束时，需方报料人员对方量的估算不准，如果最后罐车内剩余的混凝土无法得到合理处理，供方只得为此买单。

（11）泵送结束后，泵管中存留的混凝土无法用到浇筑部位上。浇筑工程面积越大、楼层越高、泵管越长，供方亏损越大。

2. 按拌合物体积结算对需方的不利因素

按混凝土拌合物体积计算方量虽然对需方有不利因素，但容易被发现，好预防，且误差比按施工图纸计算小很多。

（1）运输车筒内壁黏附混凝土，强度等级越高黏度越大黏得越多；混凝土坍落度越小，黏得也越多。而混凝土运输车又必须每隔几小时冲刷一次，从而引起需方亏方。

（2）供方在每车混凝土出厂检验（目测拌合物工作性）时，有的检验人员待罐车上磅后进行，如果计量操作人员不注意，所打印的"供货单"中记载的混凝土净重实际上包含了一个人的质量。

（3）供方地磅保养不善，计量失准，精度偏差大。

（4）供方个别司机素质不高，在运输途中偷卖部分混凝土。

（5）发生堵管时，在拆装清理过程中和再次用砂浆润滑泵管所产生的损耗，一般都由需方承担损失。

（6）运输车回皮后加油或加水。

（7）运输车罐中混凝土未卸完。

（8）对于含气量大的混凝土，如抗冻混凝土其含气量入模前可达到 4%～6%，过振时含气量损失大，不仅影响结构的抗冻性能，而且会加大体积损失。

9.7.2 解决纠纷的方法

通过以上分析，已了解了产生亏方的原因，针对这些原因提前采取措施是解决或消除纠纷的最佳方法。无论采取何种方式结算，在供货和施工过程中，供需双方必须密切配合，各负其责，可互派代表到对方全过程了解每一次供货和浇筑情况，发现问题及时提出、随时解决，这样就会减少或避免纠纷的发生。

（1）在施工过程中，供需双方可在交货检验时增加表观密度的测定，取其平均值作为计算方量的依据。这样既公平又能消除需方对混凝土拌合物表观密度的疑问。

（2）按施工图核算方量的工程，供方应派代表到现场监视施工过程，发现需方将混凝土浇筑到图纸外的部位时应予以记录，并要求需方签字认可。

（3）当发生亏方争议时，供方应派技术人员到现场实地观察，测量混凝土结构实体尺寸，尽量查出产生亏方的原因，将本企业损失降到最低。

（4）用于润滑泵管的砂浆，不一定使用到浇筑部位，供方代表应做好记录。

（5）为减少亏方纠纷，需方可派人员到供方监视过磅和打印票据过程，或在交货过程中抽 2～3 车混凝土到第三方复秤，误差不超过±1.5%属正常情况；当复秤超过±1.5%时可提出对供方的地磅进行校准，若认为供方磅不准以复秤为准的做法是欠妥的。

（6）需方应保证模板支撑牢固，模板缝隙应堵严，尽量减少漏浆、跑模、胀模现象的发生，并尽量控制好浇筑结构尺寸。

（7）每次浇筑完毕后，供需双方应在三天内办理结算签证手续，以便及时消除可能发生的纠纷，有利于和谐合作。

（8）供方应配备 GPS 监控系统，防止个别司机途中偷卖部分混凝土。

（9）出厂检验目测拌合物或取样时，供方检验人员应在罐车上磅前进行。

（10）发生堵管时，双方应立即分析原因，所发生的损失由责任方承担。

（11）为确保供应的混凝土保质保量，公平交易，供方应配备精度为±1%的地磅，每一车次必须过磅（空车和重车都过磅）；使用的地磅应按规定进行检定并为合格；刷车、加油或加水必须在回皮前进行。

综上所述，由于施工过程明显比混凝土生产与供应过程复杂，因此发生混凝土亏方由需方引起的因素较多，而且有时事后要查清原因较困难，供方如果找不到确切的证据就难免要吃亏。特别是按施工图纸计算方量时，有些部位不易计算准确，计算方量与实际用量可能有超过 5%以上的偏差，因此按施工图纸进行结算容易造成供方亏方。而按混凝土拌合物体积结算好操作，易于双方掌控，是最合理的结算方式。

参 考 文 献

[1] 杨绍林，邵宇良，韩红明主编．预拌混凝土企业检测试验人员实用读本[M]．3 版．北京：中国建筑工业出版社，2016.

[2] 杨绍林，张彩霞．预拌混凝土生产企业管理实用手册[M]．2 版．北京：中国建筑工业出版社，2012.

[3] 舒怀珠，黄清林，覃立香．商品混凝土实用技术读本[M]．北京：中国建材工业出版社，2012.

[4] 杨红霞．商品混凝土质量与成本控制技术[M]．北京：中国建材工业出版社，2014.

[5] 田奇．混凝土搅拌楼及沥青混凝土搅拌站[M]．北京：中国建材工业出版社，2005.

[6] 隋良志，李玉甫．建筑与装饰材料[M]．2 版．天津：天津大学出版社，2017.

[7] 刘冬梅．水泥及混凝土检验员常用标准汇编[M]．北京：中国建材工业出版社，2016.

[8] 韩素芳，王安岭．混凝土质量控制手册[M]．北京：化学工业出版社，2012.

[9] 黄荣辉．预拌混凝土实用技术简明手册[M]．北京：机械工业出版社，2014.

[10] 戴会生．混凝土搅拌站实用技术[M]．北京：中国建材工业出版社，2014.

[11] 王文明，张荣成．《高强混凝土强度检测技术规程》实施指南及检测新技术[M]．北京：中国建筑工业出版社，2014.

[12] 姚大庆，于明．预拌混凝土质量控制实用指南[M]．北京：中国建材工业出版社，2014.

[13] 张仁瑜，王征，孙盛佩．混凝土质量控制与检测技术[M]．北京：化学工业出版社，2008.

[14] 刘桂强，胡帅．粉煤灰和矿粉在大体积混凝土中的应用[J]．商品混凝土，2011（9）：63-66.

[15] 杨绍林．浅谈预拌混凝土亏方原因与纠纷解决方法[J]．商品混凝土，2011（7）：6-11.

[16] 杨绍林．混凝土表面起砂原因与防治方法[J]．商品混凝土，2011（9）：5-10.

图书资源 使用说明

如何防伪

在书的封底，刮开防伪二维码（图1）涂层，打开微信中的"扫一扫"（图2），进行扫描。如果您购买的是正版图书，关注官方微信，根据页面提示将自动进入图书的资源列表。

关注"天津大学出版社"官方微信，您可以在"服务"→"我的书库"（图3）中管理您所购买的本社全部图书。

特别提示：本书防伪码采用一书一码制，一经扫描，该防伪码将与您的微信账号进行绑定，其他微信账号将无法使用您的资源。请您使用常用的微信账号进行扫描。

图1　　　　　　　　图2　　　　　　　　图3

如何获取资源

完成第一步防伪认证后，您可以通过以下方式获取资源。

第一种方式：打开微信中的"扫一扫"，扫描书中各章节内不同的二维码（图4），根据页面提示进行操作，获取相应资源。（每次观看完视频后请重新打开扫一扫进行新的扫描）

第二种方式：登录"天津大学出版社"官方微信，进入"服务"→"我的书库"，选择图书，您将看到本书的资源列表（图5），可以选择相应的资源进行播放。

第三种方式：使用电脑登录"天津大学出版社"官网（http://www.tjupress.com.cn），使用微信登录，搜索图书，在图书详情页中点击"多媒体资源"即可查看相关资源。

图4　　　　　　　　　　　　　　图5